U0790087

机器人新兴领域"十四五"高等教育教材

水下机器人系统技术

魏延辉　黄　海　刘志林　编著

科学出版社

北　京

内 容 简 介

本书首先介绍水下机器人技术的发展动态和数学基础，然后在充分分析和总结该领域最新研究成果的基础上对水下机器人技术中的关键技术(包括结构设计、通信、能源、推进、感知、导航定位、控制、作业及布放回收等)进行着重介绍，并对上述技术涉及的技术形式和方法进行详细介绍，最后介绍 4 种形式的水下机器人案例。

本书可作为高等学校船舶与海洋工程、自动化、机器人工程等相关专业本科生和研究生的教材，也可作为相关专业科研人员、工程技术人员的参考书。

图书在版编目(CIP)数据

水下机器人系统技术 / 魏延辉，黄海，刘志林编著. -- 北京 : 科学出版社，2024. 12. -- (机器人新兴领域“十四五”高等教育教材).
ISBN 978-7-03-080819-6

Ⅰ. TP242.2

中国国家版本馆 CIP 数据核字第 2024503X44 号

责任编辑：余 江 张丽花 / 责任校对：王 瑞
责任印制：师艳茹 / 封面设计：马晓敏

科学出版社 出版
北京东黄城根北街 16 号
邮政编码：100717
http://www.sciencep.com
三河市骏杰印刷有限公司印刷
科学出版社发行 各地新华书店经销
*
2024 年 12 月第 一 版 开本：787×1092 1/16
2024 年 12 月第一次印刷 印张：14
字数：340 000

定价：69.00 元

（如有印装质量问题，我社负责调换）

前　言

约占地球表面积 71%的海洋孕育着大量的生命和资源，成为世界各国关注的重点。自党的十八大以来，海洋资源开发已上升至国家战略。水下机器人能够代替人类在高海压环境下进行海洋资源探测与开采，是海洋资源开发中不可替代的装备，因此水下机器人技术成为国内外科研机构的研究热点，得到了快速发展，许多水下机器人技术成果得以推广应用，极大地促进了海洋资源开发的进程。水下机器人技术的发展具有广阔的应用前景和重要的工程意义。

本书共 12 章，主要介绍当前水下机器人最新的关键技术，同时结合哈尔滨工程大学多年在水下机器人技术方面的研究成果，展现更多的水下机器人技术。本书的出版为广大读者和同行提供参考依据，为推动水下机器人技术的发展起到推动作用，具有一定的学术价值和社会意义。书中配有微课视频作为纸质内容的拓展与补充，读者扫描二维码即可观看视频内容。

本书总结和引用了本领域许多前辈和专家的研究成果，并融入最新的研究成果，梳理了相关理论和方法。本书由魏延辉、黄海和刘志林教授联合编著而成，其中，魏延辉教授编写第 3～6 章、第 8、10 章，黄海教授编写第 2、7、9、11 章，刘志林教授编写第 1、12 章。

本书是编者结合团队在本领域多年的研究成果撰写而成的，书中的试验方法和见解有很多独到之处。与目前市场上介绍单一水下无人航行器的书籍相比，本书提供了更多可借鉴的途径和方法。在本书的编写过程中，得到了哈尔滨工程大学吴鉴原、谢永强、张天翼、高世辰、侯佳宁、张雪瑞等研究生的帮助，他们参与了本书资料收集和整理工作，在此一并感谢。

由于编者的学识和能力有限，书中难免存在疏漏和不足，恳请同行专家和广大读者批评指正。

编　者

2024 年 11 月

目　　录

第 1 章　绪　　论

微课

1.1　水下机器人的研究背景及意义

海洋总面积约占地球总面积的 71%，海洋领域具有丰富的资源和许多等待人们探索的奥秘。进入 21 世纪后，人类更加感受到陆地资源的紧张，对于海洋的开发成为必然趋势。我国是一个沿海大国，拥有接近 1.8 万千米的大陆海岸线和 300 万平方千米的管辖海域。海洋作为国家安全的天然保护屏障，同时又蕴含着丰富的自然资源，还成为国际贸易的桥梁和纽带，因此，海洋的开发和保护关系到我国国家安全和我国经济社会的可持续发展。2012～2021 年，国务院先后印发了《全国海洋经济发展“十二五”规划》、《全国海洋经济发展“十三五”规划》和《全国海洋经济发展“十四五”规划》，为建设海洋强国提供总体规划和战略指导。《全国海洋经济发展“十四五”规划》指出：要不断推进海洋产业转型升级，加快构建现代化海洋产业体系；坚持培养和提高海洋科技自主创新能力，开展关键性技术和设备的自主研发与制造，推进船舶及船用设备智能化发展；多方面、多领域协同推进海洋资源保护与开发。而人类在认识海洋、开发海洋和保护海洋的过程中，均需要包括水下机器人在内的各种水下作业的装置和设备，所以水下机器人的开发一直为各国的研究热点。

1.2　水下机器人的分类

水下机器人按照与水面支持系统间联系方式的不同，主要分为有缆型水下机器人和无缆型水下机器人。

(1) 有缆型水下机器人，常称为遥控水下机器人(remotely operated vehicle，ROV)。ROV 通过电缆与母船相连接，需要通过电缆从母船接受动力。ROV 并不是完全自主的，需要人通过电缆对 ROV 进行遥控操作，由于人为的干预，人能够对作业做出更好的决策和更加精准的控制。电缆对 ROV 来说就像“脐带”对于胎儿一样至关重要，但是细长的电缆悬在海洋中成为 ROV 最脆弱的部分，因此大大限制了机器人的活动范围和工作效率。ROV 根据运动方式不同，可分为拖拽式、(海底)移动式和浮游(自航)式三种。

(2) 无缆型水下机器人，常称为自主水下机器人(autonomous underwater vehicle，AUV)。AUV 自身拥有动力能源和智能控制系统，它能够依靠自身的智能控制系统进行决策与控制，完成人们赋予的工作使命。AUV 是新一代的水下机器人，由于其在经济和军事应用上的远大前景，许多国家已经把自主水下机器人的研发提上日程。

1.3　水下机器人的国内外研究现状

1.3.1　遥控水下机器人的研究现状

1. 国外遥控水下机器人的研究现状

20 世纪 60 年代，美国加利福尼亚州帕萨迪纳的海军军械测试站开始研制一系列电缆控海底回收车(CURV)，它是目前各类遥控潜水器的原型，也是远程操控打捞与救援装备的先驱。CURV Ⅰ为第一代型号，最初美国海军用它来寻找丢失在水下的鱼水雷等武器，如图 1.1 所示。1966 年，CURV Ⅰ与载人潜水器配合在西班牙海域成功打捞起一枚氢弹，当时引起了轰动，ROV 技术也开始引起研究人员的重视。

后续经历了数次演变与技术更新，衍生出了 CURV Ⅱ、CURV Ⅱ-B、CURV Ⅱ-C、CURV Ⅲ，以及最新一代 CURV-21(图 1.2)。CURV-21 重约 2.9t，最大作业深度为 6km，配备连续调频声呐与扫描声呐，能够在浑浊或黑暗的环境下对物体进行识别、定位与信标检测；此外，CURV-21 还装配了高分辨率数码相机、黑白和彩色电视摄像机，用于图像的获取；同时，CURV-21 配有两个液压多功能机械臂，操作人员能够通过控制台对 CURV-21 遥控潜水器进行六自由度的控制，实现打捞的功能。2022 年，美军 F-35C 战机失事坠入南海海域，但由于失事地点远离海岸，无法第一时间抵达失事地点快速开展深海打捞作业，错失了最佳的打捞时机。一个月后，F-35C 战机残骸由 CURV-21 遥控潜水器协助回收。CURV-21 遥控潜水器把索具和升降绳绑在 F-35C 机身上，再利用吊钩并配合打捞船的起重机把飞机吊出水面。据称，该次的打捞深度为水下 3780m。

图 1.1　美国 CURV Ⅰ型 ROV

图 1.2　美国 CURV-21 型 ROV

1988 年，美国伍兹霍尔海洋研究所研制成功并交付装载 Jason 和 Medea 系统的遥控潜水器(图 1.3)，主要用于科学家对海底的观测。第二代更先进的潜水器于 2002 年下水，现在这个机器人拥有更坚固、更先进的机身。

日本研发的 KAIKO(图 1.4)万米级 ROV，于 1986 年开始研发，1993 年交付，是全球第一款深海 ROV，最初的设计目的是用于日本载人深潜水器深海 6500m 的配套任务，包括海

(a) Jason (b) Medea

图 1.3 美国 Jason 和 Medea 型 ROV

底预调查和失事后的紧急救助。1994 年 3 月开始挑战马里亚纳海沟。在克服了浮力材料、液压系统、信号系统等部位出现的各类问题以后，1995 年 3 月 24 日，由“横须贺”号载人潜水母船搭载的 KAIKO 成功潜入了 10911.4m 深的海底，创造了新的世界纪录，KAIKO 还进行了试样采集及拍摄等考察活动，并用机械手将一块写有“KAIKO”字样的纪念碑树立在海底。后来 KAIKO 又多次潜入马里亚纳海沟，1996 年 KAIKO 第一次在万米水深发现了海底细菌。为了保证海洋调查能力，日本海洋科学技术中心对 UROV7K 的试验型 ROV 进行改造，改造后的 ROV 命名为 KAIKO7000(图 1.5)。2005 年 3 月，KAIKO7000 正式完成下潜试验，5 月开始执行调查任务。2014 年，日本海洋科学技术中心新开发的 KAIKOMK-IV 型 ROV 投入使用。

图 1.4 日本 KAIKO 型 ROV

图 1.5 日本 KAIKO7000 型 ROV

法国研制的 Victor 6000 型遥控潜水器(图 1.6)装配有 2 个机械手，每一个机械手可举升约 100kg 重的物体。

图 1.6 法国 Victor 6000 型 ROV

2. 国内遥控水下机器人的研究现状

我国在 20 世纪 70 年代末开始 ROV 研究，经过多年发展，研制成功了深潜型、重载型等具有代表性的 ROV。

“海马”号(图 1.7)是我国首台自主研制的深海作业型 ROV，由广州海洋地质调查局牵头，联合上海交通大学、浙江大学、哈尔滨工程大学和同济大学等单位研制，设计深度为 4500m，注重功能多样性与操作稳定性，并完成了多次试验。2015 年 3 月，“海马”号在地勘应用中首战告捷。从此，“海马冷泉”成为中国海洋资源与生态环境前沿科学研究的重要海域。

“海龙”号系列由上海交通大学牵头研制，自 2003 年立项以来，经过 3 代发展，在 2018 年成功挑战 6000 米级潜深。图 1.8 为“海龙Ⅲ”号 ROV。“海龙”号配置有多功能机械手、取样器、岩石切割机、沉积物保压取样器等，完成过生物取样、沉积物采集、水下黑烟囱口区域采样等科学任务。

图 1.7 中国“海马”号 ROV

图 1.8 中国“海龙Ⅲ”号 ROV

“海星”号(图 1.9)由中国科学院沈阳自动化研究所牵头研制，潜深达 6000m，进行了多次海底取样、生物调查和冷泉探索等科考任务。2018 年，“海星 6000”完成了深海生物、沉积物、水样、岩石等系列取样及激光拉曼的原位测量等作业，最大下潜深度为 6001m，创造了中国深海 ROV 最大深潜纪录，填补了中国深海 6000 米级深度科考的空白。

图 1.9　中国“海星”号 ROV

1.3.2　自主水下机器人的研究现状

20 世纪 50 年代末期，美国华盛顿大学应用物理实验室开始研制世界上首艘自推进式水下研究潜艇水下机器人(self propelled underwater research vehicle，SPURV)，该潜水器的排水量为 480kg，航速可达 4kn(1kn≈0.514m/s)，续航时间约 6h，最大潜深为 3000m，主要用于水文调查。

美国是研究水下无人作战平台时间最早、装备型号最多、功能最强大、技术水平最高的国家，引领着各国水下无人平台的发展方向。经过几十年的发展，美军水下无人作战力量建设在作战能力、装备发展，及部队建设等方面不断取得重大突破，逐渐建成一支装备型号齐备、综合功能强大、作战样式多样的非对称作战力量。

美国研制的水下无人航行器主要有以下几种。

(1) 先进无人搜索系统(advanced unmanned search system，AUSS)(图 1.10)：由美国海军空间和海战系统中心于 1973 年开始研制，1983 年下水，直到 20 世纪 90 年代后才公开报道。

1992 年，AUSS 在圣迭戈海域 3660m 的海底进行了试验，1h 内搜索探测了约 1.5n $mile^2$

图 1.10　美国先进无人搜索系统

(1n mile = 1.852km)，并在 1200m 的海底发现了第二次世界大战中坠海的轰炸机、朝鲜战争时期失踪的战斗机和私人游艇。AUSS 一次潜航就拍摄了 450 多张照片，并成功地传输到母舰上。该系统于 1994 年交给海军海难救助公司和潜水部门。

(2) 远程环境测量装置(remote environmental measuring units，REMUS)：由 Hydroid 公司和美国伍兹霍尔海洋研究所共同设计的 REMUS 系列航行器(图 1.11)，包括 REMUS-100、REMUS-600、REMUS-3000 和 REMUS-6000 航行器，工作深度分别为 100m、600m、3000m 和 6000m。REMUS-100 是该系列产品中的一种微型航行器，主要设备包括多普勒声呐计程仪、声学多普勒流速剖面仪、长基线和超短基线定位系统、双频高分辨率侧扫声呐、GPS、CTD、摄像机、声图像系统、声调制解调器和卫星通信机。其主要担负水文调查、反水雷、港口安全作业、环境测量、海上搜救、水下测绘、科学取样和渔业作业等任务，可由小型舰艇、无人水面艇、大型航行器、猎雷艇或人工徒手布放。

REMUS-100

REMUS-600

REMUS-6000

图 1.11 美国 REMUS 系列 AUV

REMUS-600 水下无人潜航器主要担负情报、监视与侦察任务，目前美国、英国、日本等国海军都在使用该型潜航器。2012 年 3 月，Hydroid 公司向美国海军交付第一套 REMUS-6000 水下无人潜航器系统。在“法航 447”航班失事事件中，使用 REMUS-6000 搜寻飞机的黑匣子和残骸。这是一项艰巨的任务，因为搜索区域广阔，海底地形复杂。REMUS-6000 的高级声呐技术使得它能够在这种复杂的环境中有效工作，扫描大面积的海底，识别出飞机残骸的位置。最终，REMUS-6000 在海底发现了飞机的主要残骸，包括黑匣子。

(3) 战场准备自主式水下航行器(battle space preparation autonomous underwater vehicle，BPAUV)：由 2 个 Bluefin-21 航行器和其他设备构成，简写为 Bluefin-21 BPAUY，由美国海军研究所和金枪鱼(Bluefin)机器人公司研发。Bluefin 系列航行器共有三种型号，即 Bluefin-9、Bluefin-12 和 Bluefin-21。Bluefin-21(图 1.12)航行器适用于深海作业。Bluefin-21 采用银锌电池或锂电池，装有多种传感器，包括惯性导航系统避罗经、多普勒声呐计程仪、GPS、声学多普勒流速剖面仪、CTD、深度计、侧扫声呐、合成孔径声呐和多波束测深声呐等。

(4) “海马”(Seahorse)型 AUV：由美国国防高级研究计划局和宾夕法尼亚大学牵头，于 1997 年开始研制，第一艘于 2000 年交付美国海军，主要用于军事海底测绘，旨在执行

图 1.12 美国 Bluefin-21 型 AUV

“海军无人潜航器主计划”中设定的情报/监视/侦察(ISR)任务。该型 AUV 能够离开母船或岸上设施，在水深 10～300m 的濒海水域按照预先编辑的程序独立作业，采集高质量、精确的军事海洋环境数据。

“海马”是美国目前已装备使用最大的一种水下无人航行器。它可由水面舰艇和弹道导弹核潜艇携带，或岸基布放。该型航行器主要用于濒海作战，担负海底测绘区情报、监视和侦察任务，还可担负反水雷和跟踪潜艇等任务。

2022 年，美国波音公司研制出超大型无人水下航行器“虎鲸”(ORCA)号(图 1.13)，并进行了海上试验。2023 年 12 月 20 日波音公司宣布，它已经向美国海军交付了第一艘“虎鲸”超大型无人潜航器(XLUUV)。2024 年 1 月美国海军举行水面舰艇协会年会，会上美国无人海事系统项目办公室(PMS 406)主管史考特 · 席尔拉斯上校公开披露，首艘超大型水下无人潜航器“虎鲸”原型潜航器已经完成一些初步测试，如控制、推进、自主航行测试等。

英国主要发展了两种水下无人航行器系列，即 Autosub 系列和 Tailsman 系列。Autosub 主要为民用，Tailsman 主要为军用。

(1) Autosub 系列是由英国国家海洋研究中心研制的，该系列 AUV 的研发始于 20 世纪 90 年代初，1996 年 Autosub-1 完成首次下水(图 1.14)。2000 年推出的 Autosub-2 是 Autosub-1 的更新版。

图 1.13 美国“虎鲸”号 AUV

图 1.14 英国 Autosub-1 型 AUV

Autosub-6000(图 1.15)的长度为 5.5m，排水量为 2.8m^3，额定水深为 6000m。

(2)“护身符”(Tailsman)(图 1.16)航行器采用扁平外形，长度为 4.5m，宽度为 2.5m，质量为 1800kg，工作水深为 300m，航速为 0～5kn，最大工作时间为 24h，负载超过 500kg。

Tailsman 外层壳体由碳纤维混合材料制成，内部装有包含电子系统和任务载荷的碳纤维复合材料压力容器。Tailsman 配置了 6 个商用的矢量推进器，航行器具有很好的机动性，能够悬停和 360°旋转。Tailsman 在 2006 年 11 月进行了一次海上试验并取得了突破性进展，首次在海上遥控发射了“喷水鱼”(Archerfish)灭雷具。灭雷具对“护身符”进行定位，之后模拟消灭目标水雷。“护身符”是世界上第一艘攻击型军用水下无人航行器，它能够携带多种武器和通信装置，集成“喷水鱼”灭雷具后，成为第一种完全自主的猎扫雷系统。

图 1.15　英国 Autosub-6000 型 AUV

图 1.16　英国“护身符”型 AUV

Hugin 系列自主水下潜航器由挪威 Kongsberg Maritime 公司开发，该系列有三个主要版本：基本型(设计深度为 3000m、4500m 和 6000m)、Hugin Endurance 和 Hugin Superior。

Hugin Superior(图 1.17)是 Hugin 系列的最新成员，已于 2018 年 12 月推出，在各种防御应用中提供增强的数据、定位和耐久能力，如水下测量、隐蔽快速环境评估(REA)和矿山对策(MCM)。Hugin Superior 潜航器可以以 3kn 的速度执行长达 72h 的任务，以 4kn 的速度执行 52h 的任务，能够达到 6000m 的深度。Hugin Superior 系统目前已在全球多个客户处服役，包括美国、法国、挪威等。

图 1.17　挪威 Hugin Superior 型 AUV

法国 ECA 公司于 20 世纪 70 年代就研制了世界上著名的 PAP104 灭雷具，具有研发自推航行器的丰富经验，是法国水下无人航行器的主要研发单位。A18-D(图 1.18)为 ECA 公司的中深水反水雷自主水下航行器。A18-D 的长度为 5m，质量约 550kg，工作水深为 3000m，最大航速为 6kn，连续续航时间为 24h。A18-D 配备了高性能的导航传感器，提供了一个精确自主导航和数据采集的平台，能够搭载多种传感器，完成水下调查、测量、水文数据采集、搜救打捞等任务。

德国研发的“海獭 MK”系列水下无人航行器共有 MK-1、MK-2 和 MK-2D 三种类型。2005～2006 年，“海獭 MK-2”完成多次海上猎雷试验。在 2017 年 9 月英国防务与安全设备国际博览会上，德国 Atlas Elektronik 公司展出了一种混合型自主水下潜航器 SeaCat(图 1.19)，SeaCat 的长度为 3.7m，直径为 324mm，最高航速为 6kn，潜深为 3～300m，可用于水下目标的在线处理、自动目标识别、可移动数据存储、扫描声呐前视等，具有卓越的操纵性能、出色的机动性和快速的响应能力，在适应性、环境感知等方面也有良好的表现，采用多频段通信，在目标探测识别、海战水文观测、海域侦察测绘中具有广泛的应用前景。

图 1.18　法国 A18-D 型 AUV

图 1.19　德国 SeaCat 型 AUV

加拿大国际工程公司于 1992 年开始研发的 Theseus(图 1.20)，于 1994 年首次进行海上试验，最初用于北冰洋下铺设光纤电缆，光纤用于连接岸上工作站和水下声基站。1996 年，Theseus 在 600m 水下铺设了 220km 的电缆，并在 2.5m 厚冰下创造冰下停留超 60h 的纪录。

苏联研发水下无人航行器的历史比较早，主要研发单位是苏联科学院希尔绍夫海洋研究所，该所研发的 AUV 主要型号有 L-2 和 MT-88。MT-88 于 1988 年交付，1986 年和 1989 年曾被用于搜索沉没的核潜艇。

图 1.20　加拿大 Theseus 型 AUV

日本水下无人航行器的主要研发单位是日本海洋科学技术中心和日本东京大学。r2D4 型 AUV(图 1.21)由日本东京大学研究和开发，三井造船株式会社制造，该航行器下潜最大深度为 4000m，最大巡航速度为 3kn，连续航行 60km。URASHIMA 型 AUV(图 1.22)由日本海洋科学技术中心针对 6000m 工作深度和 5000km 航行

图 1.21　日本 r2D4 型 AUV

图 1.22　日本 URASHIMA 型 AUV

距离的深海调查需求研制，可在 3500m 的深海海底以 3～4kn 的巡航速度航行作业，连续航行 100～300km。URASHIMA 于 2000 年利用水声通信手段，实现了在日本深海 1753m 下拍摄照片的图像传输；2003 年，创造了使用燃料电池连续航行 220km 的世界纪录；2005 年，又创造了水下深 800m、连续航行 56h、航行距离 317km 的世界纪录。

我国深潜 AUV 的研制起步较晚，20 世纪 90 年代中国科学院沈阳自动化研究所和俄罗斯联合研制的 CR 系列 AUV 为我国深潜 AUV 的研制积累了丰富经验。之后，中国科学院沈阳自动化研究所自主研发了“潜龙”系列深潜 AUV。到目前为止，“潜龙”系列已经发展出了 4 个型号。2020 年，“潜龙一号”和“潜龙四号”(图 1.23)联合完成太平洋科考航次任务，这两型装备的成功研制使得中国已具备对全球海域(包括全海深范围)开展精细探测的技术能力，并在西太平洋、印度洋等区域完成重要科考任务，这标志着中国深海资源勘查自主装备已达到实用化水平。

2018 年，在中国科学院战略性先导科技专项的支持下，面向海底“冷泉”科学探测的需求，中国科学院沈阳自动化研究所联合中国科学院海洋研究所等成功研制“探索 4500”号 AUV(图 1.24)。“探索 4500”于 2021 年参加了中国第 12 次北极科考，在北纬 85°完成北极高纬度海冰覆盖区科学考察任务。这是中国首次利用自主水下机器人在北极高纬度地区开展近海底科考应用。

图 1.23　中国“潜龙四号”AUV

图 1.24　中国“探索 4500”号 AUV

在科技部国家重点研发计划项目的支持下，哈尔滨工程大学成功研制“悟空”号全海深自主水下机器人(图 1.25)。“悟空”号继 2021 年初创造了 7709m 的亚洲深潜纪录后，2021 年 10 月在马里亚纳海沟完成了 4 次超万米深度下潜——10009m、10888m、10872m 和 10896m，超过国外 AUV 于 2020 年 5 月创造的 10028m 的 AUV 潜深世界纪录，并顺利完成海上试验收。2023 年，青岛澎湃海洋探索技术有限公司成功研制了 PX-210 型和 PX-260 型两款小型 AUV、PX-324 中型 AUV，以及 PX-533 型和 PX-900 型两款大型 AUV。天津瀚海蓝帆海洋科技有限公司也成功研制了多种型号的 AUV，如“智帆 150”型 AUV、“云帆 200”型 AUV、“乘帆 324”型 AUV 和“锦帆 534”型 AUV。2023 年 2 月，中国船舶工业集团有限公司于阿布扎比国际海事防务展览会上公开展出了 CSSC-705 大型 AUV (图 1.26)，其是一款能携带鱼雷的攻击型 AUV。我国的水下机器人技术已日臻完善，相关领域技术水平已经跻身世界前列。

图 1.25 中国“悟空”号 AUV

图 1.26 中国 CSSC-705 大型 AUV

1.3.3 水下滑翔机的研究现状

美国的 Slocum 型水下滑翔机(AUG)如图 1.27 所示，其机身长 1.5～2m，翼展可达 1m，净重 52kg，平均水平速度达 0.35m/s。该水下滑翔机有多个型号以适应不同的下潜深度，下潜深度最深可达 1000m，设计航程为 600～1500km，可工作 15～50 天，带有锂电池续航的版本航程可达 4000～6000km，工作时间为 4～12 个月。

法国 ACSA 公司开发的 SeaExplorer 型混合驱动水下滑翔机如图 1.28 所示，其机身长 2m，直径为 0.25m，天线长度为 0.7m，翼展为 0.565m，净重 59kg，下潜深度为 700m。得益于采用了混合动力驱动，它可携带 8kg 负载，航行最大水平速度为 1m/s，航程最多可达到 3200km。

图 1.27 美国 Slocum 型水下滑翔机

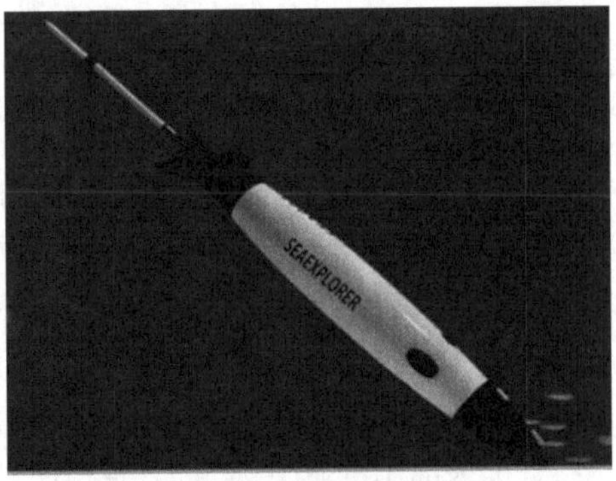

图 1.28 法国 SeaExplorer 型 AUG

中国科学院沈阳自动化研究所于 2017 年研制成功 7000 米级“海翼”号 AUG(图 1.29)，并在马里亚纳海沟完成了 6329m 大深度下潜试验。针对不同海上观测任务需求，“海翼”号 AUG 已经发展形成最大作业深度为 300～7000m 的系列水下滑翔机。“海翼”号 AUG 可以搭载温度、盐度、溶解氧、浊度、叶绿素、硝酸盐、ADCP、水听器等海洋探测传感器，满足中国海洋观测应用需求。2018 年 7 月 28 日，“海翼”号 AUG 首次应用于中国北极科考。

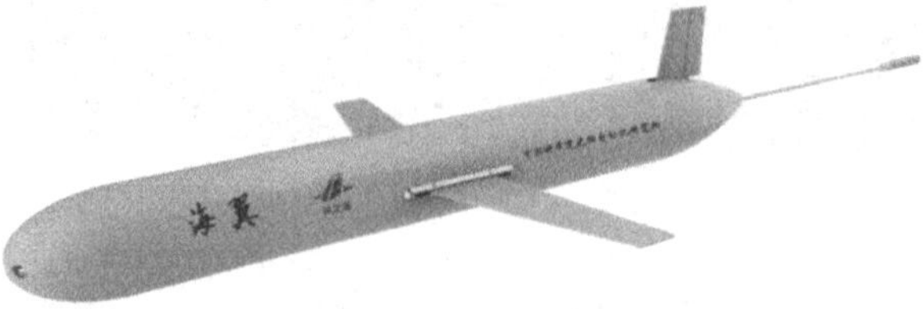

图 1.29　中国“海翼”号 AUG

2018 年，天津大学的“海燕”号(图 1.30)首次下潜至 8213m，刷新了此前也是由我国深海 AUG 保持的世界纪录。“海燕”号 AUG 身长 1.8m，直径为 0.3m，重约 70kg，设计最大工作深度为 1500m，最大航程为 1000km，采用最新的混合推进技术，可持续不间断工作 30 天左右。它融合了浮力驱动与螺旋桨推进技术，不但能实现和 AUV 一样的转弯、水平运动，而且具备传统滑翔机剖面滑翔的能力。

图 1.30　中国“海燕”号 AUG

1.3.4　水下仿生机器人的研究现状

20 世纪 90 年代以来，随着仿生学、流体力学和机器人学的发展，以及传感器、计算机科学和智能控制等学科的进步，科研人员开始对仿生机器人进行研究，试图通过仿生提高无人水下潜艇(Unmanned Underwater Vehicle，UUV)的航行能力。

国外在仿生机器人领域较具代表性的为德国 Festo 公司研发的仿生水下机器人 BionicFinWave(图 1.31)，它可顺利穿过由丙烯酸玻璃制成的管道系统，而不会发生任何碰撞。其头部装有五个超声波传感器和惯性传感器，可持续测量与墙壁的距离及其在水中的实际方向，处理器分析这些数据，并用它们判断管道系统的转弯位置。通过控制鳍片，

BionicFinWave 能够尽可能地在管道中心游动。

国内具有代表性的仿生水下机器人为沈阳航天新光集团有限公司研发的“仿生江豚”仿生机器人(图 1.32)，其身长 1.2m，体重 22.5kg，以真实的长江江豚为原型，能够实现水中上浮、下潜、翻转等动作。

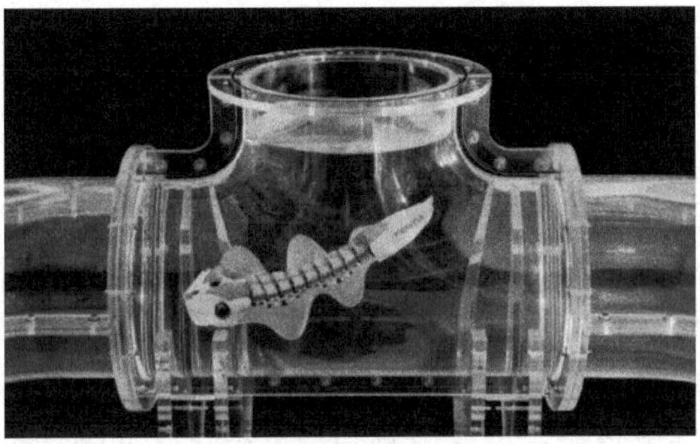

图 1.31　德国 BionicFinWave 型仿生水下机器人

图 1.32　中国“仿生江豚”仿生水下机器人

1.4　水下机器人研究的关键技术问题

水下机器人系统是一个综合多种技术的高度集成化系统。按照系统的主要构成部分，主要包括水下机器人结构设计技术、通信技术、能源系统技术、动力系统技术、感知技术、导航和定位系统技术、控制系统技术、作业工具技术、布放回收技术等。按照专业学科和工程技术分类，主要分为结构设计技术、致密能源技术、通信技术、人工智能技术、精准导航与制导技术、计算机科学技术、信息处理技术、水声技术、电气工程技术、机械技术、微电子技术、传感器技术等。

水下机器人结构设计是作为智能体外在表现形态和内在本质属性的综合结果，需要根据 UUV 总体特性进行结构化设计。对于外在表现形态，如何提高 UUV 的机动性能、深度潜航性能、适应海洋环境的性能和隐蔽性能成为设计的主要目标；对于机器人结构设计，如何有效协调其内在本质属性以实现合理应用。总体结构设计的核心在于：实现模块化架构划分、保障系统协同性、确保功能完备与安全可靠，并通过优化结构布局满足任务需求。

通信系统是实现 UUV 和外界沟通的重要手段。通信方式主要包括有线通信、卫星通信、水声通信、无线电通信、光纤通信及以太网通信等。通信系统主要用于 UUV 和母船操控平台之间的信息双向传输，母船操控平台将控制指令通过通信系统下达给 UUV，并通过 UUV 传输回的数据对 UUV 进行实时的监控；UUV 接收到指令并执行，同时将应答信息和请示报告、自身的状态信息、监测到的数据信息传输给母船操控平台。通信系统的主要性能指标包括通信距离、通信容量、通信速度、信息传输差错率等。而对于 UUV 通信系统的基本要求是：通信距离远、通信容量大、通信速度快、通信质量好、抗干扰能力强、保密性好等。

能源系统为 UUV 提供能量来源。电池作为动力载体，对 UUV 的续航里程、设计成本，以及可重复利用率起到了重要的作用。目前，具有较高比能的锂系电池(锂离子电池、锂聚合物及锂/金属氧化物电池)和燃料电池、金属半燃料电池均得到广泛的应用。如何实现 UUV 的能源供给和储存成为绕不开的难题，发电和储能技术直接关系到航行器的工作效率。解决这一问题的技术包括：①环境能量转换，环境能量可作为水下机器人提供动力的能源，如太阳能、海洋热能和波浪能。②扩展坞建立，停靠站的建立能够增加水下航行器的连续性，它是电池方法的补充。

动力系统用于保证 UUV 完成航向、航速和深度的改变与保持。动力系统设计是根据技术发展水平和使命任务对机动性的要求而定的。动力系统主要包括电机和推进器，电机通过动力传导装置驱动推进器，或与推进器集成一体，构成推进装置。

感知系统是 UUV 通过传感器获取周围环境信息。UUV 在环境感知系统中使用多种传感器设备，可以根据传感器的工作方式分为四种类型：①声学传感器，如声音导航与测距(SONAR)和水听器，使用声波检测定位水中的物体；②光学传感器，如相机和光探测测距(LiDAR)，使用光波来捕捉图像并收集水面上的数据；③化学传感器，可以检测和测量水中溶解气体、污染物和其他物质的浓度；④物理传感器，可以检测和测量水及其周围环境的性质。通过这些数据，UUV 可以了解周围的环境信息，为后续的决策提供支持。

导航和定位系统为 UUV 提供位置、航向、航速、深度和姿态等信息，以保障 UUV 安全航行、作战和作业。主要导航系统和设备包括捷联式惯导系统、水声定位系统(长基线、短基线和超短基线定位系统)、GPS、多普勒声呐计程仪、声学计程仪和卡尔曼滤波器等。此外，还有磁罗经、陀螺罗经、前视声呐、压力计、测高仪、测深仪、声学多普勒流速剖面仪等。为满足 UUV 隐蔽性和大范围机动要求，水下无人航行器导航系统主要采用自主导航方式。为满足隐蔽、长时间、高精度的导航要求，军用水下无人航行器通常采用组合导航模式。

控制系统主要用于对航行器进行使命和任务的规划。从计算机软件的构成上，可将控制系统分为底层自动控制系统和高层智能控制系统两部分。UUV 底层自动控制系统用于对航行器的运动和姿态进行控制，对自身状态进行监测和对作业工具等外设部分进行控制。其主要作用是对运动参数的部分或全部进行自动控制，使航行器按照要求的航向、航速、深度和航迹进行轨迹跟踪，确保航行控制精度，并确保航行器在外界干扰下，能够保持系统运行的稳定性，保证系统稳态情况下的控制精确度。用于 UUV 的控制方法必须能够处理其固有的非线性系统动力学、不精确的模型参数和时变的外部干扰。常用的控制算法主要有：比例-积分-微分(proportion-integration-differentiation，PID)控制、模型预测控制(model predictive control，MPC)、滑模控制、自适应控制、反步法、模糊逻辑控制和神经网络控制。高层智能控制系统(上层控制部分)用于对航行器智能控制与决策，包括智能控制计算机等。其主要作用是辅助操作人员或自主地制定航行器的使命规划、任务规划或作业规划，对感受的外部环境信息进行处理，接受指挥人员的监控，发送自身状态信息或环境信息，向下一级发送指令。上层控制部分会对 UUV 进行路径规划。

作业工具是为完成 UUV 的使命任务或作业功能而配置的工具。UUV 的使命任务决定其应具备的作业功能，作业功能决定其应配置的作业工具。水下作业工具是指为 UUV 配置的机械手或用来切割和清洗的工具，机械手可实现水下目标的抓取、布置、移动；而切割和清洗的工具可完成特种作业。

水下机器人布放回收系统主要用于水面船或水下潜艇对水下机器人的布放和回收。UUV 抵达作业海域执行作业任务的方式有四种，分别为自主航行、水面船只携带、潜艇携带和飞机运送。水面船只携带布放方式主要有起重机式、倾斜滑道拖绞式和框架式。潜艇携带布放方式主要有鱼雷发射管式、弹道导弹发射管式、背驮式、坞载式。美国将 UUV 按照排水量大小划分为四个等级，即便携式(排水量小于 45kg)、轻型(排水量为 226kg 左右)、重型(排水量为 1350kg 左右)、巨型(排水量为 10t 左右)。便携式可由操作人员从岸上和船艇上直接布放，其他三种需要借助布放回收装置进行布放和回收。

1.5 水下机器人的应用领域

1. 民用领域

综合国内外各种水下无人航行器在民用领域中的主要用途，可归纳为以下几个方面。

(1) 水下搜救和打捞、水下目标的探查。

(2) 海洋地理学研究，包括海底地形勘察、测绘、三维海底地形构造观察等。

(3) 海洋科学研究，包括海水取样、海洋水文、海洋环境调查等。

(4) 海洋生物学研究，海洋生物种类的发现、生活特性研究等。

(5) 海底石油、天然气、海底矿物资源的勘探和开采。

(6) 海上航道、港湾的勘测和搜索。

(7) 海底通信线路的探查、铺设和检查。

(8) 环境极恶劣地区的探索，如两极地区冰层下海洋环境的探索和研究。

2. 军用领域

水下无人航行器在军事领域中的主要用途归纳为以下几个方面。

(1) 情报侦察、目标监视，可在大范围内达到无人搜集水下信息的目的，减少人员危险与损伤。

(2) 实现反水雷任务，实施扫雷和灭雷，快速清理航道，保证母船航行安全。

(3) 反潜战，巡逻和监视敌潜艇，搜集敌潜艇信息，攻击敌潜艇等。

(4) 信息战，作为诱饵，诱骗敌方反潜兵力；作为信息战平台，堵塞或拦截敌方信息，或向敌方网络植入虚假信息等。

(5) 作为水下通信/导航网络节点，组建水下通信系统。

(6) 负载投送，如布放微小型航行器、攻势水雷、反潜战传感器等。

(7) 时敏目标打击，自主发射武器攻击目标。

(8) 海洋环境监视和测量，军事海底地形探查和测绘，实现对海洋环境的快速评估和水下障碍物的搜索定位。

(9) 水下目标的检查和识别。

(10) 水下打捞和搜救。

微课

第 2 章　水下机器人的数学基础

一般而言，根据水下机器人工作的水下空间和推进器的分配布置，水下机器人(尤其是深海工作的无人自治水下机器人)多是控制输入小于系统的自由度。为了便于后续的控制建模研究，基于外形可将水下机器人划分为鱼雷型水下机器人和具有复杂外形的水下机器人。两种水下机器人的系统描述都是基于海洋运载器的数学模型，主要从运动学、动力学来描述水下机器人在体坐标系下的力与运动的关系，并通过建立固定坐标系与运动坐标系以完成状态量的转换。水下机器人系统的数学建模涉及运动学、静力学、动力学的有关知识。运动学涉及水下机器人的位置、姿态、速度等向量表达以及运动转换的几何方面研究；静力学主要关于水下机器人处于静止或者稳定状态的力学平衡；动力学主要关于本体有关加速运动的力学分析。

2.1　水下机器人的坐标系及坐标变换

2.1.1　水下机器人的坐标系

为了定量地描述水下机器人的运动，准确无误地描述其位置、姿态和速率等参量，对水下机器人建立如下两种右手坐标系：一个是固定坐标系 $I\text{-}x_I y_I z_I$ (简称“定系”)，固定于地球某一点；另一个是运动坐标系 $B\text{-}x_B y_B z_B$ (简称“动系”)，固联于水下机器人，随水下机器人一起运动，如图 2.1 所示。

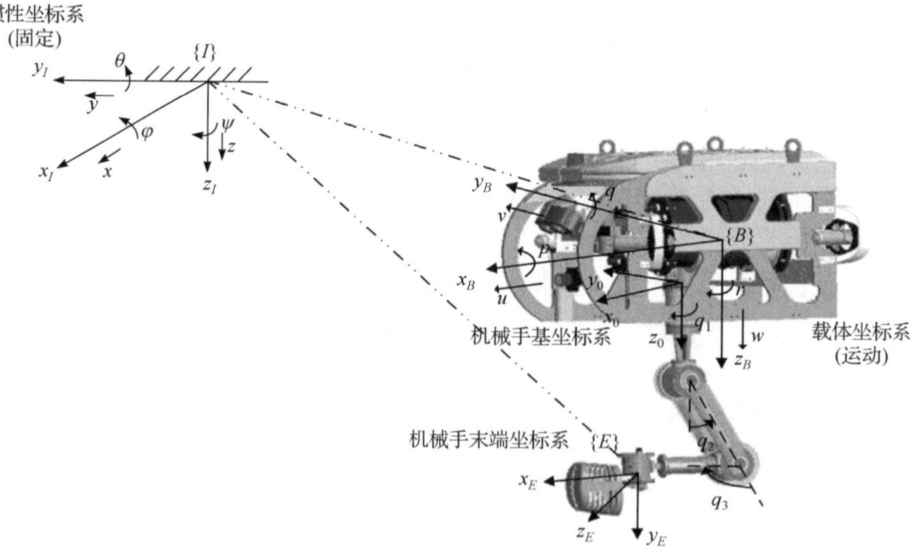

图 2.1　固定坐标系和运动坐标系

(1) 固定坐标系 $I\text{-}x_I y_I z_I$，又称惯性坐标系。原点 I 固定于地球上某一点，Ix_I 轴位于水平面，以水下机器人的主航向为正；Iy_I 轴位于 Ix_I 轴所在的水平面，按右手定则将 Ix_I 轴顺时针旋转 90° 即为 Iy_I 轴；Iz_I 轴垂直于 $x_I Iy_I$ 坐标面，指向地心为正。

(2) 运动坐标系 $B\text{-}x_B y_B z_B$，又称载体坐标系，固联于水下机器人，随水下机器人一起运动。坐标原点 B 可以取在艇体上的任一点，纵轴 Bx_B 平行于艇体基线指向艇首，横轴 By_B 平行于基面指向右舷，垂轴 Bz_B 指向艇底。如果坐标原点取在水下机器人的重心 G 上，则一般认为这样的坐标轴 Bx_B、By_B、Bz_B 是水下机器人艇体的惯性主轴。

水下机器人的位置和姿态在固定坐标系定义，水下机器人受到的力和力矩在运动坐标系定义。水下机器人的运动是在三维空间中的复合运动，包括沿三个坐标轴的直线运动和围绕三个坐标轴的旋转运动，即通常所说的六自由度运动。运动坐标系表明水下机器人的六个自由度，即进退(surge)、横移(sway)、潜浮(heave)、横摇(roll)、纵摇(pitch)、摇艏(yaw)，水下机器人的相关参数说明见表 2.1。坐标原点相对于定系的速度 $\boldsymbol{\upsilon}_1$ 在 $B\text{-}x_B y_B z_B$ 坐标系上的三个投影分量称为纵向速度 u、横向速度 v 和垂向速度 w；机器人绕原点的角速度 $\boldsymbol{\upsilon}_2$ 在 $B\text{-}x_B y_B z_B$ 坐标系上的三个投影分量称为横摇角速度 p、纵摇角速度 q 和摇艏角速度 r；作用在机器人上的外力 $\boldsymbol{F}$ 在 $B\text{-}x_B y_B z_B$ 坐标系上的三个分量称为纵向力 F_X、横向力 F_Y 和垂向力 F_Z；作用力对于原点的力矩 $\boldsymbol{M}$ 在 $B\text{-}x_B y_B z_B$ 坐标系上的三个分量称为横摇力矩 M_K、纵倾力矩 M_M 和摇艏力矩 M_N。速度和力的分量以指向坐标轴的正向为正，角速度和力矩的正负号服从右手定则。

表 2.1　水下机器人和水下机械手相关参数说明

<table>
<tr><th colspan="2">自由度</th><th>运动</th><th colspan="4">力及力矩</th><th colspan="4">速度变量</th><th colspan="3">位置和角度</th></tr>
<tr><td>1</td><td rowspan="6">水下机器人</td><td>进退</td><td rowspan="10">$\boldsymbol{\tau}$</td><td rowspan="6">$\boldsymbol{\tau}_{RB}$</td><td rowspan="3">$\boldsymbol{F}$</td><td>F_X</td><td rowspan="10">$\boldsymbol{\zeta}$</td><td rowspan="6">$\boldsymbol{\upsilon}$</td><td rowspan="3">$\boldsymbol{\upsilon}_1$</td><td>u</td><td rowspan="6">$\boldsymbol{\eta}$</td><td rowspan="3">$\boldsymbol{\eta}_1$</td><td>x</td></tr>
<tr><td>2</td><td>横移</td><td>F_Y</td><td>v</td><td>y</td></tr>
<tr><td>3</td><td>潜浮</td><td>F_Z</td><td>w</td><td>z</td></tr>
<tr><td>4</td><td>横摇</td><td rowspan="3">$\boldsymbol{M}$</td><td>M_K</td><td rowspan="3">$\boldsymbol{\upsilon}_2$</td><td>p</td><td rowspan="3">$\boldsymbol{\eta}_2$</td><td>φ</td></tr>
<tr><td>5</td><td>纵摇</td><td>M_M</td><td>q</td><td>θ</td></tr>
<tr><td>6</td><td>摇艏</td><td>M_N</td><td>r</td><td>ψ</td></tr>
<tr><td>7</td><td rowspan="4">水下机械手</td><td>以 z_0 轴为中心转动</td><td rowspan="4">$\boldsymbol{\tau}_m$</td><td colspan="2">τ_{m1}</td><td rowspan="4">$\dot{\boldsymbol{q}}$</td><td colspan="2">$\dot{q}_1$</td><td rowspan="4">$\boldsymbol{q}$</td><td colspan="2">q_1</td></tr>
<tr><td>8</td><td>以 z_1 轴为中心转动</td><td colspan="2">τ_{m2}</td><td colspan="2">$\dot{q}_2$</td><td colspan="2">q_2</td></tr>
<tr><td>…</td><td>…</td><td colspan="2">…</td><td colspan="2">…</td><td colspan="2">…</td></tr>
<tr><td>6+n</td><td>以 z_{n-1} 轴为中心转动</td><td colspan="2">τ_{mn}</td><td colspan="2">$\dot{q}_n$</td><td colspan="2">q_n</td></tr>
</table>

为了便于进行姿态和位置计算，定义如下向量：$\boldsymbol{\eta}=[x,y,z,\varphi,\theta,\psi]^{\mathrm{T}}$、$\boldsymbol{\upsilon}=[u,v,w,p,q,r]^{\mathrm{T}}$、$\boldsymbol{\tau}_{RB}=[\sum F_X,\sum F_Y,\sum F_Z,\sum M_K,\sum M_M,\sum M_N]^{\mathrm{T}}$，$\boldsymbol{\eta}_1=[x,y,z]^{\mathrm{T}}$、$\boldsymbol{\eta}_2=[\varphi,\theta,\psi]^{\mathrm{T}}$、$\boldsymbol{\upsilon}_1=[u,v,w]^{\mathrm{T}}$、$\boldsymbol{\upsilon}_2=[p,q,r]^{\mathrm{T}}$、$\boldsymbol{\tau}_1=[\sum F_X,\sum F_Y,\sum F_Z]^{\mathrm{T}}$、$\boldsymbol{\tau}_2=[\sum M_K,\sum M_M,\sum M_N]^{\mathrm{T}}$。

2.1.2　水下机器人的坐标变换

水下机器人的运动轨迹和姿态是在固定坐标系下衡量的，而作用在水下机器人上的力和力矩是在运动坐标系下衡量的。水下机器人在固定坐标系下的期望运动轨迹或姿态，需要将其转换到运动坐标系下，从而求得水下机器人能够达到期望运动轨迹或姿态所需要的控制力(力矩)；水下机器人由于受到控制力(力矩)的作用而产生的运动坐标系下的运动状态变化则需要转换到固定坐标系下，才能反映出水下机器人的实际运动轨迹和姿态。因此，需经过旋转变换，在固定坐标系和运动坐标系之间建立转换关系。为进行坐标转换，还可引入平行坐标系，其原点与固定坐标系重合，各轴与运动坐标轴平行，即平行坐标系随运动坐标系的姿态角旋转。

三次旋转变换引入姿态角：横倾角 φ 、纵倾角 θ 、艏向角 ψ 。不妨设运动坐标系绕惯性坐标系的转动顺序为：①绕着 z_B 轴转动 ψ 角度，得到转换矩阵 $\boldsymbol{R}_{z,\psi}$ ；②绕着 y_B 轴转动 θ 角度，得到转换矩阵 $\boldsymbol{R}_{y,\theta}$ ；③绕着 x_B 轴转动 φ 角度，得到转换矩阵 $\boldsymbol{R}_{x,\varphi}$ 。

转动过程如下：首先，绕着 z_B 轴转动 ψ 角度，有

$$\boldsymbol{R}_{z,\psi}=\begin{bmatrix}\cos\psi & -\sin\psi & 0\\ \sin\psi & \cos\psi & 0\\ 0 & 0 & 1\end{bmatrix} \tag{2.1}$$

然后，绕着 y_B 轴转动 θ 角度，有

$$\boldsymbol{R}_{y,\theta}=\begin{bmatrix}\cos\theta & 0 & -\sin\theta\\ 0 & 1 & 0\\ \sin\theta & 0 & \cos\theta\end{bmatrix} \tag{2.2}$$

最后，绕着 x_B 轴转动 φ 角度，有

$$\boldsymbol{R}_{x,\varphi}=\begin{bmatrix}1 & 0 & 0\\ 0 & \cos\varphi & -\sin\varphi\\ 0 & \sin\varphi & \cos\varphi\end{bmatrix} \tag{2.3}$$

变换关系可用坐标基底的变换来表示，三次初等旋转变换对应一个三阶正交矩阵，即旋转变换矩阵，两个坐标系之间坐标变换表示为

$$\begin{bmatrix}x_I\\ y_I\\ z_I\end{bmatrix}=\boldsymbol{R}_{z,\psi}\boldsymbol{R}_{y,\theta}\boldsymbol{R}_{x,\varphi}\begin{bmatrix}x_B\\ y_B\\ z_B\end{bmatrix} \tag{2.4}$$

具体表达式为

$$\begin{bmatrix}x_I\\ y_I\\ z_I\end{bmatrix}=\begin{bmatrix}\cos\psi\cos\theta & \cos\psi\sin\theta\sin\varphi-\sin\psi\cos\varphi & \cos\psi\sin\theta\cos\varphi+\sin\psi\sin\varphi\\ \sin\psi\cos\theta & \sin\psi\sin\theta\sin\varphi+\cos\psi\cos\varphi & \sin\psi\sin\theta\cos\varphi-\cos\psi\sin\varphi\\ -\sin\theta & \cos\theta\sin\varphi & \cos\theta\cos\varphi\end{bmatrix}\begin{bmatrix}x_B\\ y_B\\ z_B\end{bmatrix} \tag{2.5}$$

在上述公式以及后面公式中，为描述方便，定义 $\mathrm{c}=\cos(\cdot)$ ， $\mathrm{s}=\sin(\cdot)$ ， $\mathrm{t}=\tan(\cdot)$ ，令 $\boldsymbol{R}_B^I$ 表示从运动坐标系到固定坐标系的变换矩阵：

$$\boldsymbol{R}_B^I(\eta_2)=\begin{bmatrix}\mathrm{c}\psi\,\mathrm{c}\theta & \mathrm{c}\psi\,\mathrm{s}\theta\,\mathrm{s}\varphi-\mathrm{s}\psi\,\mathrm{c}\varphi & \mathrm{c}\psi\,\mathrm{s}\theta\,\mathrm{c}\varphi+\mathrm{s}\psi\,\mathrm{s}\varphi\\ \mathrm{s}\psi\,\mathrm{c}\theta & \mathrm{s}\psi\,\mathrm{s}\theta\,\mathrm{s}\varphi+\mathrm{c}\psi\,\mathrm{c}\varphi & \mathrm{s}\psi\,\mathrm{s}\theta\,\mathrm{c}\varphi-\mathrm{c}\psi\,\mathrm{s}\varphi\\ -\mathrm{s}\theta & \mathrm{c}\theta\,\mathrm{s}\varphi & \mathrm{c}\theta\,\mathrm{c}\varphi\end{bmatrix} \tag{2.6}$$

由于 $\boldsymbol{R}_B^I$ 是正交矩阵，因此 $\left(\boldsymbol{R}_B^I\right)^{-1}=\left(\boldsymbol{R}_B^I\right)^{\mathrm{T}}=\boldsymbol{R}_I^B$， $\boldsymbol{R}_I^B$ 表示从固定坐标系到运动坐标系的变换矩阵：

$$\boldsymbol{R}_I^B(\eta_2)=\begin{bmatrix} \mathrm{c}\psi\,\mathrm{c}\theta & \mathrm{s}\psi\,\mathrm{c}\theta & -\mathrm{s}\theta \\ \mathrm{c}\psi\,\mathrm{s}\theta\,\mathrm{s}\varphi-\mathrm{s}\psi\,\mathrm{c}\varphi & \mathrm{s}\psi\,\mathrm{s}\theta\,\mathrm{s}\varphi+\mathrm{c}\psi\,\mathrm{c}\varphi & \mathrm{c}\theta\,\mathrm{s}\varphi \\ \mathrm{c}\psi\,\mathrm{s}\theta\,\mathrm{c}\varphi+\mathrm{s}\psi\,\mathrm{s}\varphi & \mathrm{s}\psi\,\mathrm{s}\theta\,\mathrm{c}\varphi-\mathrm{c}\psi\,\mathrm{s}\varphi & \mathrm{c}\theta\,\mathrm{c}\varphi \end{bmatrix} \tag{2.7}$$

两个坐标系之间的坐标变换也可以表示为

$$\begin{bmatrix} x_B \\ y_B \\ z_B \end{bmatrix}=\boldsymbol{R}_I^B(\eta_2)\begin{bmatrix} x_I \\ y_I \\ z_I \end{bmatrix} \tag{2.8}$$

2.1.3　速度坐标变换

水下机器人相对于固定坐标系的线速度 $\dot{\boldsymbol{\eta}}_1$ 可通过相对于运动坐标系的线速度 $\boldsymbol{\upsilon}_1$ 转换得到：

$$\dot{\boldsymbol{\eta}}_1=\boldsymbol{R}_B^I(\boldsymbol{\eta}_2)\boldsymbol{\upsilon}_1 \tag{2.9}$$

$\boldsymbol{\upsilon}_1$ 相对于 $\dot{\boldsymbol{\eta}}_1$ 的表达式为

$$\boldsymbol{\upsilon}_1=\boldsymbol{R}_I^B(\boldsymbol{\eta}_2)\dot{\boldsymbol{\eta}}_1 \tag{2.10}$$

水下机器人在运动坐标系的角速度 $\boldsymbol{\upsilon}_2$ 可通过欧拉角的角速度变量得到：

$$\boldsymbol{\upsilon}_2=\begin{bmatrix} \dot{\varphi} \\ 0 \\ 0 \end{bmatrix}+\boldsymbol{R}_{x,\varphi}^{\mathrm{T}}\begin{bmatrix} 0 \\ \dot{\theta} \\ 0 \end{bmatrix}+\boldsymbol{R}_{x,\varphi}^{\mathrm{T}}\boldsymbol{R}_{y,\theta}^{\mathrm{T}}\begin{bmatrix} 0 \\ 0 \\ \dot{\psi} \end{bmatrix}=\boldsymbol{J}_\eta^{-1}(\boldsymbol{\eta}_2)\dot{\boldsymbol{\eta}}_2 \tag{2.11}$$

把式(2.11)展开得到 $\boldsymbol{J}_\eta^{-1}(\boldsymbol{\eta}_2)=\begin{bmatrix} 1 & 0 & -\mathrm{s}\theta \\ 0 & \mathrm{c}\varphi & \mathrm{c}\theta\mathrm{s}\varphi \\ 0 & -\mathrm{s}\varphi & \mathrm{c}\theta\mathrm{c}\varphi \end{bmatrix}$。

水下机器人相对于固定坐标系的角速度 $\dot{\boldsymbol{\eta}}_2$ 可通过相对于运动坐标系的角速度 $\boldsymbol{\upsilon}_2$ 转换得到：

$$\dot{\boldsymbol{\eta}}_2=\boldsymbol{J}_\eta(\boldsymbol{\eta}_2)\boldsymbol{\upsilon}_2 \tag{2.12}$$

其中角速度转换矩阵 $\boldsymbol{J}_2(\boldsymbol{\eta})$可表示为

$$\boldsymbol{J}_\eta^{-1}(\boldsymbol{\eta}_2)=\begin{bmatrix} 1 & 0 & -\mathrm{s}\theta \\ 0 & \mathrm{c}\varphi & \mathrm{c}\theta\mathrm{s}\varphi \\ 0 & -\mathrm{s}\varphi & \mathrm{c}\theta\mathrm{c}\varphi \end{bmatrix}\Rightarrow\boldsymbol{J}_\eta(\boldsymbol{\eta}_2)=\begin{bmatrix} 1 & \mathrm{s}\varphi\mathrm{t}\theta & \mathrm{c}\varphi\mathrm{t}\theta \\ 0 & \mathrm{c}\varphi & -\mathrm{s}\varphi \\ 0 & \mathrm{s}\varphi/\mathrm{c}\theta & \mathrm{c}\varphi/\mathrm{c}\theta \end{bmatrix}$$

注意到 $\boldsymbol{J}_\eta^{-1}(\boldsymbol{\eta}_2)\neq\boldsymbol{J}_\eta(\boldsymbol{\eta}_2)$，且当纵摇角 $\theta=\pm\dfrac{\pi}{2}$ 时，$\boldsymbol{J}_\eta(\boldsymbol{\eta}_2)$ 无意义，所以对水下机器人的纵摇角 θ 做如下限制：

$$-\frac{\pi}{2}<\theta<\frac{\pi}{2} \tag{2.13}$$

2.2　水下机器人的运动学

2.2.1　欠驱动 AUV 的运动学

欠驱动 AUV 模型以六自由度 REMUS-100 为例，基于式(2.9)和式(2.12)，欠驱动 AUV 的运动学方程的表达式为

$$\begin{bmatrix} \dot{\boldsymbol{\eta}}_1 \\ \dot{\boldsymbol{\eta}}_2 \end{bmatrix} = \begin{bmatrix} \boldsymbol{R}_B^I(\boldsymbol{\eta}_2) & \boldsymbol{0}_{3\times3} \\ \boldsymbol{0}_{3\times3} & \boldsymbol{J}_{\eta}(\boldsymbol{\eta}_2) \end{bmatrix} \begin{bmatrix} \boldsymbol{\upsilon}_1 \\ \boldsymbol{\upsilon}_2 \end{bmatrix} \tag{2.14}$$

式(2.14)的逆表达式为

$$\begin{bmatrix} \boldsymbol{\upsilon}_1 \\ \boldsymbol{\upsilon}_2 \end{bmatrix} = \begin{bmatrix} \boldsymbol{R}_I^B(\boldsymbol{\eta}_2) & \boldsymbol{0}_{3\times3} \\ \boldsymbol{0}_{3\times3} & \boldsymbol{J}_{\eta}^{-1}(\boldsymbol{\eta}_2) \end{bmatrix} \begin{bmatrix} \dot{\boldsymbol{\eta}}_1 \\ \dot{\boldsymbol{\eta}}_2 \end{bmatrix} = \boldsymbol{J}(\boldsymbol{\eta}) \begin{bmatrix} \dot{\boldsymbol{\eta}}_1 \\ \dot{\boldsymbol{\eta}}_2 \end{bmatrix} \tag{2.15}$$

2.2.2　水下机械手的运动学

根据水下机械手的坐标变化，可以得到末端执行器位置和姿态与机械臂各个关节转动角度之间的转换关系，但是在执行抓取任务时，有时需要明确末端执行器线速度与角速度与机械臂各个关节转动速度之间的关系——雅可比矩阵，对三关节雅可比矩阵进行推导，得到三关节机械手的雅可比矩阵为

$$\boldsymbol{J} = \begin{bmatrix} \boldsymbol{J}_{\mathrm{pos},q}^0 \\ \boldsymbol{J}_{\mathrm{ori},q}^0 \end{bmatrix} \tag{2.16}$$

式中，$\boldsymbol{J}_{\mathrm{pos},q}^0$ 表示线速度的雅可比矩阵分量；$\boldsymbol{J}_{\mathrm{ori},q}^0$ 表示角速度的雅可比矩阵。由于海生物抓取捕捞 ROV 所设计的三关节皆为转动关节，所以可得其具体形式：

$$\boldsymbol{J} = \begin{bmatrix} \boldsymbol{J}_{\mathrm{pos},q}^0 \\ \boldsymbol{J}_{\mathrm{ori},q}^0 \end{bmatrix} = \begin{bmatrix} \boldsymbol{z}_0^0 \times (\boldsymbol{O}_3^0 - \boldsymbol{O}_0^0) & \boldsymbol{z}_1^0 \times (\boldsymbol{O}_3^0 - \boldsymbol{O}_1^0) & \boldsymbol{z}_2^0 \times (\boldsymbol{O}_3^0 - \boldsymbol{O}_2^0) \\ \boldsymbol{z}_0^0 & \boldsymbol{z}_1^0 & \boldsymbol{z}_2^0 \end{bmatrix} \tag{2.17}$$

式中，$\boldsymbol{z}_i^0$ 为第 i 个坐标系 z 轴的单位向量在 $\boldsymbol{O}_0$ 坐标系下的向量表示；$\boldsymbol{O}_i^0$ 表示第 i 个坐标系的原点在 $\boldsymbol{O}_0$ 坐标系下的坐标。根据 $\boldsymbol{z}_0^0 = (0\quad 0\quad 0)^{\mathrm{T}}$ 和 $\boldsymbol{O}_0^0 = (0\quad 0\quad 1)^{\mathrm{T}}$ 得雅可比矩阵中其余各个量为

$$\boldsymbol{z}_1^0 = [-\mathrm{s}_1 \quad \mathrm{c}_1 \quad 0]^{\mathrm{T}} \tag{2.18}$$

$$\boldsymbol{z}_2^0 = [-\mathrm{s}_1 \quad \mathrm{c}_1 \quad 0]^{\mathrm{T}} \tag{2.19}$$

$$\boldsymbol{O}_1^0 = [0 \quad 0 \quad d_1]^{\mathrm{T}} \tag{2.20}$$

$$\boldsymbol{O}_2^0 = [a_2\,\mathrm{c}_1\,\mathrm{c}_2 \quad a_2\,\mathrm{c}_2\,\mathrm{s}_1 \quad -a_2\,\mathrm{s}_2 + d_1]^{\mathrm{T}} \tag{2.21}$$

$$\boldsymbol{O}_3^0 = [\mathrm{d}x \quad \mathrm{d}y \quad \mathrm{d}z]^{\mathrm{T}} \tag{2.22}$$

式中，$s_1=\sin\theta_1$，$c_1=\cos\theta_1$，$s_2=\sin\theta_2$，$c_2=\cos\theta_2$，$s_3=\sin\theta_3$，$c_3=\cos\theta_3$，$dx=a_3c_1c_2c_3-a_3c_1s_2s_3+a_2c_1c_2$，$dy=a_3s_1c_2c_3-a_3s_1s_2s_3+a_2s_1c_2$，$dz=-a_3s_3s_2-a_3c_2s_3-a_2s_2+d_1$，$a_2$、$a_3$、$d_1$、$\theta_1$、$\theta_2$、$\theta_3$为三关节机械手的 DH 参数。

通过计算可得所研究的三关节水下机械手相对于基坐标系的雅可比矩阵为

$$\boldsymbol{J}=\begin{bmatrix} -dy & c_1(dz-d_1) & c_1(dz+a_2s_2-d_1) \\ dx & s_1(dz-d_1) & s_1(dz+a_2s_2-d_1) \\ 0 & -s_1dy-c_1dx & -s_1(dy-a_2c_2s_1)-c_1(dx-a_2c_1c_2) \\ 0 & -s_1 & -s_1 \\ 0 & c_1 & c_1 \\ 1 & 0 & 0 \end{bmatrix} \tag{2.23}$$

水下机械手在速度级的运动学方程可表示为

$$\begin{bmatrix} \dot{\boldsymbol{p}}_E^0 \\ \boldsymbol{w}_E^0 \end{bmatrix}=\boldsymbol{J}\dot{\boldsymbol{q}} \tag{2.24}$$

式中，$\boldsymbol{w}_E^0$表示水下机械手末端相对于基坐标系的角速度向量。

2.2.3 UVMS 的运动学

UVMS 的任务空间的运动学方程指的是机械手末端速度变量在固定坐标系下与运动坐标系之间的关系，用于任务空间轨迹跟踪分析。

水下机械手末端在固定坐标系的位置和姿态用$\boldsymbol{x}_E$表示，$\boldsymbol{x}_E=\begin{bmatrix}\boldsymbol{\eta}_{E1}^{\mathrm{T}} & \boldsymbol{\eta}_{E2}^{\mathrm{T}}\end{bmatrix}$，${}^I\boldsymbol{p}_{I,B}$是在固定坐标系下 ROV 的位置向量，${}^I\boldsymbol{p}_{B,0}$是在固定坐标系下水下机械手安装位置处的位置向量，${}^I\boldsymbol{p}_{0,E}$是在固定坐标系下水下机械手末端相对于基座的位置向量。

$${}^I\boldsymbol{p}_{I,E}={}^I\boldsymbol{p}_{I,B}+{}^I\boldsymbol{p}_{B,0}+{}^I\boldsymbol{p}_{0,E} \tag{2.25}$$

式中，${}^I\boldsymbol{p}_{I,E}=\boldsymbol{\eta}_{E1}$、${}^I\boldsymbol{p}_{I,B}=\boldsymbol{\eta}_1$。

对式(2.25)求导可得

$$\dot{\boldsymbol{\eta}}_{E1}=\dot{\boldsymbol{\eta}}_1+(\boldsymbol{R}_B^I\boldsymbol{\upsilon}_2)\times({}^I\boldsymbol{p}_{B,0}+{}^I\boldsymbol{p}_{0,E})+{}^I\dot{\boldsymbol{p}}_{0,E} \tag{2.26}$$

式中，${}^I\dot{\boldsymbol{p}}_{0,E}=\boldsymbol{J}_{\mathrm{pos},q}^I\dot{\boldsymbol{q}}$，由式(2.26)可得到$\dot{\boldsymbol{\eta}}_{E1}$与$\boldsymbol{\zeta}$之间的关系，即

$$\dot{\boldsymbol{\eta}}_{E1}=\boldsymbol{J}_{\mathrm{pos,urms}}\boldsymbol{\zeta}=\begin{bmatrix}\boldsymbol{R}_B^I & \boldsymbol{S}(\boldsymbol{R}_B^I\boldsymbol{p}_0^B+\boldsymbol{R}_0^I\boldsymbol{p}_E^0)\boldsymbol{R}_B^I & \boldsymbol{R}_0^I\boldsymbol{J}_{\mathrm{pos},q}^0\end{bmatrix}\boldsymbol{\zeta} \tag{2.27}$$

$\dot{\boldsymbol{\eta}}_{E2}$与$\boldsymbol{\zeta}$之间的关系为

$$\dot{\boldsymbol{\eta}}_{E2}=\boldsymbol{J}_{\mathrm{ori,uvms}}\boldsymbol{\zeta}=\begin{bmatrix}\boldsymbol{0}_{3\times3} & \boldsymbol{R}_B^I & \boldsymbol{R}_0^I\boldsymbol{J}_{\mathrm{ori},q}^0\end{bmatrix}\boldsymbol{\zeta} \tag{2.28}$$

UVMS 任务空间的运动学方程表达式为

$$\dot{\boldsymbol{x}}_E=\begin{bmatrix}\boldsymbol{R}_B^I & \boldsymbol{S}(\boldsymbol{R}_B^I\boldsymbol{p}_0^B+\boldsymbol{R}_0^I\boldsymbol{p}_E^0)\boldsymbol{R}_B^I & \boldsymbol{R}_0^I\boldsymbol{J}_{\mathrm{pos},q}^0 \\ \boldsymbol{0}_{3\times3} & \boldsymbol{R}_B^I & \boldsymbol{R}_0^I\boldsymbol{J}_{\mathrm{ori},q}^0\end{bmatrix}\begin{bmatrix}\boldsymbol{\upsilon}_1^{\mathrm{T}},\boldsymbol{\upsilon}_2^{\mathrm{T}},\dot{\boldsymbol{q}}^{\mathrm{T}}\end{bmatrix}^{\mathrm{T}}=\boldsymbol{J}_{\mathrm{task}}(\boldsymbol{R}_B^I,\boldsymbol{q})\boldsymbol{\zeta} \tag{2.29}$$

式中，$\boldsymbol{R}_0^I=\boldsymbol{R}_B^I\boldsymbol{R}_0^B$，$\boldsymbol{R}_0^B$是机械手基坐标系在载体坐标系中的旋转矩阵。

2.3 水下机器人的动力学

水下机器人的动力学模型体现了水下机器人的运动规律，是水下机器人对于环境和系统信息的一种量化表示。由于水下机器人受到刚体动力学和流体动力学的同时作用，所以可根据线性系统的叠加原理进行动力学建模。

水下机器人的刚体动力学不考虑水对水下机器人的影响，且在运动坐标系上适用牛顿定律、欧拉运动定律进行分析。因此，需建立两个假设：假设 1，假设水下机器人为理想刚体，受到所有的力学作用可以等效为一个合外力(矩)；假设 2，固定坐标系不受地球运动产生力的影响。

定义水下机器人在运动坐标系的重心和浮心位置分别为 $\boldsymbol{r}_G=[x_G, y_G, z_G]^{\mathrm{T}}$ 和 $\boldsymbol{r}_B=[x_B, y_B, z_B]^{\mathrm{T}}$，水下机器人本体六自由度刚体动力学的一般方程如下：

$$
\begin{cases}
m\left[(\dot{u}-vr+wq)-x_G\cdot\left(q^2+r^2\right)+y_G(pq-\dot{r})+z_G(pr+\dot{q})\right]=\sum F_X \\
m\left[(\dot{v}-wp+ur)-y_G(r^2+p^2)+z_G(qr-\dot{p})+x_G(qp+\dot{r})\right]=\sum F_Y \\
m\left[(\dot{w}-uq+vp)-z_G(p^2+q^2)+x_G(rp-\dot{q})+y_G(rq+\dot{p})\right]=\sum F_Z \\
I_x\dot{p}+(I_z-I_y)qr-(\dot{r}+pq)I_{xz}+(r^2-q^2)I_{yz}+(pr-\dot{q})I_{xy} \\
\qquad +m\left[y_G(\dot{w}+pv-qu)-z_G(\dot{v}+ru-pw)\right]=\sum M_K \\
I_y\dot{q}+(I_x-I_z)rp-(\dot{p}+qr)I_{xy}+(p^2-r^2)I_{xz}+(qp-\dot{r})I_{yz} \\
\qquad +m\left[z_G(\dot{u}+wq-vr)-x_G(\dot{w}+pv-uq)\right]=\sum M_M \\
I_z\dot{r}+(I_y-I_x)pq-(\dot{q}+rq)I_{yz}+(q^2-p^2)I_{xy}+(rq-\dot{p})I_{xz} \\
\qquad +m\left[x_G\cdot(\dot{v}+ur-pw)-y_G\cdot(\dot{u}+qw-vr)\right]=\sum M_N
\end{cases}
\tag{2.30}
$$

式中，m 是水下机器人的质量，前三个方程表示平移运动，后三个方程表示旋转运动。

2.3.1 欠驱动 AUV 的动力学

考虑到欠驱动 AUV 的对称性、运动特性、操纵性等因素，可将流体黏性力分别在水平面运动和垂直面运动进行单独分析，再考虑运动耦合产生的流体黏性力。

对于欠驱动 AUV 的水平面运动的流体黏性力，主要考虑纵向速度、横向速度和偏航角速度。由于欠驱动 AUV 通常是左右对称的，所以当横向速度和偏航角速度的符号(方向)改变时，并不影响欠驱动 AUV 所受到的纵向流体黏性力 X_S 的方向。因此，纵向流体黏性力 X_S 应该为横移速度 v 和摇艏角速度 r 的偶函数。当仅仅考虑泰勒级数展开到二阶时，纵向流体黏性力为

$$
X_S(v,r)=X_{uu}u^2+X_{vv}v^2+X_{rr}r^2+X_{vr}vr \tag{2.31}
$$

但是，横向速度 v 和摇艏角速度 r 的符号改变时，欠驱动 AUV 所受到的横向流体黏性力 Y_S 和摇艏流体黏性力矩 N_S 的方向均会改变。因此，横向流体黏性力 Y_S 和摇艏流体黏性

力矩 N_S 应为横向速度 v 和摇艏角速度 r 的奇函数：

$$Y_S(v,r)=Y_v v+Y_r r+Y_{v|v|}v|v|+Y_{r|r|}r|r|+Y_{v|r|}v|r| \tag{2.32}$$

$$N_S(v,r)=N_v v+N_r r+N_{v|v|}v|v|+N_{r|r|}r|r|+N_{v|r|}v|r| \tag{2.33}$$

对于欠驱动 AUV 的垂直面运动的流体黏性力，主要考虑欠驱动 AUV 的进退速度 u、潜浮速度 w 和纵摇角速度 q 对于流体黏性力的贡献。考虑欠驱动 AUV 左右对称，那么纵向流体黏性力 X_S 的大小为

$$X_S(w,q)=X_{uu}u^2+X_{ww}w^2+X_{qq}q^2+X_{wq}wq \tag{2.34}$$

同理，受到的垂向流体黏性力 Z_S 和纵摇流体黏性力 M_S 分别为

$$Z_S(w,q)=Z_w w+Z_q q+Z_{w|w|}w|w|+Z_{q|q|}q|q|+Z_{w|q|}w|q| \tag{2.35}$$

$$M_S(w,q)=M_w w+M_q q+M_{w|w|}w|w|+M_{q|q|}q|q|+M_{w|q|}w|q| \tag{2.36}$$

考虑到欠驱动 AUV 的上下结构不完全对称，对式(2.35)和式(2.36)进行修正，可得到：

$$Z_S(w,q)=Z_w w+Z_{|w|}|w|+Z_q q+Z_{w|w|}w|w|+Z_{ww}ww+Z_{q|q|}q|q|+Z_{w|q|}w|q| \tag{2.37}$$

$$M_S(w,q)=M_w w+M_{|w|}|w|+M_q q+M_{w|w|}w|w|+M_{ww}ww+M_{q|q|}q|q|+M_{w|q|}w|q| \tag{2.38}$$

通常，欠驱动 AUV 的运动是三维空间中六自由度。因此，应该考虑横摇运动、水平面运动和垂直面运动产生的耦合作用对于流体黏性力的贡献。横摇运动会产生横摇流体黏性力 K_S，其大小为进退速度 u 和横摇角速度 p 的函数：

$$K_S(p)=K_{uu}u^2+K_p p+K_{p|p|}p|p| \tag{2.39}$$

若 AUV 的上下结构为非对称的，横摇角速度 p 导致的横摇流体黏性力矩会对其他自由度的运动产生影响。对于横移运动和摇艏运动，所产生的流体黏性力(矩) $Y_S(p)$ 和 $N_S(p)$ 为横摇角速度 p 的奇函数；而对于潜浮运动和纵摇运动，流体黏性力(矩) $Z_S(p)$ 和 $M_S(p)$ 为横摇角速度 p 的偶函数，并且 $Z_S(p)$ 和 $M_S(p)$ 的数值远小于 $Y_S(p)$ 和 $N_S(p)$，可以被忽略；这些流体黏性力(矩)分别为

$$Y_S(p)=Y_p p+Y_{p|p|}p|p| \tag{2.40}$$

$$N_S(p)=N_p p+N_{p|p|}p|p| \tag{2.41}$$

$$Z_S(p)=Z_{pp}p^2 \tag{2.42}$$

$$M_S(p)=M_{pp}p^2 \tag{2.43}$$

在实际中，欠驱动 AUV 的水平面运动和垂直面运动之间会产生耦合作用。但是，由于通常为左右对称的，所以垂直面运动参数潜浮速度 w 和纵摇角速度 q 不会对其他自由度的运动产生影响；若欠驱动 AUV 的上下不对称，水平面运动参数横向速度 v 和摇艏角速度 r 会对其余自由度产生影响，流体黏性力(矩)可以表示为

$$Z_S(v,r)=Z_{vv}v^2+Z_{rr}r^2+Z_{vr}vr \tag{2.44}$$

$$M_S(v,r)=M_{vv}v^2+M_{rr}r^2+M_{vr}vr \tag{2.45}$$

$$K_S(v,r)=K_v v+K_r r+K_{v|v|}v|v|+K_{r|r|}r|r| \tag{2.46}$$

当欠驱动 AUV 做斜侧直线航行时(其运动中将既有漂角又有攻角)，横向流体黏性力 Y_S

将出现横移速度 v 和潜浮速度 w 的耦合项。

$$Y_S(v,w)=Y_S(v)+\Delta Y_S(v,w)=Y_v v+Y_{v|v|}v|v|+Y_{vw}vw+Y_{v|v|w}v|v|w \tag{2.47}$$

式中，Y_{vw} 反映了潜浮速度 w 对于 $Y_S(v)$ 线性部分的影响；$Y_{v|v|w}$ 反映了潜浮速度 w 对于 $Y_S(v)$ 非线性部分的影响。式(2.47)通常可以简化为

$$Y_S(v,w)=Y_v v+Y_{v|v|}v\sqrt{v^2+w^2} \tag{2.48}$$

同理，潜浮速度 w 对于其他自由度的耦合效应都可用上述方法进行处理。除了上述已分析的流体黏性力以外，由于欠驱动 AUV 结构对称，部分由线速度 u、v、w 和角速度 p、q、r，以及角速度的耦合项而产生的流体黏性力为零或者数值很小。余下还有 X_{vr}、X_{wq}、X_{pr}、X_{vq}、Y_{wp}、Y_{pq}、Z_{vp}、Z_{pr}、K_{vq}、K_{wp}、K_{wr}、K_{pq}、K_{qr}、M_{vp}、M_{pr}、N_{vq}、N_{wp} 和 N_{pq} 需要在动力学建模中考虑。

根据欠驱动AUV空间运动的一般动力学方程(2.30)以及上述对空间运动中的受力分析，并考虑到欠驱动 AUV 通常为左右对称而上下、前后结构一般非对称，因此可以建立欠驱动 AUV 三维空间的六自由度运动动力学方程。

欠驱动 AUV 进退运动的动力学方程：

$$\begin{aligned}&m[\dot{u}-vr+wq-x_G^b(q^2+r^2)+y_G^b(pq-\dot{r})+z_G^b(pr+\dot{q})]\\&=-(W-B)\sin\theta+X_{u|u|}u|u|+X_{\dot{u}}\dot{u}+X_{wq}wq\\&\quad+X_{qq}q^2+X_{vr}vr+X_{rr}r^2+X_T\end{aligned} \tag{2.49}$$

欠驱动 AUV 横移运动的动力学方程：

$$\begin{aligned}&m[\dot{v}-wp+ur-y_G^b(r^2+p^2)+z_G^b(qr-\dot{p})+x_G^b(qp+\dot{r})]\\&=(W-B)\cos\theta\sin\varphi+Y_{v|v|}v|v|+Y_{r|r|}r|r|+Y_{\dot{v}}\dot{v}+Y_{\dot{r}}\dot{r}\\&\quad+Y_{ur}ur+Y_{wp}wp+Y_{pq}pq+Y_{uv}uv+Y_{uu\delta}u^2\delta_r\end{aligned} \tag{2.50}$$

欠驱动 AUV 潜浮运动的动力学方程：

$$\begin{aligned}&m[\dot{w}-uq+vp-z_G^b(p^2+q^2)+x_G^b(rp-\dot{q})+y_G^b(rq+\dot{p})]\\&=(W-B)\cos\theta\cos\varphi+Z_{w|w|}w|w|+Z_{q|q|}q|q|+Z_{\dot{w}}\dot{w}\\&\quad+Z_{\dot{q}}\dot{q}+Z_{uq}uq+Z_{vp}vp+Z_{rp}rp+Z_{uw}uw+Z_{uu\delta}u^2\delta_e\end{aligned} \tag{2.51}$$

欠驱动 AUV 横摇运动的动力学方程：

$$\begin{aligned}&I_x\dot{p}+(I_z-I_y)qr+m[y_G^b(\dot{w}-uq+vp)-z_G^b(\dot{v}-wp+ur)]\\&=(y_G^bW-y_B^bB)\cos\theta\cos\varphi-(z_G^bW-z_B^bB)\cos\theta\sin\varphi\\&\quad+K_{p|p|}p|p|+K_{\dot{p}}\dot{p}+K_{\text{prop}}\end{aligned} \tag{2.52}$$

欠驱动 AUV 纵摇运动的动力学方程：

$$\begin{aligned}&I_y\dot{q}+(I_x-I_z)rp+m[z_G^b(\dot{u}-vr+wq)-x_G^b(\dot{w}-uq+vp)]\\&=-(z_G^bW-z_B^bB)\sin\theta-(x_G^bW-x_B^bB)\cos\theta\cos\varphi\\&\quad+M_{w|w|}w|w|+M_{q|q|}q|q|+M_{\dot{w}}\dot{w}+M_{\dot{q}}\dot{q}+M_{uq}uq\\&\quad+M_{vp}vp+M_{pr}pr+M_{uw}uw+M_{uu\delta}u^2\delta_e\end{aligned} \tag{2.53}$$

欠驱动 AUV 摇艏运动的动力学方程：

$$\begin{aligned}&I_z\dot{r}+(I_y-I_x)pq+m[x_G^b(\dot{v}-wp+ur)-y_G^b(\dot{u}-vr+wq)]\\&=(x_G^bW-x_B^bB)\cos\theta\sin\varphi+(y_G^bW-y_B^bB)\sin\theta\\&\quad+N_{v|v|}v|v|+N_{r|r|}r|r|+N_{\dot{v}}\dot{v}+N_{\dot{r}}\dot{r}+N_{ur}ur\\&\quad+N_{wp}wp+N_{uv}uv+N_{pq}pq+N_{uu\delta}u^2\delta_r\end{aligned}\tag{2.54}$$

式中，各个系数是从 REMUS 的水池实验数据中获取的，各个系数的具体解释参考 Prestero 的论文附录。

2.3.2　水下机械手的动力学

ROV 系统在作业过程中，机械手对 ROV 的作用力包括浮心和重心变化所派生的倾斜力矩，机械手与 ROV 相对运动的运动耦合作用力等。

当机械手在水中运动，但并未与作业对象接触时，根据 Newton-Euler 方程，机械手第 i 个广义连杆所受的惯性力可以表示为：

$$\begin{cases}f_{\mathrm{G}i}^i=(m_i+m_{ai})\dot{V}_{\mathrm{mc}i}^i\\n_{\mathrm{G}i}^i=(I_i+I_{ai})\dot{\omega}_{\mathrm{m}i}^i+\omega_{\mathrm{m}i}^i\times[(I_i+I_{ai})\dot{\omega}_{\mathrm{m}i}^i]\end{cases}\tag{2.55}$$

式中，m_i 和 m_{ai} 为机械手第 i 个广义连杆的质量和附加质量；I_i 和 I_{ai} 为机械手第 i 个广义连杆的惯量矩阵和附加惯性矩阵。机械手第 i 个广义连杆在水中运动所受到的水动力 F_i^i 以及力矩 M_i^i 可按下式计算：

$$\begin{cases}F_i^i=0.5\rho C_D\,|V_{\mathrm{mc}i}^i|\,V_{\mathrm{mc}i}^i+D_SV_{\mathrm{mc}i}^i\\M_i^i=V_{\mathrm{mc}i}^i\times(\mathrm{m}_{ai}V_{\mathrm{mc}i}^i)\end{cases}\tag{2.56}$$

式中，C_D 为拖曳力系数；D_S 为阻尼力系数。按照向内递推方法，机械手第 i 个广义连杆所受到的和力矩分别为：

$$\begin{cases}f_i^i=f_{i+1}^i+F_i^i+f_{\mathrm{G}i}^i\\n_i^i=n_{i+1}^i+r_{\mathrm{mc}i}^i\times f_i^i+(r_{\mathrm{m}i+1}^i-r_{\mathrm{mc}i}^i)\times(f_{i+1}^i+F_i^i)+n_{\mathrm{G}i}^i+M_i^i\end{cases}\tag{2.57}$$

式中，f_i^i 和 n_i^i 为第 i 个广义连杆在其第 i 关节处所受到该关节的约束反力(矩)。根据坐标系间的转换矩阵，可得

$$\begin{cases}f_i^{i-1}=R_i^{i-1}f_i^i\\n_i^{i-1}=R_i^{i-1}n_i^i\end{cases}\tag{2.58}$$

水下机械手的动力学方程为

$$\boldsymbol{M}_m(\boldsymbol{q})\ddot{\boldsymbol{q}}+\boldsymbol{C}_m(\boldsymbol{q},\dot{\boldsymbol{q}})\dot{\boldsymbol{q}}+\boldsymbol{D}_m(\boldsymbol{q},\dot{\boldsymbol{q}})\dot{\boldsymbol{q}}+\boldsymbol{g}_m(\boldsymbol{q})+\boldsymbol{H}(\boldsymbol{q})\dot{\boldsymbol{v}}+\boldsymbol{C}(\boldsymbol{q},\dot{\boldsymbol{q}},\boldsymbol{v})\boldsymbol{v}+\boldsymbol{D}(\boldsymbol{q},\dot{\boldsymbol{q}},\boldsymbol{v})\boldsymbol{v}=\boldsymbol{\tau}_m\tag{2.59}$$

2.3.3　UVMS 的动力学

将式(2.30)表达为更紧凑的矩阵形式，即水下机器人刚体动力学的一般形式：

$$\boldsymbol{M}_{RB}\dot{\boldsymbol{\upsilon}} + \boldsymbol{C}_{RB}(\boldsymbol{\upsilon})\boldsymbol{\upsilon} = \boldsymbol{\tau}_{RB} \tag{2.60}$$

式中，$\boldsymbol{\tau}_{RB}$ 为外部的力、力矩的合向量。刚体惯性质量矩阵不随时间变化，且具备如下属性：$\boldsymbol{M}_{RB} = \boldsymbol{M}_{RB}^{\mathrm{T}} > 0$，具体表达式见式(2.61)，$\boldsymbol{C}_{RB}(\boldsymbol{\upsilon})$ 为科里奥利力和向心力矩阵，属于斜对称矩阵，具备如下性质：$\boldsymbol{C}_{RB}(\boldsymbol{\upsilon}) = -\boldsymbol{C}_{RB}(\boldsymbol{\upsilon})^{\mathrm{T}}$，具体定义参数化为

$$\boldsymbol{M}_{RB} = \begin{bmatrix} m\boldsymbol{I}_{3\times3} & -m\boldsymbol{S}_{rG} \\ m\boldsymbol{S}_{rG} & \boldsymbol{I}_0 \end{bmatrix} = \begin{bmatrix} m & 0 & 0 & 0 & mz_G & -my_G \\ 0 & m & 0 & -mz_G & 0 & mx_G \\ 0 & 0 & m & my_G & -mx_G & 0 \\ 0 & -mz_G & my_G & I_x & -I_{xy} & -I_{xz} \\ mz_G & 0 & -mx_G & -I_{yx} & I_y & -I_{yz} \\ -my_G & mx_G & 0 & -I_{zx} & -I_{zy} & I_z \end{bmatrix} \tag{2.61}$$

式中，$\boldsymbol{I}_{3\times3}$ 为单位矩阵；$\boldsymbol{I}_0$ 为惯性张量矩阵；$\boldsymbol{S}_{rG}$ 为斜对称矩阵。

$$\boldsymbol{C}_{RB}(\boldsymbol{\upsilon}) \overset{\text{def}}{=\!=} \begin{bmatrix} 0 & 0 & 0 & m(y_G q + z_G r) & -m(x_G q - w) & -m(x_G r + v) \\ 0 & 0 & 0 & -m(y_G p + w) & m(z_G r + x_G p) & -m(y_G - u) \\ 0 & 0 & 0 & -m(z_G p - v) & -m(z_G q + u) & m(x_G p + y_G q) \\ -m(y_G q + z_G r) & m(y_G p + w) & m(z_G p - v) & 0 & -I_{yz} q - I_{xz} p + I_z r & I_{yz} r + I_{xy} p - I_y q \\ m(x_G q - w) & -m(z_G + x_G p) & m(z_G q + u) & I_{yz} q + I_{xz} p - I_z r & 0 & -I_{xz} r - I_{xy} q + I_x p \\ m(x_G r + v) & m(y_G r - u) & -m(x_G p + y_G q) & -I_{yz} r - I_{xy} p + I_y q & I_{xz} y + I_{xy} q - I_x p & 0 \end{bmatrix} \tag{2.62}$$

考虑到水下机器人的运动坐标系的原点并不是位于其几何中心，假设浮心与运动坐标系原点重合，可获得对角化的惯性张量矩阵：

$$\boldsymbol{I}_0 = \begin{bmatrix} I_x & 0 & 0 \\ 0 & I_y & 0 \\ 0 & 0 & I_z \end{bmatrix} \tag{2.63}$$

式(2.30)简化后的水下机器人本体六自由度刚体动力学的一般方程如下：

$$\begin{cases} m[(\dot{u} - vr + wq) - x_G(q^2 + r^2) + y_G(pq - \dot{r}) + z_G(pr + \dot{q})] = \sum F_X \\ m[(\dot{v} - wp + ur) - y_G(r^2 + p^2) + z_G(qr - \dot{p}) + x_G(qp + \dot{r})] = \sum F_Y \\ m[(\dot{w} - uq + vp) - z_G(p^2 + q^2) + x_G(rp - \dot{q}) + y_G(rq + \dot{p})] = \sum F_Z \\ I_x\dot{p} + (I_z - I_y)qr + m[y_G(\dot{w} + pv - qu) - z_G(\dot{v} + ru - pw)] = \sum M_K \\ I_y\dot{q} + (I_x - I_z)rp + m[z_G(\dot{u} + wq - vr) - x_G(\dot{w} + pv - uq)] = \sum M_M \\ I_z\dot{r} + (I_y - I_x)pq + m[x_G(\dot{v} + ur - pw) - y_G(\dot{u} + qw - vr)] = \sum M_N \end{cases} \tag{2.64}$$

结合式(2.59)、式(2.60)和式(2.61)，可得到 UVMS 的动力学方程为

$$\boldsymbol{M}(\boldsymbol{q},\boldsymbol{\zeta})\dot{\boldsymbol{\zeta}}+\boldsymbol{C}(\boldsymbol{q},\boldsymbol{\zeta})\boldsymbol{\zeta}+\boldsymbol{D}(\boldsymbol{q},\boldsymbol{\zeta})\boldsymbol{\zeta}+\boldsymbol{g}(\boldsymbol{q},\boldsymbol{R}_I^B)=\boldsymbol{\tau} \tag{2.65}$$

式中，$\boldsymbol{\zeta}=[\boldsymbol{\upsilon}^{\mathrm{T}},\boldsymbol{q}^{\mathrm{T}}]^{\mathrm{T}}$；$\boldsymbol{\tau}=[\boldsymbol{\tau}_{RB}^{\mathrm{T}},\boldsymbol{\tau}_m^{\mathrm{T}}]^{\mathrm{T}}$；$\boldsymbol{M}(\boldsymbol{q},\boldsymbol{\zeta})=\begin{bmatrix}\boldsymbol{M}_\upsilon+\boldsymbol{H}_1(\boldsymbol{q}) & \boldsymbol{H}_2(\boldsymbol{q})\\ \boldsymbol{H}_2^{\mathrm{T}}(\boldsymbol{q}) & \boldsymbol{M}_m(\boldsymbol{q})\end{bmatrix}$；$\boldsymbol{C}(\boldsymbol{q},\boldsymbol{\zeta})=\begin{bmatrix}\boldsymbol{C}_\upsilon(\boldsymbol{\upsilon})+\boldsymbol{C}_1(\boldsymbol{q},\dot{\boldsymbol{q}},\boldsymbol{\upsilon}) & \boldsymbol{C}_2(\boldsymbol{q},\dot{\boldsymbol{q}})\\ \boldsymbol{C}_3(\boldsymbol{q},\dot{\boldsymbol{q}},\boldsymbol{\upsilon}) & \boldsymbol{C}_m(\boldsymbol{q},\dot{\boldsymbol{q}})\end{bmatrix}$；$\boldsymbol{D}(\boldsymbol{q},\boldsymbol{\zeta})=\begin{bmatrix}\boldsymbol{D}_\upsilon(\boldsymbol{\upsilon})+\boldsymbol{D}_0(\boldsymbol{q},\dot{\boldsymbol{q}},\boldsymbol{\upsilon}) & \boldsymbol{D}_1(\boldsymbol{q},\dot{\boldsymbol{q}},\boldsymbol{\upsilon})\\ \boldsymbol{D}_2(\boldsymbol{q},\dot{\boldsymbol{q}},\boldsymbol{\upsilon}) & \boldsymbol{D}_m(\boldsymbol{q},\dot{\boldsymbol{q}})+\boldsymbol{D}_3(\boldsymbol{q},\dot{\boldsymbol{q}},\boldsymbol{\upsilon})\end{bmatrix}$；$\boldsymbol{g}(\boldsymbol{q},\boldsymbol{R}_I^B)=\begin{bmatrix}\boldsymbol{g}_\upsilon(\upsilon)\\ \boldsymbol{g}_m(q)\end{bmatrix}$；$\boldsymbol{M}_\upsilon$ 是惯性矩阵，即 $\boldsymbol{M}_\upsilon=\boldsymbol{M}_{RB}+\boldsymbol{M}_A$；$\boldsymbol{M}_m(\boldsymbol{q})$ 是水下机械手的惯性矩阵；$\boldsymbol{H}_1(\boldsymbol{q})$ 和 $\boldsymbol{H}_2(\boldsymbol{q})$ 是水下机械手产生的惯性矩阵；$\boldsymbol{C}_\upsilon(\boldsymbol{\upsilon})$ 是科里奥利力和向心力矩阵，即 $\boldsymbol{C}_\upsilon(\boldsymbol{\upsilon})=\boldsymbol{C}_{RB}(\boldsymbol{\upsilon})+\boldsymbol{C}_A(\boldsymbol{\upsilon})$；$\boldsymbol{C}_1(\boldsymbol{q},\dot{\boldsymbol{q}},\boldsymbol{\upsilon})$ 和 $\boldsymbol{C}_3(\boldsymbol{q},\dot{\boldsymbol{q}},\boldsymbol{\upsilon})$ 是由水下机器人和水下机械手之间的耦合关系产生的科里奥利力和向心力矩阵；$\boldsymbol{C}_2(\boldsymbol{q},\dot{\boldsymbol{q}})$ 是由水下机械手产生的科里奥利力和向心力矩阵；$\boldsymbol{C}_m(\boldsymbol{q},\dot{\boldsymbol{q}})$ 是水下机械手的科里奥利力和向心力矩阵；$\boldsymbol{D}_\upsilon(\boldsymbol{\upsilon})$ 和 $\boldsymbol{D}_m(\boldsymbol{q},\dot{\boldsymbol{q}})$ 分别是由水下机器人和水下机械手产生的阻力矩阵；$\boldsymbol{D}_i(\boldsymbol{q},\dot{\boldsymbol{q}},\boldsymbol{\upsilon})(i=0,1,2,3)$ 是由水下机器人和水下机械手各关节耦合关系产生的水阻力矩阵；$\boldsymbol{g}_\upsilon(\boldsymbol{\eta})$ 和 $\boldsymbol{g}_m(q)$ 分别是水下机器人和水下机械手的水静力，包括重力和浮力。

2.4　水下机器人的水动力学

从水下机器人的流体力学角度对水下机器人进行分析，根据刚体动力学模型公式(2.55)右侧表示的作用于水下机器人上的外部合力与力矩以及线性叠加原理，合力(矩)的产生原因可以分为如下几类：①流体作用力 $\boldsymbol{\tau}_H$，包括附加质量、流体阻尼力、恢复力(浮力与重力共同作用的静力学分析)。②环境干扰力 $\boldsymbol{\tau}_E$，一般因受到海流、风、波浪环境影响而产生。由于水下机器人所工作的环境主要在深水区域，因此本章仅考虑海流的力学效应。另外，在水下机器人中水流对水下机器人的影响被视为干扰力，一般通过控制来抑制，可以主动地识别流体的特性，主动利用水下环境。③驱动力 $\boldsymbol{\tau}$，一般包括推进器、舵片的力学作用。④UVMS 因机械手运动以及脐带缆引起的干扰力(力矩) $\boldsymbol{\tau}_m$。作用于水下机器人上的合力(矩)的数学描述为

$$\boldsymbol{\tau}_{RB}=\boldsymbol{\tau}_H+\boldsymbol{\tau}_E+\boldsymbol{\tau}+\boldsymbol{\tau}_m \tag{2.66}$$

流体作用力的数学描述为

$$\boldsymbol{\tau}_H=-\boldsymbol{M}_A\dot{\boldsymbol{\upsilon}}-\boldsymbol{C}_A(\boldsymbol{\upsilon})\boldsymbol{\upsilon}-\boldsymbol{D}(\boldsymbol{\upsilon})\boldsymbol{\upsilon}-\boldsymbol{g}(\boldsymbol{\eta}) \tag{2.67}$$

为了便于水下机器人建模与控制应用，下面分别给出相关项的参数化矩阵与数学分析。

2.4.1　惯性质量项

附加质量力 $\boldsymbol{M}_A\dot{\boldsymbol{\upsilon}}$ 是由水下机器人在水中加速运动而产生的水动力。对于完全没入水中的水下机器人，在对附加质量 $\boldsymbol{M}_A$ 求解时会假设附加质量的系数是恒定不变的，并且不受波浪频率的影响，但是附加质量的某些项却比机器人的本体质量大很多。基于这个假设，流体动能被用来分析附加质量项，当水下机器人在水中加速运动时，机器人头部的流

体会因前进运动而向机器人后方移动，这样的移动必定会耗费能量。当水下机器人的形状发生改变时，附加质量 $\boldsymbol{M}_A$ 中的参数值也会发生变化。然而，水下机器人在实际的航行过程中通常都是完全潜入水中，此时 $\boldsymbol{M}_A$ 中的参数值为常值，附加质量 $\boldsymbol{M}_A$ 可以表示为

$$\boldsymbol{M}_A=\begin{bmatrix}\boldsymbol{A}_{11} & \boldsymbol{A}_{12}\\ \boldsymbol{A}_{21} & \boldsymbol{A}_{22}\end{bmatrix}=-\begin{bmatrix}X_{\dot{u}} & X_{\dot{v}} & X_{\dot{w}} & X_{\dot{p}} & X_{\dot{q}} & X_{\dot{r}}\\ Y_{\dot{u}} & Y_{\dot{v}} & Y_{\dot{w}} & Y_{\dot{p}} & Y_{\dot{q}} & Y_{\dot{r}}\\ Z_{\dot{u}} & Z_{\dot{v}} & Z_{\dot{w}} & Z_{\dot{p}} & Z_{\dot{q}} & Z_{\dot{r}}\\ K_{\dot{u}} & K_{\dot{v}} & K_{\dot{w}} & K_{\dot{p}} & K_{\dot{q}} & K_{\dot{r}}\\ M_{\dot{u}} & M_{\dot{v}} & M_{\dot{w}} & M_{\dot{p}} & M_{\dot{q}} & M_{\dot{r}}\\ N_{\dot{u}} & N_{\dot{v}} & N_{\dot{w}} & N_{\dot{p}} & N_{\dot{q}} & N_{\dot{r}}\end{bmatrix} \tag{2.68}$$

式中，$\boldsymbol{A}_{11}$、$\boldsymbol{A}_{12}$、$\boldsymbol{A}_{21}$、$\boldsymbol{A}_{22}$ 均为 3×3 矩阵，是与加速度有关的流体动力学参数。

由于附加质量 $\boldsymbol{M}_A$ 产生的科里奥利力和向心力，水下机器人在做旋转运动的时候也会因加速而消耗能量。因此，给出斜对称矩阵 $\boldsymbol{C}_A(\boldsymbol{\upsilon})$ 的定义：

$$\boldsymbol{C}_A(\boldsymbol{\upsilon})=\begin{bmatrix}0 & 0 & 0 & 0 & -a_3 & a_2\\ 0 & 0 & 0 & a_3 & 0 & -a_1\\ 0 & 0 & 0 & -a_2 & a_1 & 0\\ 0 & -a_3 & a_2 & 0 & -b_3 & b_2\\ a_3 & 0 & -a_1 & b_3 & 0 & -b_1\\ -a_2 & a_1 & 0 & -b_2 & b_1 & 0\end{bmatrix} \tag{2.69}$$

式中

$$\begin{cases}a_1=X_{\dot{u}}u\\ a_2=Y_{\dot{v}}v+Y_{\dot{r}}r\\ a_3=Z_{\dot{w}}w+Z_{\dot{q}}q\\ b_1=K_{\dot{p}}p\\ b_2=M_{\dot{w}}w+M_{\dot{q}}q\\ b_3=Z_{\dot{w}}w+Z_{\dot{q}}q\end{cases} \tag{2.70}$$

一般而言，六自由度的水下机器人在水下高速航行是具有强非线性和复杂耦合性的。然而，在许多水下机器人中，如 ROV，如果其运动的速度较低，且拥有三个对称平面，这时就可以忽略附加质量矩阵内不在对角线上的元素。因此，附加质量 $\boldsymbol{M}_A$ 和 $\boldsymbol{C}_A(\boldsymbol{\upsilon})$ 可以简化成如下形式：

$$\boldsymbol{M}_A=-\operatorname{diag}\left\{X_{\dot{u}},Y_{\dot{v}},Z_{\dot{w}},K_{\dot{p}},M_{\dot{q}},N_{\dot{r}}\right\} \tag{2.71}$$

$$\boldsymbol{C}_A(\boldsymbol{\upsilon})=\begin{bmatrix}0 & 0 & 0 & 0 & -Z_{\dot{w}}w & Y_{\dot{v}}v\\ 0 & 0 & 0 & Z_{\dot{w}}w & 0 & -X_{\dot{u}}u\\ 0 & 0 & 0 & -Y_{\dot{v}}v & X_{\dot{u}}u & 0\\ 0 & -Z_{\dot{w}}w & Y_{\dot{v}}v & 0 & -N_{\dot{r}}r & M_{\dot{q}}q\\ Z_{\dot{w}}w & 0 & -X_{\dot{u}}u & N_{\dot{r}}r & 0 & -K_{\dot{p}}p\\ -Y_{\dot{v}}v & X_{\dot{u}}u & 0 & -M_{\dot{q}}q & K_{\dot{p}}p & 0\end{bmatrix} \tag{2.72}$$

虽然获得的附加质量矩阵是简化的，但在实际使用时，因为对角线上的元素远大于非对角线上的元素，此种近似方法的估计效果良好。对于超小型的水下机器人，因本体质量较小，且速度足够小，一般可以将 $\boldsymbol{C}_A(\boldsymbol{\upsilon})$ 忽略。

2.4.2 阻尼项

式(2.61)中的流体阻尼项出现的主要原因有以下方面：本体运动带来的势流阻尼；机器人本体表面因运动而产生摩擦阻尼，该阻尼主要与表面积有关；水下机器人运动因兴波耗费能量而产生的阻尼；因流体流过机器人时会产生漩涡而引起机器人振动而耗散能量的阻尼。总流体动力学阻尼矩阵可以写成这些分量的总和：

$$\boldsymbol{D}(\boldsymbol{\upsilon}) \overset{\text{def}}{=} \boldsymbol{D}_P(\boldsymbol{\upsilon}) + \boldsymbol{D}_S(\boldsymbol{\upsilon}) + \boldsymbol{D}_W(\boldsymbol{\upsilon}) + \boldsymbol{D}_M(\boldsymbol{\upsilon}) \tag{2.73}$$

式中，$\boldsymbol{D}_P(\boldsymbol{\upsilon})$ 是势流阻尼；$\boldsymbol{D}_S(\boldsymbol{\upsilon})$ 是摩擦阻尼；$\boldsymbol{D}_W(\boldsymbol{\upsilon})$ 是兴波阻尼；$\boldsymbol{D}_M(\boldsymbol{\upsilon})$ 是漩涡脱落阻尼。

在水下机器人中，$\boldsymbol{D}_P(\boldsymbol{\upsilon})$ 相比于其他耗散项如黏性阻尼都是可以忽略的。

考虑运载器的运动是低频的，层流边界层产生的线性摩擦会很重要。另外，由于线性摩擦对于湍流边界层也有影响，因此通常认为 $\boldsymbol{D}_S(\boldsymbol{\upsilon})$ 是重要的，且是二次非线性摩擦。

水下机器人多工作于深海，而在靠近海表面运动才会有 $\boldsymbol{D}_W(\boldsymbol{\upsilon})$ 产生。因此，在水下机器人中一般会忽略 $\boldsymbol{D}_W(\boldsymbol{\upsilon})$ 。水是黏性流体，由于摩擦力的存在这样的系统能量不会保持。$\boldsymbol{D}_M(\boldsymbol{\upsilon})$ 常采用莫里森公式来计算：

$$\boldsymbol{D}_M(\boldsymbol{\upsilon}) = -\frac{1}{2}\rho C_D(R_n)A|U|U \tag{2.74}$$

式中，U 是机器人的前进速度；A 是运动方向的投影截面面积；$C_D(R_n)$ 是阻力系数；ρ 是流体密度，一般流体为水。阻尼系数是和雷诺数有关的 R_n，雷诺数的计算可以参考相关文献(FOSSEN，1994)。

一般而言，水下机器人的六自由度运动具有强非线性且耦合。假如水下机器人有三个对称面，可以做一个线性近似，忽略二阶及以上的项。这表明 $\boldsymbol{D}(\boldsymbol{\upsilon})$ 的对角线上只有线性的和二次阻尼项，公式如下：

$$\begin{aligned}\boldsymbol{D}(\boldsymbol{\upsilon}) &= -\mathrm{diag}\left\{X_u, Y_v, Z_w, K_p, M_q, N_r\right\} \\ &= -\mathrm{diag}\left\{X_{u|u|}|u|, Y_{v|v|}|v|, Z_{w|w|}|w|, K_{p|p|}|p|, M_{q|q|}|q|, N_{r|r|}|r|\right\}\end{aligned} \tag{2.75}$$

即水下机器人的阻尼项的计算可以总结为线性阻尼和非线性阻尼，其中，非线性的成分占比更大。

2.4.3 恢复力和力矩

水下机器人中，重力和浮力统称为恢复力。水下机器人中浮力与重力配置会因水下机器人的类型不同而有所差异，一般 ROV 中会采用中性浮力，即重力=浮力。在 AUV 中重力会略小于浮力，如 REMUS-100 AUV，这使得水下机器人在水里是非稳态系统。另外，为了减少水下机器人在水里的能量消耗，在设计时也会有重力大于浮力的情况，这种机器人称为重潜于水型水下机器人，多为水下无人机或者水下滑翔机。

作用在水下机器人上的重力包括重量全排水量 P_o 和排水量的各种变化 $\sum_i^n P_i$。P_o 的作用点为重心 $\boldsymbol{r}_G=[x_G,y_G,z_G]$，$P_i$ 的作用点为 $\boldsymbol{r}_{G,i}=[x_{G,i},y_{G,i},z_{G,i}]$。

作用在水下机器人上的浮力包括全浮力 B_o 和浮力的各种变化 $\sum_j^m B_j$ (如艇耐压壳体受压容积改变、海水密度变化等)。B_o 的作用点为重心 $\boldsymbol{r}_B=[x_B,y_B,z_B]^{\mathrm{T}}$，$B_j$ 的作用点为 $\boldsymbol{r}_{B,j}=[x_{B,j},y_{B,j},z_{B,j}]^{\mathrm{T}}$。

所以，总的重力和浮力分别为

$$
\begin{aligned}
P&=P_o+\Delta P=P_o+\sum_{i=1}^{n}P_i\\
B&=B_o+\Delta B=B_o+\sum_{j=1}^{m}B_j
\end{aligned}
\tag{2.76}
$$

式中，$P_o=B_o$，它们的作用点坐标为 $x_G=x_C$，$y_G=y_C=0$，$z_G-z_C=h$。

通常情况下，水下机器人的重心与浮心并不重合。由于水下机器人在水中的姿态会不断变化，浮力和重力产生的力矩也会随之动态变化，且重力和浮力的方向总是铅垂的，所以在固定坐标系中的分量为$\{0,0,P-B\}$。利用坐标转换公式将固定坐标系中的分量$\{0,0,P-B\}$转换到运动坐标系上，可得

$$
\begin{aligned}
F_X&=-(P-B)\sin\theta\\
F_Y&=(P-B)\cos\theta\sin\varphi\\
F_Z&=(P-B)\cos\theta\cos\varphi
\end{aligned}
\tag{2.77}
$$

静力对于运动坐标系原点的力矩为

$$
M=\sum_{i=0}^{n}R_{G,i}P_i+\sum_{j=0}^{m}R_{C,j}B_j \tag{2.78}
$$

其中，$R_{G,i}$、$R_{C,j}$ 分别为各重力和浮力作用点对于坐标原点的径矢。将此式展开用分量表示：

$$
\begin{aligned}
M_K&=(\bar{y}_G\Delta P-\bar{y}_C\Delta B)\cos\theta\cos\varphi-(hP_o+\bar{z}_G\Delta P-\bar{z}_C\Delta B)\cos\theta\sin\varphi\\
M_M&=-(hP_o+\bar{z}_G\Delta P-\bar{z}_C\Delta B)\sin\theta-(\bar{x}_G\Delta P-\bar{x}_C\Delta B)\cos\theta\cos\varphi\\
M_N&=(\bar{x}_G\Delta P-\bar{x}_C\Delta B)\cos\theta\sin\varphi+(\bar{y}_G\Delta P-\bar{y}_C\Delta B)\sin\theta
\end{aligned}
\tag{2.79}
$$

式中

$$
\bar{x}_G=\frac{\sum_{i=1}^{n}x_{G,i}P_i}{\Delta P},\quad \bar{y}_G=\frac{\sum_{i=1}^{n}y_{G,i}P_i}{\Delta P},\quad \bar{z}_G=\frac{\sum_{i=1}^{n}z_{G,i}P_i}{\Delta P}
$$

$$
\bar{x}_C=\frac{\sum_{j=1}^{m}x_{C,j}B_j}{\Delta B},\quad \bar{y}_C=\frac{\sum_{j=1}^{m}y_{C,j}B_j}{\Delta B},\quad \bar{z}_C=\frac{\sum_{j=1}^{m}z_{C,j}B_j}{\Delta B}
$$

在惯性坐标系下，使用欧拉角给出恢复力和力矩的数学公式：

$$
\boldsymbol{g}(\boldsymbol{\eta})=\begin{bmatrix}(P-B)\sin\theta\\-(P-B)\cos\theta\sin\varphi\\-(P-B)\cos\theta\cos\varphi\\-(\overline{y}_GP-\overline{y}_BB)\cos\theta\cos\varphi+(\overline{z}_GP-\overline{z}_BB)\cos\theta\sin\varphi\\(\overline{z}_GP-\overline{z}_BB)\sin\varphi+(\overline{x}_GP-\overline{x}_BB)\cos\theta\cos\varphi\\-(\overline{x}_GP-\overline{x}_BB)\cos\theta\sin\varphi-(\overline{y}_GP-\overline{y}_BB)\sin\theta\end{bmatrix}\tag{2.80}
$$

2.4.4　驱动器模型

水下机器人的驱动器类型大都是基于流体力学而设计的，常用的驱动器一般有推进器和控制舵。水下机器人的驱动器产生力和力矩与水下机器人的固定位置有关，并且驱动器对于水下机器人的各个自由度的影响也各不相同，这将在后面的推力布置部分进行详细讨论。

推进器的模型是非线性的，它与水下机器人的航行速度(简称“航速”)和推进器的转速都有关。为了描述推进器螺旋桨航速和转速的共同作用，给出推进器的模型如下：

$$T=\rho d^4K_T(J_0)\|n\|n\tag{2.81}$$

$$J_0=\frac{V_a}{nd}\tag{2.82}$$

$$K_T=\alpha_1+\alpha_2\frac{V_a}{nd}\tag{2.83}$$

式中，T 是推力；K_T 是推力系数；J_0 是进速系数；V_a 是来流速度；d 是螺旋桨直径；n 是螺旋桨转速；ρ 是海水密度；α_1 和 α_2 是由螺旋桨本身决定的系数，具体可参考相关文献。

在水下机器人中，推进器一般是成对布置。正向推进时，叶片旋转方向相反，推进器的扭矩相互抵消。因此，推进器的模型就简化成二次非线性表达形式：

$$T=K_T\|n\|n\tag{2.84}$$

式中，K_T 是敞水推力系数。

以上建立的推进器螺旋桨的模型描述的是推进器的转速与推力间的关系，但实际中使用的推进器根据推进器采用的驱动方案不同，推进器的控制输入也不一定是转速驱动。液压马达推进器有定量马达和变量马达，电动推进器既有无刷直流电机驱动方案，也有有刷直流电机驱动方案。因此，在实际应用中可以采用参数辨识方法来确定驱动控制信号与实际推力的关系与系数。

安装有控制面舵片的机器人，当航行器在水中前进时，如果舵片与前进方向之间有攻角，舵片上下面会有压力差，产生上升或下降力矩。舵片产生的力矩是水下机器人本体与舵片的共同作用，具有强耦合性与非线性。在确定舵片的力学模型时，一般是采用经验法，与鱼雷数据相对比。另外，也可以使用实际水下机器人的运行数据来辨识舵片的力学模型，如 Hoerner 估计方法。

2.4.5　ROV 脐带缆模型

ROV 需要脐带缆实现与水面控制台的通信、传感器信息传递、能量供给等，然而脐带缆在运动中与机器人互相耦合，对机器人的运动控制产生了巨大的影响。尤其是在海洋环境中，由于波浪和压力，脐带缆对机器人的运动影响更大，在运动控制和仿真中必须综合考虑。脐带缆属于柔性长圆柱体，只能承受拉伸载荷，其长度随时间变化，脐带缆在水中任何点处的张力 $\boldsymbol{T}$ 可以表示为

$$\boldsymbol{W}+\boldsymbol{F}+\frac{\partial \boldsymbol{T}}{\partial s}=m\boldsymbol{a} \tag{2.85}$$

式中，m 为脐带缆微元的质量；$\boldsymbol{a}$ 为惯性加速度；$\boldsymbol{F}$ 为单位长度下脐带缆所受水动力；s 为脐带缆微元的未拉伸拉格朗日坐标系；$\boldsymbol{W}=(m-\rho_w A)g$ 为脐带缆在水中的重量，ρ_w 为水的密度，$A=\pi D^2/4$ 为脐带缆的面积，D 为脐带缆的剖面直径，若以 EA 作为脐带缆的刚度、p 作为脐带缆剖面的拉伸拉格朗日坐标系，则

$$\mathrm{d}p=\sqrt{\mathrm{d}x_t^2+\mathrm{d}z_t^2} \tag{2.86}$$

在 s 处施加拉力，根据胡可定律计算为

$$T_s=EA\left(\frac{\mathrm{d}p}{\mathrm{d}s}-1\right) \tag{2.87}$$

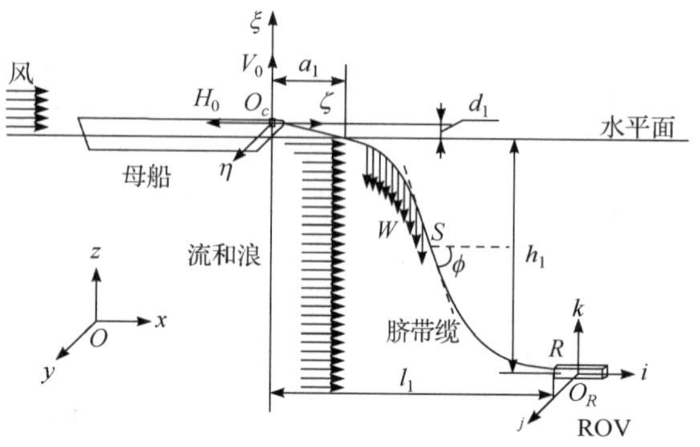

图 2.2　ROV 系统在水中的脐带缆模型

在图 2.2 中，h_1 表示 ROV 下潜深度，H_0 和 V_0 分别表示脐带缆在母船末端位置 O_c 处的水平面和垂直面的拖曳力。

为了分析脐带缆的运动及其对 ROV 的影响，分别建立固定坐标系 $[x,y,z]$、母船一侧脐带缆末端的局部坐标系 $[\zeta,\eta,\xi]$ 和 ROV 坐标系 $[i,j,k]$，并定义三个坐标系。定义 ϕ 为在考虑点处水平方向与局部切向形成的夹角，$\cos\phi=\mathrm{d}\zeta/\mathrm{d}p$，$\sin\phi=\mathrm{d}\xi/\mathrm{d}p$，因此有

$$\left(\frac{\mathrm{d}\zeta}{\mathrm{d}t}\right)^2+\left(\frac{\mathrm{d}\xi}{\mathrm{d}t}\right)^2=|\boldsymbol{v}_t|^2 \tag{2.88}$$

式中，$\boldsymbol{v}_t$ 为脐带缆在任意点的速度。

对于在空气中的脐带缆，式(2.80)左边第一项为 $\boldsymbol{W}=A\rho_t g$，其中 g 为重力加速度值，ρ_t 为空气密度，此处仅考虑垂直方向。若将 $\boldsymbol{v}_{\text{wind}}$ 设为相对于脐带缆的风速，则

$$\boldsymbol{F}_{\text{wind}}=\frac{1}{2}\mathrm{d}\xi C_{\text{wind}}\rho_{\text{air}}A|\boldsymbol{v}_{\text{wind}}|\boldsymbol{v}_{\text{wind}} \tag{2.89}$$

由于风对 $\mathrm{d}\xi$ 脐带缆的影响，其中 ρ_{air} 为空气密度，海面上局部风速的强度可表示为

$$|\boldsymbol{v}_{\text{wind}}|=v_{10}\left(\frac{d_1-x_t^w}{10}\right)^{1/7} \tag{2.90}$$

式中，v_{10} 为海面以上 10m 处的风速；d_1 为脐带缆母船端点距水面的高度；x_t^w 为脐带缆其

他参考点距水面的高度。此处，C_{wind} 为空气中的拖曳系数。仅考虑空中脐带缆的第 i 个微单位长度和水中脐带缆的第 j 个微单位长度，分别如图 2.3 和图 2.4 所示。

$$\begin{cases} T_{i+1}\dfrac{\mathrm{d}\zeta_i}{\mathrm{d}p} - T_i\dfrac{\mathrm{d}\zeta_i}{\mathrm{d}p} + F_{i,\text{wind}} = m\dfrac{\mathrm{d}\boldsymbol{v}_t}{\mathrm{d}t}\dfrac{\mathrm{d}\zeta_i}{\mathrm{d}p} \\ T_i\dfrac{\mathrm{d}\xi_i}{\mathrm{d}p} - T_{i+1}\dfrac{\mathrm{d}\xi_i}{\mathrm{d}p} - W_{i,\text{air}} = m\dfrac{\mathrm{d}\boldsymbol{v}_t}{\mathrm{d}t}\dfrac{\mathrm{d}\xi_i}{\mathrm{d}p} \end{cases} \tag{2.91}$$

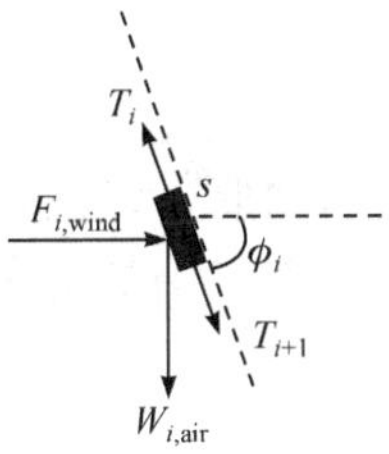

图 2.3　脐带缆在空气中的第 i 个微单位长度及其受力分析

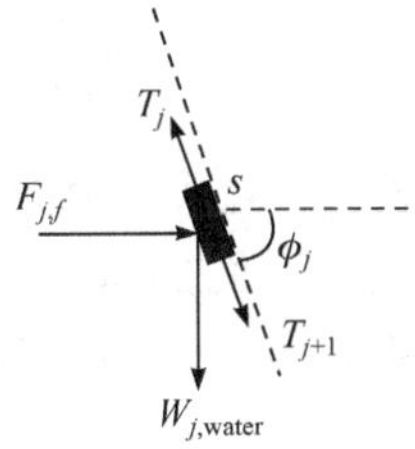

图 2.4　脐带缆在水中的第 j 个微单位长度及其受力分析

通常只考虑水平风，在这种情况下，在右水平风中，T_i 和 T_{i+1} 是脐带缆的第 i 个微单位长度两端的两个张力，其中，$W_{i,\text{air}} = A\rho_t g$。

脐带缆在水中的动力学为

$$\begin{cases} T_{j+1}\dfrac{\mathrm{d}\boldsymbol{\zeta}_j}{\mathrm{d}p} - T_j\dfrac{\mathrm{d}\boldsymbol{\zeta}_j}{\mathrm{d}p} + F_{j,f} = m\dfrac{\mathrm{d}\boldsymbol{v}_t}{\mathrm{d}t}\dfrac{\mathrm{d}\boldsymbol{\zeta}_j}{\mathrm{d}p} \\ T_j\dfrac{\mathrm{d}\boldsymbol{\xi}_j}{\mathrm{d}p} - T_{j+1}\dfrac{\mathrm{d}\boldsymbol{\xi}_j}{\mathrm{d}p} - W_{j,\text{water}} = m\dfrac{\mathrm{d}\boldsymbol{v}_t}{\mathrm{d}t}\dfrac{\mathrm{d}\boldsymbol{\zeta}_j}{\mathrm{d}p} \end{cases} \tag{2.92}$$

式中，$W_{j,\text{water}} = (\rho_t - \rho_w)Ag$，$\rho_w$ 是水的密度；T_j 和 T_{j+1} 是水下脐带缆的第 j 个微单位长度两端的两个张力；$F_{j,f}$ 是由于波浪和水流扰动而产生的力，通常只考虑水平方向。若假设 $\boldsymbol{v}_{wc}$ 是波浪和水流速度的合成速度，则脐带缆与该合成速度之间的相对速度为

$$\boldsymbol{v}_{\text{rel}} = \boldsymbol{v}_t - \boldsymbol{v}_{wc} \tag{2.93}$$

因此，如果水中的阻力系数用 C_f 表示，则

$$\boldsymbol{F}_f = \frac{1}{2}\mathrm{d}\xi C_f \rho_w A \left|\boldsymbol{v}_{\text{rel}}\right| \boldsymbol{v}_{\text{rel}} \tag{2.94}$$

考虑波浪力和水流力是水平的，例如，在图 2.2 和图 2.4 中，它们处于右水平方向。考虑在 $s = 0$ 处，即在点 O_c 处，脐带缆张力为

$$\left|\boldsymbol{T}_{O_c}\right| = \sqrt{H_0^2 + V_0^2} \tag{2.95}$$

在点 R 上，脐带缆张力可通过式(2.96)计算：

$$\begin{cases} H_R + F_{\text{wind}} + F_f - H_0 = \displaystyle\int_{O_c}^{\text{sur}} m\boldsymbol{a}_{i,H} + \int_{\text{sur}}^{R} m\boldsymbol{a}_{j,H} \\ V_0 - W - V_R = \displaystyle\int_{O_c}^{\text{sur}} m\boldsymbol{a}_{i,V} + \int_{\text{sur}}^{R} m\boldsymbol{a}_{j,V} \end{cases} \tag{2.96}$$

假设 H_R 在水平向右方向上，V_R 在垂直向下方向上，可以写作：$H_R = -H_R^{(r)}$，$V_R = -V_R^{(r)}$。

其中，$H_R^{(r)}$ 和 $V_R^{(r)}$ 分别是 ROV 在点 R 处水平和垂直方向的反作用力。在式(2.96)的右侧，$\boldsymbol{a}_{i,H}$、$\boldsymbol{a}_{j,H}$、$\boldsymbol{a}_{i,V}$ 和 $\boldsymbol{a}_{j,V}$ 是相应的微单元加速度。点 R 处的脐带缆张力为 $|T_R| = \sqrt{H_R^2 + V_R^2}$。

式(2.96)中的其他项计算：

$$F_{\text{wind}} = |\boldsymbol{F}_{\text{wind}}| = \frac{1}{2} d_1 C_{\text{wind}} \rho_{\text{air}} A |\boldsymbol{v}_{\text{wind}}|^2 \tag{2.97}$$

$$F_f = |\boldsymbol{F}_f| = \frac{1}{2} h_1 C_f \rho_w A |\boldsymbol{v}_{\text{rel}}|^2 \tag{2.98}$$

$$W = AL_s \rho_t g - A(L_s - L_a)\rho_w g \tag{2.99}$$

式中，L_s 是从点 O_c 到点 R 脐带缆的总长度；L_a 是从点 O_c 到水面脐带缆离水的长度。

分析脐带缆在水面的张力。边界条件既可以考虑脐带缆在空气中的部分，也可以考虑脐带缆在水中的部分。考虑空气中的脐带缆部分：

$$\begin{cases} F_{\text{wind}} - H_0 + H_{\text{sur}}^{\text{air}} = \displaystyle\int_{O_c}^{\text{sur}} m\boldsymbol{a}_{i,H} \\ V_0 - W_{L_a} - V_{\text{sur}}^{\text{air}} = \displaystyle\int_{O_c}^{\text{sur}} m\boldsymbol{a}_{i,V} \end{cases} \tag{2.100}$$

式中，$H_{\text{sur}}^{\text{air}}$ 和 $V_{\text{sur}}^{\text{air}}$ 分别为脐带缆空气中水平和垂直方向上的张力。脐带缆张力的实际方向可以通过值的正或负属性确定。如果脐带缆的张力值是正的，表示实际方向与假设的方向相同，否则与假设的方向相反。假设 $H_{\text{sur}}^{\text{air}}$ 在右水平方向，$V_{\text{sur}}^{\text{air}}$ 在垂直方向。在式(2.100)中，$W_{L_a} = AL_a \rho_t g$。考虑水中的脐带缆部分：

$$\begin{cases} F_f + H_R - H_{\text{sur}}^{\text{water}} = \displaystyle\int_{\text{sur}}^{R} m\boldsymbol{a}_{j,H} \\ -V_R - W_{L_s - L_a, \rho_t - \rho_w} + V_{\text{sur}}^{\text{water}} = \displaystyle\int_{\text{sur}}^{R} m\boldsymbol{a}_{j,V} \end{cases} \tag{2.101}$$

式中，$H_{\text{sur}}^{\text{water}}$ 和 $V_{\text{sur}}^{\text{water}}$ 分别为脐带缆水中水平和垂直方向上的张力。此外，应满足等式：

$$W_{L_s - L_a, \rho_t - \rho_w} = A(L_s - L_a)(\rho_t - \rho_w) g$$

$$H_{\text{sur}}^{\text{air}} = -H_{\text{sur}}^{\text{water}}$$

$$V_{\text{sur}}^{\text{air}} = -V_{\text{sur}}^{\text{water}}$$

$$|\boldsymbol{T}_{\text{sur}}| = \sqrt{\left(H_{\text{sur}}^{\text{air}}\right)^2 + \left(V_{\text{sur}}^{\text{air}}\right)^2} = \sqrt{\left(H_{\text{sur}}^{\text{water}}\right)^2 + \left(V_{\text{sur}}^{\text{water}}\right)^2}$$

当脐带缆处于平衡状态时，点 R 处的力矩为

$$\begin{aligned} -H_0(d_1 + h_1) + V_0 l_1 - \frac{1}{2} l_1 A L_s \rho_t g + \frac{1}{2}(l_1 - a_1) A (L_s - L_a) \rho_w g \\ + \left(\frac{1}{2} d_1 + h_1\right) F_{\text{wind}} + \frac{1}{2} h_1 F_f = 0 \end{aligned} \tag{2.102}$$

式中，a_1 为脐带缆在空气中的水平长度；l_1 为脐带缆总的水平长度。

第 3 章　水下机器人的结构设计

微课

深海潜水器是一种技术密集性高、系统性强的工程，涉及的专业学科多达几十种，各学科之间彼此互相牵制，如果单纯地追求单项技术指标，就会顾此失彼。解决这些矛盾除了要有很强的系统概念外，还需加强协调，在满足总体技术要求的前提下，各单项技术指标的确定要相互兼顾，包括潜水器整体结构设计、传感器系统布置、推进器系统布置与外形设计等。

3.1　水下机器人系统的主要组成

水下机器人通常由动力系统、推进系统、控制系统、导航定位系统、探测系统、搭载系统等组成。

1. 水下机器人动力系统

现代水下机器人，无论是有缆型的还是无缆型的，除了少数不用电力，通过压载和抛载完成下潜和上浮外，都是靠电力来推进和游动，实现通信、照明、操纵和导航等。有缆型水下机器人可用电缆由水面电源供电，无缆型水下机器人多用蓄电池类化学式动力源或热能和核能类的物理式动力源。电力已成为水下机器人水下工作的主要能源。由于水下机器人工作在高压、低温以及工作介质本身(海水)是良导体等特殊环境下，所以水下机器人本身电力的产生和分配要比水面船舶复杂得多。

2. 水下机器人推进系统

水下机器人推进系统是其在水下环境中移动和定位的关键组成部分。这些推进系统根据设计原理和应用需求的不同，可以分为多种类型。

水下机器人的水下运动通常是靠推进器来实现的，螺旋桨是一种简单而普遍的推进系统。这种系统的工作原理类似于船只的推进系统，通过螺旋桨的旋转产生推力，从而推动水下机器人前进。

另一种推进系统是喷水推进系统，也称为泵喷推进器。这种系统通过微型喷嘴将水喷出，产生向反方向的反冲作用，从而推动水下机器人前进。喷水推进系统的优点在于其推进力稳定，适合进行需要精细定位的科学任务；同时，由于没有机械接触，因此可以减少噪声污染。然而，喷水推进系统的速度相对较慢，且适用范围较窄。此外，如果不设隔栅，推进器的进口容易进入杂物；设置隔栅又会增加航行时的阻力，且成本较高。

另外，还有一些更为先进的推进系统，如磁流体推进器和仿生推进器。磁流体推进器利用电磁作用原理，通过在海水中施加电场并产生电流，使通电海水在洛伦兹力的作用下由出水口向船尾方向喷射，从而驱动机器人前进。这种推进方式具有安静可靠、隐蔽、灵活的优点。而仿生推进器则是借鉴海洋生物的运动方式，使水下机器人在狭小空间内也能进行灵活的运动。

除了上述的推进系统外，还有一些其他类型的推进器，如导管螺旋桨等，它们在现代水下航行器或大功率船舶中也有着广泛的应用。

总体来说，水下机器人的推进系统是其实现水下移动和定位的关键，不同类型的推进系统各有优缺点，适用于不同的应用场景。在选择和设计推进系统时，需要综合考虑机器人的任务需求、工作环境、性能要求以及成本等因素。

3. 水下机器人控制系统

自主水下机器人的运动控制包括对其自身运动形态、各执行机构和传感器的综合控制，水下机器人的六自由度空间运动具有明显的非线性和交叉耦合性，需要一个完善的集成运动控制系统来保障运动与定位的精度，此系统需要集成信息融合、故障诊断、容错控制策略等技术。虽然人们采用了不断改进的新型控制算法对自主水下机器人进行任务与航迹规划，但在复杂环境中自主水下机器人运动的时变性很难建立精确的运动模型，因此人工神经网络技术和模糊逻辑推理控制技术的作用就更加重要。模糊逻辑推理控制器设计简单、稳定性好，但在实际应用中模糊变量众多、参数调整复杂、需要消耗大量时间，所以需要和其他控制器配合使用，如比例-积分-微分控制器、人工神经网络控制器。各种控制方式相互结合使用的目的是提高控制器的控制精度与收敛速度，保证自主水下机器人运动控制的稳定性，提升控制系统的自适应性。

4. 水下机器人导航定位系统

水下机器人能否到达预定区域完成预定任务，水下导航技术起到至关重要的作用，也是水下机器人领域发展急需突破的瓶颈之一。目前空中导航已经具有了较成熟的技术，而由于水下环境的复杂性，以及信息传输方式和传输距离的限制，水下导航比空中导航更有难度。

目前国际上通常采用的方法是由自主导航系统(INS+DVL+USBL/LBL)和有源校准系统(卫星导航系统或水下导航信标)组成的组合导航系统。

5. 水下机器人探测系统

水下机器人要实现“智能”就不能“闭塞视听”，它需要时刻感知外界环境的信息，尤其是水下目标的信息，基于这些信息才能做出智能决策，所以水下目标的探测与识别就相当于自主水下机器人的视觉、听觉和触觉，是其与所处环境“交流”的基本方式。

3.2 水下机器人系统的布局设计

总体布局是决定水下机器人使用性能非常重要的因素之一，其质量的优劣直接影响到水下机器人的总体性能和使用。通常在水下机器人方案设计阶段，根据技术任务书的要求以及初步估算的排水量、重量及初步选定的各种装置、结构类型和参数，并参照类似的已有水下机器人的资料，绘制一个总体布局图。总体布局通常要考虑以下因素。

(1) 最大限度地发挥各种装置和仪器的技术性能，以保证水下机器人的设计满足规定的各项指标，并便于使用、存放和维修。

(2) 安全可靠。

(3) 布置紧凑，充分利用水下机器人各部分空间，以保证各种设备装置便于操作，又避免相互干扰和影响。

(4) 要留有一部分备用空间，以便今后改装和临时加挂设备仪器。

3.2.1　水下机器人形体的选择

水下机器人根据使用目的和技术要求的不同，其外形尺寸、结构形式都有很大差异。

形体的选择要考虑以下原则和要求。

(1) 阻力小、航行性能好。

(2) 足够的强度。

(3) 便于总体布局。

(4) 良好的工艺性。

有缆型水下机器人由于是电缆供电，所以有较充足的动力，载体多用框架式，虽然运行阻力较大，但水下机器人总体布置比较方便，加挂和换装载体上的设备仪器容易，而且框架可以起到围护、支承和保护水下机器人部件(推进器、电子舱、摄像机、照明灯等)的作用。中国科学院沈阳自动化研究所最早研制的“海人 1 号”(HR-01)有缆型水下机器人就是用钢管焊制的开式框架结构，随后通过技术引进而研制生产的 RECON-IV SIA 型有缆型水下机器人，则采用 LD2 铝管焊制的框架结构(图 3.1)。

图 3.1　RECON-IV SIA 水下机器人

小型水下机器人为了减小行进阻力，减少动力消耗，通常要用玻璃纤维或金属板将外表做成流线形体，如鱼雷形、盘形或球形。无缆型水下机器人由于所携带的能源有限，所以为增加水下运行时间，更应注意减少动力消耗，即尽量减小游动阻力，其主要采用回转体以及非回转体外形，其中回转体应用较为广泛。

1) 水滴形线形

水滴形线形是圆艏锥艉的回转体，可以用可调整指数椭圆的 1/4 及一段可调整指数的抛物线来描述。

其艏线型的表达式为

$$r=\frac{1}{2}d\left[1-\left(\frac{x_b}{a}\right)^{n_b}\right]^{\frac{1}{n_b}} \tag{3.1}$$

艉部线型的表达式为

$$r=\frac{1}{2}d\left[1-\left(\frac{x_s}{c}\right)^{n_s}\right] \tag{3.2}$$

式中，r 为当前轴向位置处的剖面半径；d 为最大直径；a 为艏段长度；c 为艉段长度；n_b 为椭圆指数；n_s 为抛物线指数；x_b 为剖面与艏最大直径的距离；x_s 为剖面与艉最大直径的距离。

n_b、n_s 分别对艏段的丰满度和艉部的去流角起控制作用。采用式(3.1)和式(3.2)描述的线型主要由 a、b、c、d、n_b、n_s 几个参数决定，其中，b 为中段长度(平行段)，缺乏对线型参数的全面规定性(艏部曲率半径、最大剖面处曲率半径、去流角等)，存在一定的局限性。实际使用时常采用尺度参数(线型总长)、艏段长度 a、中段长度 b、艇型参数 C_p (纵向棱形系数)、艉部去流角 θ、回转体最大剖面处曲率 k 等作为影响函数的多项式，对水滴形线形进行拟合、逼近。水滴形线型如图 3.2 所示。

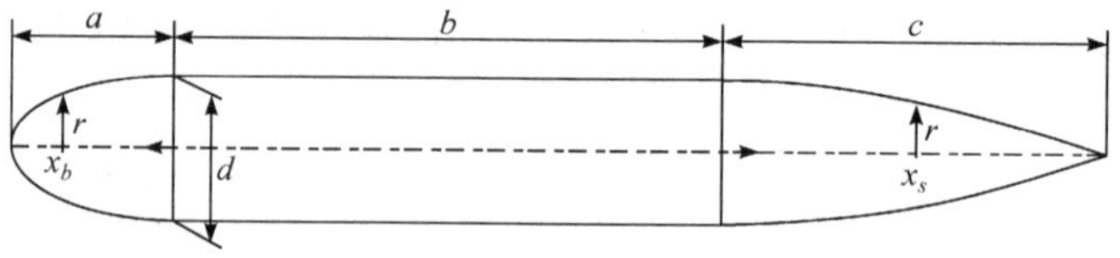

图 3.2　水滴形线型

不同椭圆指数的艏部线型如图 3.3 所示，当椭圆指数增大时，艏部线型的丰满度增大。

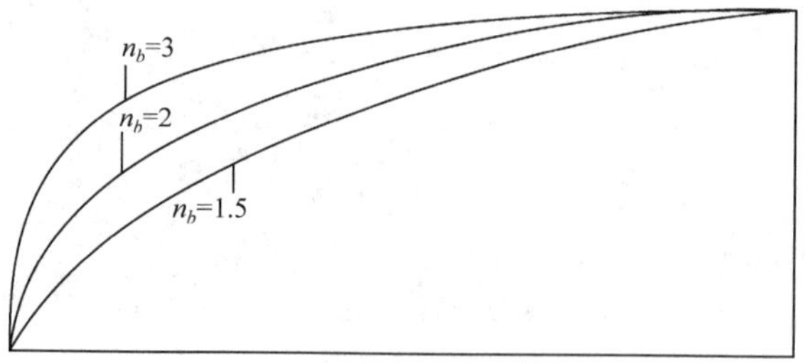

图 3.3　不同椭圆指数的艏部线型

不同抛物线指数的艉部线型如图 3.4 所示。

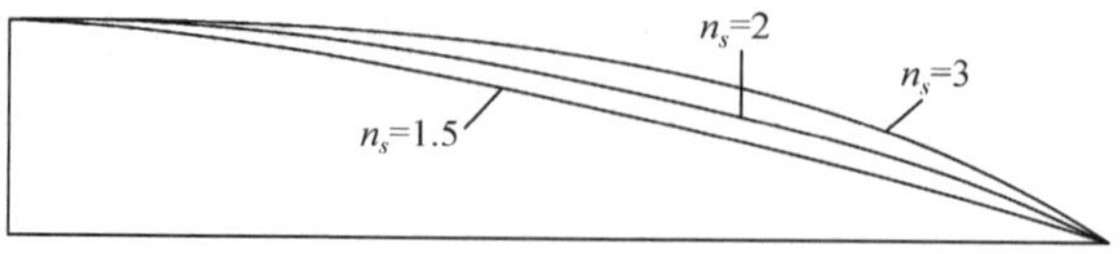

图 3.4　不同抛物线指数的艉部线型

2) Myring 线型

Myring 线型由长度为 a 的艏段、长度为 b 的中段、长度为 c 的艉段组成，如图 3.5 所示。

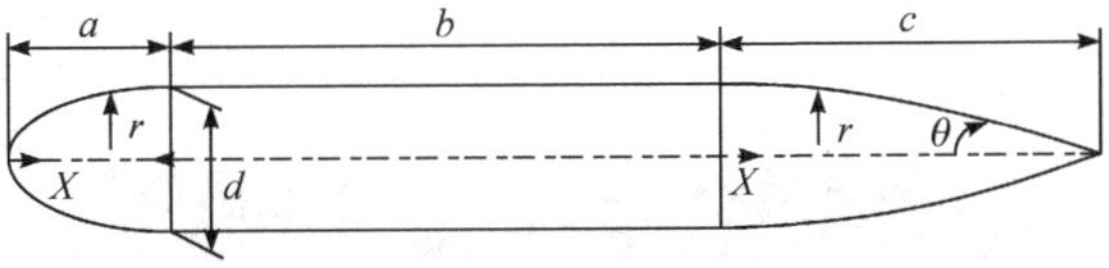

图 3.5　Myring 线型

艏部的外形是修正的半椭圆分布：

$$r=\frac{1}{2}d\left[1-\left(\frac{x-a}{a}\right)^2\right]^{\frac{1}{n}} \tag{3.3}$$

通过改变艇体直径 d 和丰满系数 n 可以得到不同艇体外形，如图 3.6 所示。

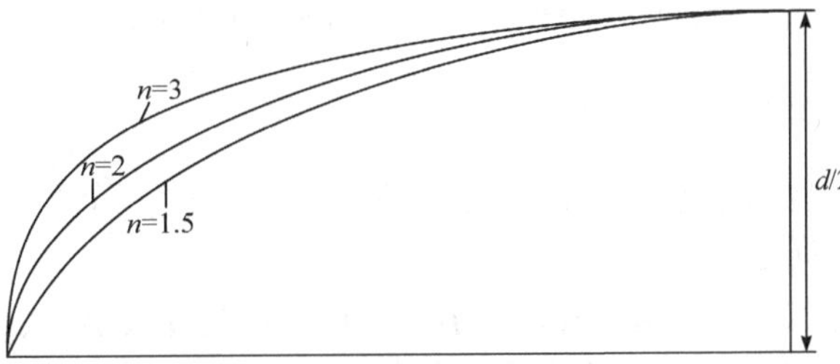

图 3.6　不同丰满系数的艏部线型

艏部外形的表达式为

$$r=\frac{1}{2}d-\left(\frac{3d}{2c^2}-\frac{\tan\theta}{c}\right)x^2+\left(\frac{d}{2c^3}-\frac{\tan\theta}{c^2}\right)x^3 \tag{3.4}$$

其中，艉部起点为式(3.4)中 x 轴的原点。20°是艉端线型的夹角，改变 θ 可以得到不同的艉部线型，如图 3.7 所示。

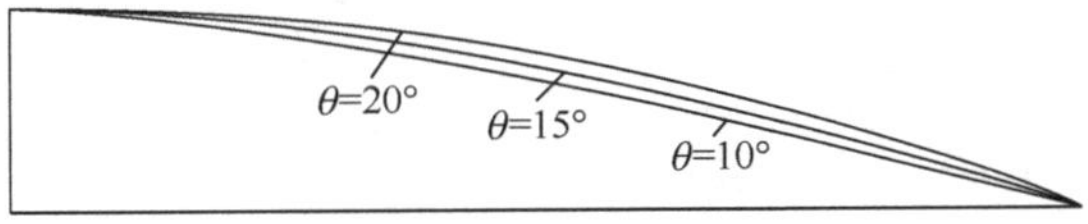

图 3.7　不同去流角的艉段

整个艇体线型由 6 个参数 a、b、c、n、θ、d 决定，通过改变 6 个参数可以得到相应的艇体线型。

3) 非回转体(以“潜龙二号”自主水下机器人为例)

传统的自主水下机器人载体部分一般为回转体，这种回转体外形会导致在水面航行时螺旋桨吃水较浅，水面适航性较差，回转体结构对自主水下机器人抗横摇能力同样有很大的不利影响，这进一步降低了自主水下机器人水面航行的适航性。为了克服这种弊端，“潜龙二号”自主水下机器人载体形状采用了创新性设计，将传统的回转体设计为立扁形载体。改为立扁形以后，推进器的吃水得到了大幅度的改善。

该方案的线型部分采用了美国国家航空咨询委员会(National Advisory Committee for

Aeronautics，NACA)系列标准翼型线段，部分线型采用了类别形状函数变换(category shape function transformation，CST)方法生成的优化曲线模型，并采用横向放样的方法根据优化结果由自行开发的自主水下机器人自动建模工具自动生成，“潜龙二号”自主水下机器人的如图 3.8 所示。

图 3.8　“潜龙二号”自主水下机器人

3.2.2　推进器的数量和布置

水下机器人要求实现水下空间六自由度运动，即三个平移运动——推进、升沉、横移，以及三个回转运动——转艏、纵倾、横倾。

如果要求水下机器人实现沿动坐标系的两个坐标轴做直线运动，则只要沿着三个坐标轴布置三个推进器就够了。如果还要求水下机器人实现沿动坐标系的三个坐标轴做旋转运动，考虑到每对推进器可以取相同或相反的推力方向，那么安装三对推进器就可以实现 6 个自由度的运动，参见图 3.9。T_1、T_2 位于 $X'O'Y'$ 平面内，T_3、T_4 位于 $O'Y'Z'$ 平面内，T_5、T_6 则位于 $O'X'Z'$ 平面内。一般来说，实现 n 个自由度的运动最少需要 n 个推进器。一台水下机器人应该使用多少台推进器，这需要综合各方面的要求来决定。

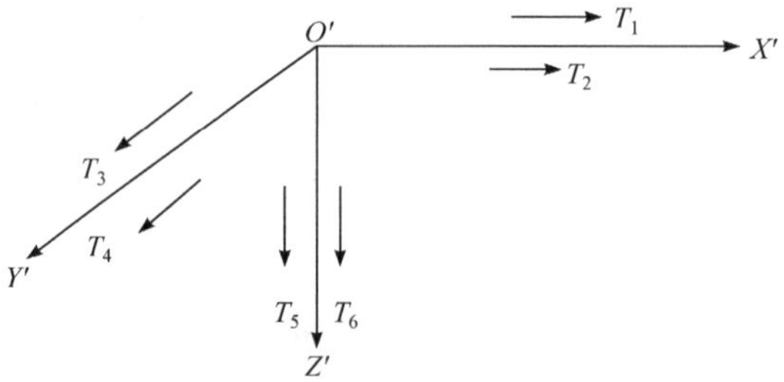

图 3.9　自由度推进器布置图

推进器数量确定以后，应该进一步考虑推进器的布置。推进器的布置一般应该遵循以下几个基本原则。

(1) 应尽可能地使三轴的合力交汇于一点，这一点应尽可能地接近载体的重心，这样可以防止产生有害的附加运动，给系统的控制带来麻烦。这一原则不是在任何水下机器人上都能行得通的，特别是小型水下机器人，其空间有限，要做到这一点困难比较大。

(2) 推进器的重量在水下机器人中占有较大的比例，在小型水下机器人中其重量可能达到总重量的 70%，因此尽可能减少推进器的数量也是很重要的问题。

(3) 一般推进器布置应当使其轴线平行于动坐标系，这样可以取得最大的效率。由于水下机器人空间有限，设备布置比较密集，所以有时推进器的入流会受到遮挡的影响，使推进器的效率降低。为了改善这种情况，令推进器轴线与坐标轴成一个小角度是有好处的，这个角度可取 5°～10°，而 cos5°～cos10°仍接近于 1，故轴向推力损失不大，但由于改善了入流情况，反而会提高推进器的效率(图 3.10)。

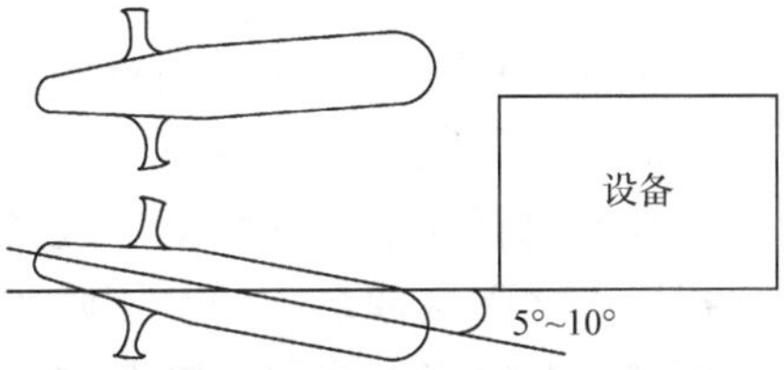

图 3.10　推进器轴线与 ROV 主体成一小角度可改善入流情况

由推进器的空间分布图可得，推进器产生的力和力矩可表达为

$$\boldsymbol{F}_T = \boldsymbol{L}\boldsymbol{T} \tag{3.5}$$

式中

$$\boldsymbol{F}_T=\begin{bmatrix} X_T \\ Y_T \\ Z_T \\ K_T \\ M_T \\ N_T \end{bmatrix},\quad \boldsymbol{L}=\begin{bmatrix} 1 & 1 & 0 & 0 & 0 \\ 0 & 0 & 0 & 0 & 0 \\ 0 & 0 & -1 & -1 & -1 \\ 0 & 0 & l_1 & -l_1 & 0 \\ -l_5 & -l_5 & l_3 & l_3 & -l_4 \\ l_2 & -l_2 & 0 & 0 & 0 \end{bmatrix},\quad \boldsymbol{T}=\begin{bmatrix} T_1 \\ T_2 \\ T_3 \\ T_4 \\ T_5 \end{bmatrix}$$

由式(3.5)倒推可得

$$\boldsymbol{T} = \left(\boldsymbol{L}^{\mathrm{T}}\boldsymbol{L}\right)^{-1}\boldsymbol{L}^{\mathrm{T}}\boldsymbol{F}_T \tag{3.6}$$

式(3.6)的作用：当期望水下机器人执行某任务或保持某种状态时，需要产生特定值的力和力矩来维持，这时可以得到对应各推进器维持期望姿态时所需要的期望推力输出，此时便可得到期望转速输入，便于调节和控制。

推进器的数量和布置通常有下述三种。

(1) 推进器的数量等于(或多于)广义坐标数，在这种情况下，每对推进器按两个广义坐标(直动和回转)移动机器人。这种方法不是解决问题的最佳方法。

(2) 利用回转式推进器，例如，采用装在回转式导流管里的螺旋推进系统。推进器的数量可少于机器人的受控坐标数，结构上比较简单。

(3) 采用使推进器推力向量旋转的方法，只使用三四个推进器就能够控制水下机器人做六自由度运动。其结构也比较简单，但控制系统要稍微复杂些。

显然，每种方法的选择(推进器的数量和布置)取决于水下机器人的具体条件和结构特性。有时，由于水下机器人的使用目的不同，不一定要做六自由度运动。据初步归纳，水下机器人具有的动力运动的百分数如表 3.1 所示。

表 3.1　水下机器人动力运动的百分数

推进	升沉	横移	转艏	纵倾	横倾
100%	96%	31%	100%	7%	33%

3.2.3　机械手、电视和照明装置的布置

作业型水下机器人都装有机械手，用以完成多种水下作业，从而提高机器人的作业效率和扩大应用领域。

水下机器人采用的水下电视摄像系统应根据观测对象和作业目的而定，与陆上摄像系统相比，水下摄像系统的费用随水深而增加，安全性、可靠性、操作性等也与陆上摄像系统不同，在生产和使用上要考虑以下几方面的问题。

(1) 水中光的吸收和散射。光通量在水介质中的传播完全不同于它在空气中的传播。在天然水域中，最清澈的水的透明度也比空气低，只有空气透明度的千分之一左右。水的透明度对于确定能见度距离有决定意义，能见度距离决定了摄像机的安装位置。有时即使水的透明度很高，但随着水深的增加，光通量衰减很快，虽然可以施加一定照明，但也会因为水中含有悬浮粒子、浮游生物、细菌和气泡而使光通量很快衰减。

(2) 水下摄像机。选用水下摄像机时，除了保证相应水深的强度和密封性外，还要根据工作水深选用有一定灵敏度的摄像器件的摄像机。现有水下机器人多用黑白微光摄像机。彩色摄像机由于彩色复现质量较差，所以还没有得到普遍应用，但对于水下地质和生物考察是以色彩为根据的，故多用彩色摄像机。

(3) 水下照明。在水的透明度高的场合，应该尽可能使被照物均匀照明，尤其是悬浊物多、透明度低的场合，有必要考虑照明光源和被照物体、水下电视的相对位置。例如，把光源放在摄像机的正前面照射被照物体时，就会把摄像机正前面的水中漂浮的悬浊物照得很亮，从而难以得到被照物体的清晰图像。

作为水下照明装置，应当满足以下条件。

(1) 具有最大发光效率系数，即最大光通量。

(2) 光能的光谱分布应接近于摄像管的光谱灵敏度和水介质的光谱特性。

(3) 确保水下照明装置在正常温度下具有最小的散热率。

(4) 光通量不随时间变化，无频闪效应。

(5) 对电磁干扰不敏感，而且线路布置和控制方便。

在设计水下机器人时，应从水下机器人接近观测对象的能力，保持静止或准确移动的能力，以及所选用摄像机的视距、视角、机械手尺寸、照明装置的照度、水质情况等因素加以全面考虑，以求得最佳配置。例如，选择照明装置和摄像机相对观测区最有利的位置。对镜头视场角和照明装置光通量出射角进行协调，对增强水下视距极为有利。此外，由于水下观测目标的反差小，在配置摄像机照明装置时，最好能借助阴影来加强反差。同时，为了使摄像管阴极具有最佳照度，除镜头光圈的距离控制和摄像管状态的自动调节外，最好采用照明装置光通量自动调节电路。

3.2.4　耐压结构的设计

深海耐压壳体用来装载电子元器件及检测设备，以保证它们不会因海水压力和腐蚀而损坏，因此耐压壳体要有足够的强度、稳定性以及可靠的密封能力。此外，耐压壳体也是浮力的提供者之一，在保证其满足使用要求的同时，也需要尽量降低其重量。

1. 耐压壳体的形状

球形耐压壳体具有稳定性好和密度小等特点，即从应力和获得最小的重量与排水量比值(*W*/*D*)角度考虑，球形耐压壳体最佳，因为它的膜应力只有圆柱形耐压壳体的一半。

当工作深度较小时，根据应力确定的球形耐压壳体的厚度很小，虽然强度可以满足要求，但稳定性往往不足。因此，要加大球壳壁厚，这样球壳的优点就不明显了。此外，球壳内部空间不便于仪器装置的布置，空间利用率低。当耐压壳体尺寸较小时，空间利用率的问题更突出，因此在一般自主水下机器人中，较少直接采用球壳作为耐压舱。载人潜水器的载人舱直径和潜深大，一般选择球形耐压壳体，如图 3.11 所示。

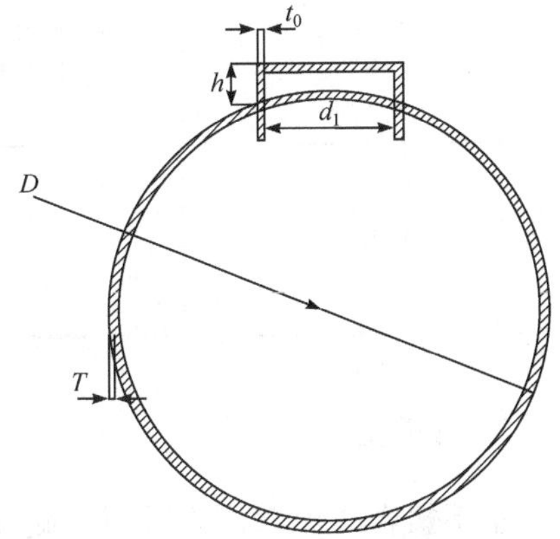

图 3.11　水下机器人球形耐压壳体结构形式

自主水下机器人广泛采用半球形封头的圆柱形壳体。在圆柱形部分的直径和长度不太大，以及外压比较小时，可用壳板厚度来保证强度和稳定性。除了半球形封头的圆柱形耐压壳体外，平端盖的圆柱形耐压壳体也得到了较广泛的应用，尤其是在设备电子舱。采用平端盖，为保证强度和稳定性，其厚度与球壳相比要大很多。因此，可根据实际需求和设计条件选择合适的耐压壳体形状。图 3.12 和图 3.13 分别为半球形封头和平端盖的圆柱形耐压壳体。

图 3.12　圆柱与半球形封头组合的耐压壳体

图 3.13　圆柱与平端盖组合的耐压壳体

球形耐压壳体具有结构稳定性好和体积密度小的优点。另外，由于球形耐压壳体内表面积与容积的比值小，因此壳体上适于简易地切割舱口、舷窗和电缆套管孔。其缺点是不便于对舱内设备进行布置，因此空间利用率往往不高。虽然增加直径可以增加容积，但同时也会使水下机器人整体变大进而增加运动阻力，从而降低水下机器人的续航力和速度。

圆柱形耐压壳体结构形式通常采用肋骨加强来保证结构稳定性，但当圆柱形部分的直径和长度不大且外压力相对较小时，结构稳定性可以通过增加外壳板厚度来保证。两种耐压壳结构形式的优缺点如表 3.2 所示。

表 3.2　两种耐压壳结构形式的优缺点

耐压壳结构形式	优点	缺点
球形	具有最佳的重量-排水比； 容易制造壳体杯形管节； 容易进行应力分析且分析结果准确； 结构稳定性高、体积密度小； 材料利用率高	不便于内部舱室布置； 流体运动阻力大； 不易加工制造； 空间利用率低
圆柱形	最易加工制造； 容易进行内部舱室布置； 内部空间利用率最高； 流体运动阻力小	重量-排水比值最大； 内部需要用肋骨加强； 存在结构稳定性问题； 材料利用率较低

2. 耐压壳体材料

水下机器人的使用条件对其耐压壳体的材料提出了许多特殊要求。耐压壳体的材料有金属和非金属两类，但不管选择哪一种都必须对它们的物理性能进行周密的考虑，以保证所设计的水下机器人在限定的海洋环境下具有良好的性能。在选择水下机器人的壳体材料以及它们的焊接或连接材料时，必须考虑下列各因素。

(1) 腐蚀：在水下机器人的使用环境中，由于受化学或电化学作用，金属会腐蚀。

(2) 应力腐蚀破裂：在裂纹和拉应力的联合作用下由于塑变扩大而破坏。

(3) 低周疲劳：当材料受到幅值小于拉伸强度的波动应力作用时会产生疲劳性破坏(低周是指压力波动次数小于 10 万次的情况)。

(4) 蠕变：在应力作用下，材料随时间而产生的塑性变形(结构的尺寸和形状发生永久变形)。

(5) 消除应力后材料的变脆性：当把金属材料加热到适当温度，然后让其慢慢冷却以消除残余内应力时，材料的正常延展性降低。

(6) 比强度：材料的强度极限与密度之比。

(7) 比刚度：材料的弹性模量与密度之比。

(8) 屈强比：材料的屈服极限与强度极限之比。

(9) 冲击韧性：材料抵抗冲击的能力。

(10) 高延展性：不使材料产生裂纹的塑性变形能力。

(11) 断裂韧性：壳体在产生贯穿裂纹的区域，发生塑性变形但不使裂纹有大的扩展而造成破坏的能力。

(12) 可焊性：金属材料在适当条件下对焊接的适应性。

(13) 可成形性：金属材料通过塑性变形使其变成某种形状的方便性。

对于所选用的材料，其研制成本和材料是否容易获得，具有同等的重要性。常用的金属材料包括高强度铝合金、钛合金、高强度船用钢等。非金属材料包括玻璃、陶瓷、塑料、玻璃纤维增强复合材料、碳纤维增强复合材料、金属基复合材料和陶瓷复合材料等。图 3.14 为几种典型耐压壳材料的性能比较。

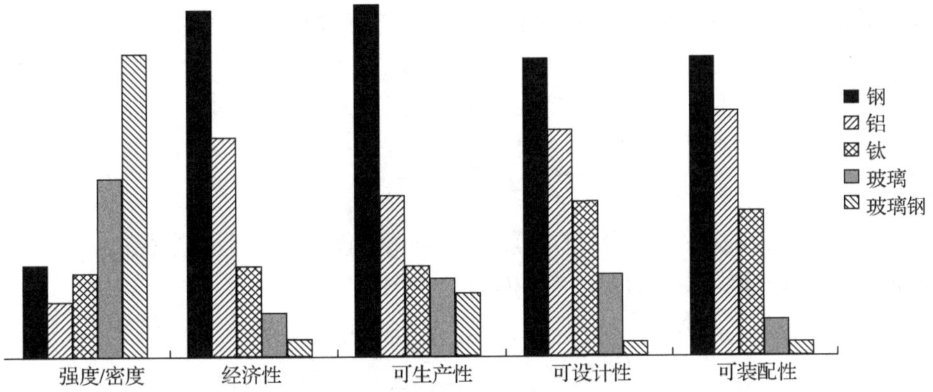

图 3.14　几种典型耐压壳材料的性能比较

3. 耐压壳体的强度计算

当计算耐压壳体强度时，应确保壳体强度及形状的稳定性。对于水下机器人的耐压壳体，当工作深度较小时，其厚度与曲率半径之比很小，可视为薄壳结构，按薄壳理论来计算其强度，保证壳体中的应力小于规定的许用应力。当水下机器人的工作深度较大时，其耐压壳体的厚度较大，可按照厚壁圆筒公式计算其在外压下的应力，进行强度校核。

1) 计算载荷

在计算水下机器人耐压壳体强度时，首先要确定耐压壳体的计算载荷。在设计水下机器人时，根据使用要求规定了它的工作深度和极限深度。工作深度是指水下机器人在正常使用过程中所能达到的最大深度，在此深度内，水下机器人的下潜次数不受限制，长期停留不会引起耐压壳体产生永久变形。

极限深度是指水下机器人下潜的最大深度，在此深度下，水下机器人只能进行有限次的、短时间的停留。极限深度不是破坏深度，因为在设计耐压壳体时，要考虑一定的强度储备，即采用比极限深度更大的深度作为计算依据，此深度称为计算深度，下潜到计算深度会引起耐压壳体的破坏，相应于计算深度下的静水压力称为计算载荷。计算深度与工作深度之比称为安全系数，通常该系数取为 1.25～1.5。

2) 球形耐压壳体的强度计算

进行耐压壳体设计时，可以根据理论公式快速得到一个设计初值并开展结构设计，然后结合有限元方法进行仿真来确定实际设计结果，最终通过实验来检验。球形耐压壳体承受均匀外压时，可以保持其球形而受到均匀压缩，壳体厚度满足：

$$\frac{R_2}{t} > 10 \tag{3.7}$$

式中，R_2 为耐压壳体中间半径，也就是内径和外径的平均值；t 为耐压壳体厚度。

此时球壳为薄壳，其均匀压应力为

$$\sigma_1 = \sigma_2 = \frac{qR_2}{2t} \tag{3.8}$$

式中，σ_1 为轴向应力；σ_2 为切向应力；q 为外压力。

当球壳厚度增大，不满足上述厚径比要求时，厚壳球形耐压壳体承受的内应力分别为

$$\sigma_1=\sigma_2=\frac{-qa^3}{2r^3}\frac{b^3+2r^3}{a^3-b^3}$$
$$\sigma_3=\frac{-qa^3}{r^3}\frac{r^3-b^3}{a^3-b^3} \tag{3.9}$$

式中，a 为外径；b 为内径；σ_3 为径向应力；r 为壳体任意厚度上的半径。

轴向应力、切向应力最大值发生在内壁上($r=b$)：

$$(\sigma_1)_{\max}=(\sigma_2)_{\max}=\frac{-q^3a^3}{2(a^3-b^3)} \tag{3.10}$$

径向应力最大值发生在外壁上($r=a$)：

$$(\sigma_3)_{\max}=-q \tag{3.11}$$

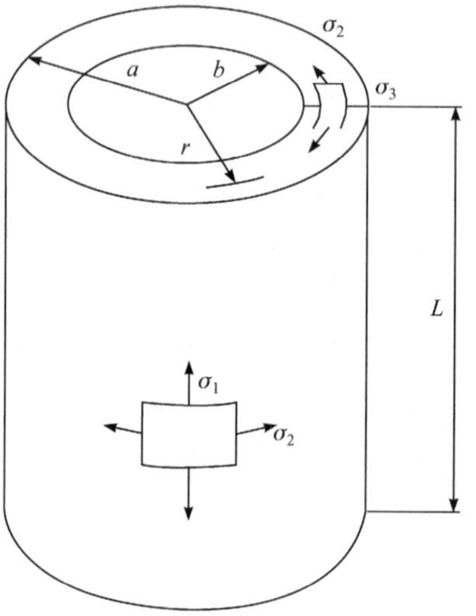

图 3.15　圆筒壳体受外压应力示意图

3) 圆筒壳体的强度计算

圆筒壳体受外压应力示意图如图 3.15 所示。

当圆筒壳体的厚度满足

$$\frac{R_2}{t}>10$$

时，球壳为薄壳，其受外压应力为

$$\begin{cases}\sigma_1=\dfrac{qR_2}{2t}\\ \sigma_2=\dfrac{qR_2}{t}\end{cases} \tag{3.12}$$

当圆筒壳体的厚度增大，不满足上述厚径比要求时，厚壳圆筒承受的外压应力分别为

$$\begin{cases}\sigma_1=\dfrac{-qa^2}{a^2-b^2}\\ \sigma_2=\dfrac{-qa^2(b^2+r^2)}{r^2(a^2-b^2)}\\ \sigma_3=\dfrac{-qa^2(r^2-b^2)}{r^2(a^2-b^2)}\end{cases} \tag{3.13}$$

切向应力最大值发生在内壁上($r=b$)：

$$(\sigma_2)_{\max}=\frac{-q^2a^2}{a^2-b^2} \tag{3.14}$$

径向应力最大值发生在外壁上($r=a$)：

$$(\sigma_3)_{\max}=-q \tag{3.15}$$

4. 稳定性计算

如果压力超过某一极限值，受压壳体的平衡状态将变为不稳定，从而导致失稳。

1) 球壳耐压稳定性计算

当壳体厚度满足

$$\frac{R_2}{t} > 10$$

时，球壳为薄壳，在球壳满足材料均匀、各向同性、有完善几何球形、无初始应力及应力应变关系为线性的条件下，由经典的小挠度概念推导出球壳失稳破坏压力为

$$q' = \frac{2Et^2}{R_2^2\sqrt{3(1-\mu^2)}} \tag{3.16}$$

式中，E 为弹性模量；μ 为泊松比。

然而，均匀外压作用下球壳的稳定性实验表明，失稳压力远小于式(3.16)所给出的计算值，而且失稳破坏是突然发生的。

实际可能的最小屈服压力的近似计算公式为

$$q' = \frac{0.365Et^2}{R_2^2} \tag{3.17}$$

对于厚壳球形耐压壳的稳定性，可参考《潜水系统和潜水器入级规范》(2018)的附录 E“耐压壳体极限承载力有限元分析方法”进行有限元分析。

2) 圆筒壳体的稳定性分析

对于圆筒壳体，当壳体厚度满足

$$\frac{R_2}{t} > 10$$

时，圆筒为薄壳，当长度与耐压壳体中面半径、壁厚满足

$$L > 4.9R_2\sqrt{\frac{R_2}{t}} \tag{3.18}$$

时为长圆筒壳体，其屈服压力为

$$q' = \frac{1}{4}\frac{E}{(1-\mu^2)}\frac{t^3}{R_2{}^3} \tag{3.19}$$

否则为短圆筒壳体，短圆筒壳体屈服压力的近似计算公式为

$$q' = 0.807\frac{Et^2}{LR_2}\sqrt[4]{\left(\frac{1}{1-\mu^2}\right)^3\frac{t^2}{R_2^2}} \tag{3.20}$$

3.3 水下机器人的密封技术

壳体的密封多采用接触密封法。在彼此相接的两表面间，可以夹一个具有很高机械强度和弹性、有相当大的恢复变形能力材质的辅助元件，将已有的间隙塞满，阻止有压力的海水通过间隙进入体内。为了使可拆卸封头拆装方便，又能密封可靠，常用橡胶 O 形圈对水下机器人耐压壳体进行密封。传统的 O 形圈在水下密封中发挥了重要作用。O 形圈一旦

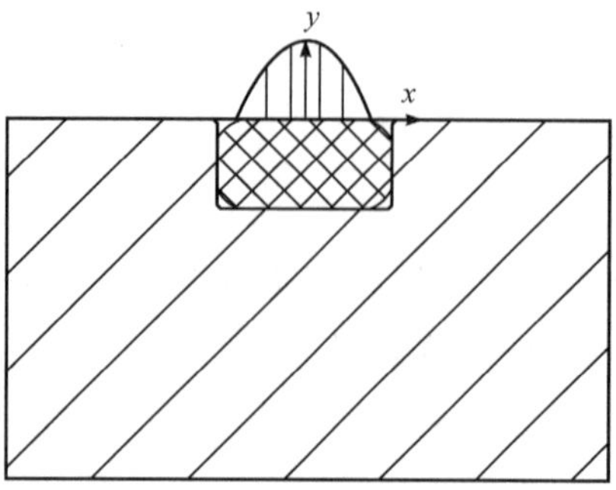

图 3.16　O 形圈接触应力分布

被压缩，总是趋于恢复其原来的形状，从而产生自动压紧效应。O 形圈周围的外壳发生形变时，会伴随发生弹性变形补偿外壳的变化，直到初始的压缩效应被消除；在丧失变形复原性或初始的压缩后，O 形圈便失去了密封作用。

O 形圈安装在相应的封闭密封槽内，其横截面可在拉伸和挤压下发生轴向、径向或折角变形，这就产生密封所必需的初始接触应力，接触应力的分布状况可以用抛物线近似地描绘出来，如图 3.16 所示。

接触应力分布可以表示为

$$\frac{x^2}{(s/2)^2}+\frac{y}{\sigma_{\max}}=1 \tag{3.21}$$

式中，s 为接触宽度；$\sigma_{\max}$ 为最大接触应力。

O 形圈在压缩率为原截面的 15%～20%时，可以获得较长的使用寿命。如果采用矩形密封槽，其深度 h 相当于 O 形圈受压变形后的高度，宽度 b 则应大于处在压缩状态下 O 形圈的宽度，从而为 O 形圈留下足够的空间供膨胀使用。O 形圈相对变形的允许范围为：对于静密封结构取 15%～25%，在水下密封设计中，小截面直径的 O 形圈的相对变形应靠近上限，大截面直径的 O 形圈的相对变形应靠近下限。

值得注意的是，在所有的密封计算方法中均认为 O 形圈是不可压缩的，即泊松比为常量(μ=0.5)，也就是说，O 形圈受压时，其体积保持不变，而只改变形状。但实际上橡胶是可压缩的材料，其泊松比 μ 可小到 0.42～0.49。此情况对一般只受外部水压的壳体静密封影响不大，但对于液压传动的水下设备的密封(如油缸活塞杆等)，其 O 形圈同时受水压和油压的双向作用，O 形圈本身的参数会发生变化。

如果密封结构设计合理，采用 O 形圈作为密封元件，对水下机器人耐压壳体的密封是结构简单、性能可靠的密封。目前耐压壳体的密封结构应用较多的通常有如图 3.17 所示的三种形式。

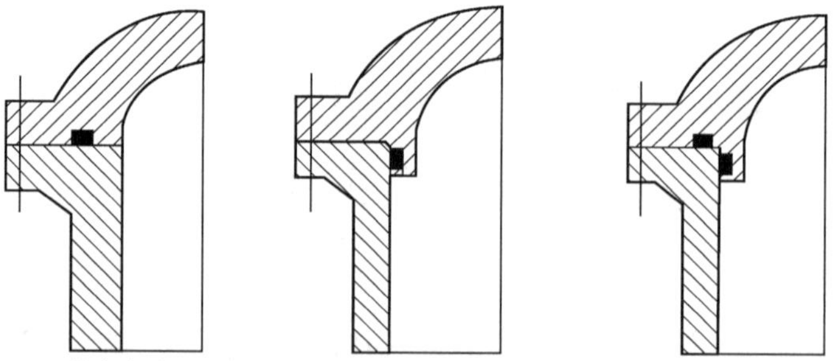

(a) 轴向密封　(b) 径向密封　(c) 轴向与径向组合密封

图 3.17　耐压壳封头的常用结构形式

3.3.1　水下机器人的静密封

自主水下机器人使用的密封结构主要是静密封，最便捷有效的方式是 O 形圈密封。按照沟槽形式，可将密封结构分为轴向密封和径向密封，分别如图 3.18 和图 3.19 所示。

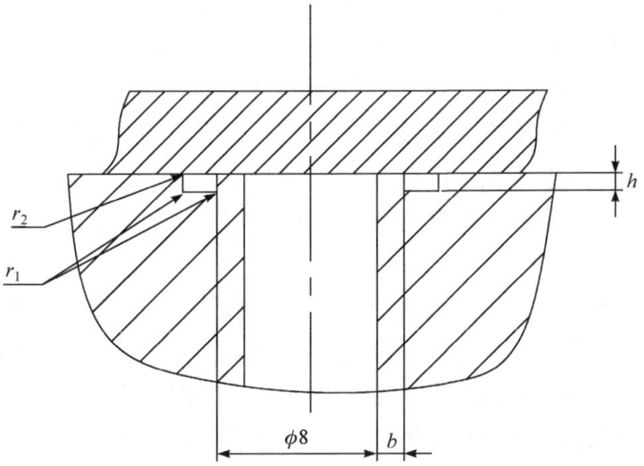

图 3.18　轴向密封结构图

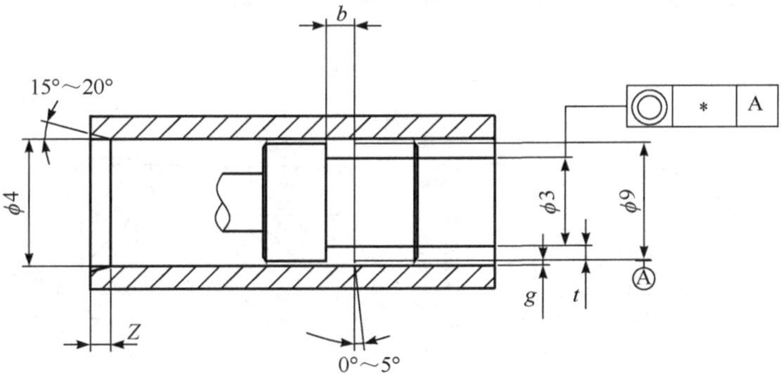

图 3.19　径向密封结构图

*处的要求：直径小于或等于 50mm 时，不大于直径 0.025mm；直径大于 50mm 时，不大于直径 0.005mm

3.3.2　水下机器人的动密封

动密封的密封原理和静密封基本相同。静密封主要依靠橡胶材料变形产生的弹性力来实现密封效果。O 形圈是一种挤压密封，它依靠自身的弹性产生预压缩力。挤压密封的工作原理是密封元件受密封结构的截面形状限制，在预压缩状态下产生弹性变形力，在密封接触面上形成预压缩力，用 P_0 表示。如图 3.20 所示，当施加介质压力时，O 形圈将继续弹性变形，导致更大的接触压力 P_n。当接触压力大于密封介质的压力时，即当 $P_n > P_0$ 时，不会发生泄漏，从而起到密封作用；否则，密封将失效。

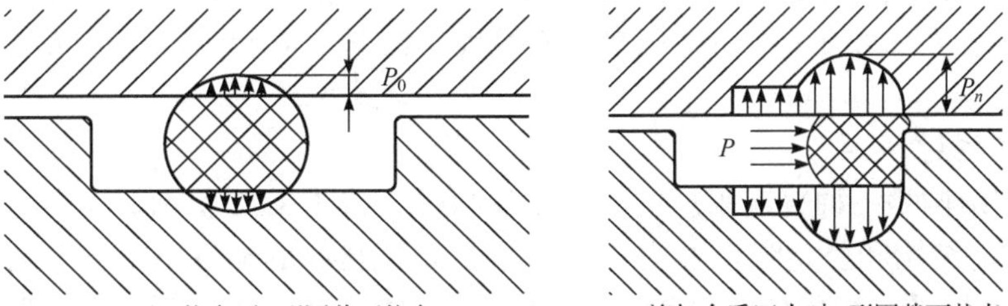

(a) 预压状态下O形圈截面状态　(b) 施加介质压力时O形圈截面状态

图 3.20　O 形圈的密封原理

O 形圈在旋转运动中的主要问题是焦耳热效应。焦耳热效应会在高速旋转轴与 O 形圈接触处产生摩擦热。橡胶材料受热变形严重，压缩伸长率会发生变化。加热还会加速密封材料的老化，降低 O 形圈的使用寿命，破坏密封油膜，导致断油现象，加速密封的老化。

水下电机是潜入水中运行的，其工作状况非常复杂。密封是水下电机的关键技术，也是最容易出问题的环节。所以在结构设计中，必须做到严格密封，防止水流入，同时做好监测工作，随时掌握水下电机的运行情况。与普通电机相比，水下电机除了必不可少的定子、转子外，其最大的不同在于它具有复杂的密封结构。下面通过举例对水下电机所采用的密封方法予以介绍。

如图 3.21 所示，该水下电机装置主要包括密封壳体、导流帽以及设置在腔体内的电机等。该电机的转轴伸出密封壳体之外，在转轴与密封壳体内设有轴密封组件。密封壳体内充满绝缘油，壳体的一端装有导流帽与壳体连接。导流帽内有一个油囊可作用于挤压机构，通过挤压油囊，壳体内的绝缘油被压缩，这样壳体内的油压大于外部的水压。当装置出现泄漏时，由于内部的油压大于外部的水压，腔内的绝缘油会往外泄漏，而外部的水不会进入密封壳体腔内，这样就保证了壳体内的电机能够正常运行。

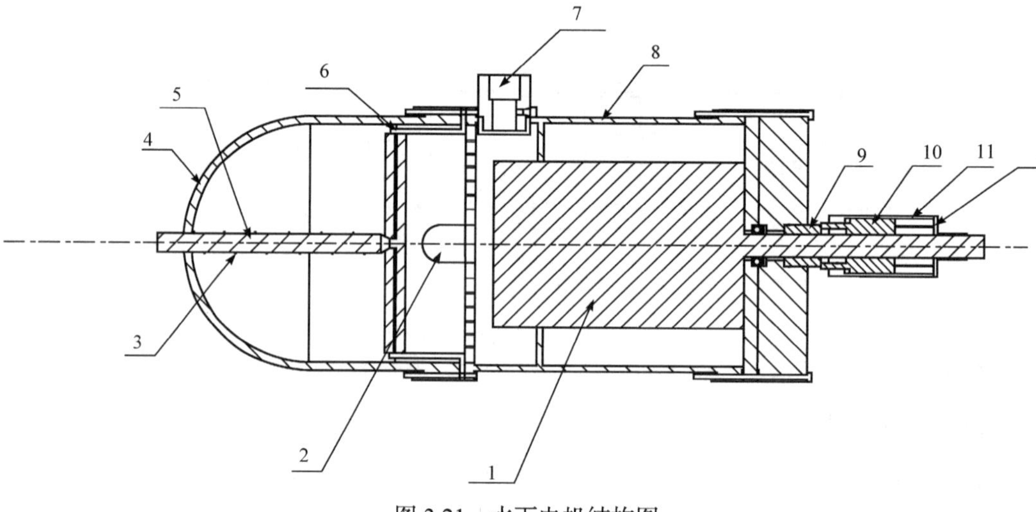

图 3.21　水下电机结构图

1-内腔的电机；2-接触开关传感器；3-弹簧；4-导流帽；5-活塞；6-油囊；
7-配线配油接头；8-密封壳体；9-静密封环；10-动密封环；11-外衬套；12-紧箍弹簧

另外，在装置的内部安装了接触开关传感器，接触开关与壳体外部的控制系统连接。当壳体出现泄漏时，腔体内的绝缘油不断减少，弹簧推动活塞杆向接触开关传感器移动，当活塞碰到该接触开关传感器时，控制系统就会发出警报，提醒对设备进行检修或者通过配线配油接头注满绝缘油，让装置恢复密封性能。同时，对于电机的不同部分采用不同的密封方法。

1) 机壳的密封

双 O 形圈结构是一种普遍采用的挤压型密封件，如图 3.22 所示。O 形圈和相关的密封槽都采用标准的结构和公差配合方法，凡是与 O 形圈接触的地方不得有毛刺、锐角，以防止 O 形圈被划破，同时要求有较高的光洁度。为了防止 O 形圈受到海水的强烈腐蚀，以及接触海水杂质后变形而失去密封效果，密封圈的材料采用丁腈橡胶。在安装时密封圈和相应的槽应该均匀地涂上一层硅脂，这不仅不容易损坏密封圈，而且易于安装和拆卸。

铜环密封具有良好的耐腐蚀性。由于其具有良好的压缩回弹性、较高的机械强度和易于使用等优点，满足了水下电机的工作环境要求。铜环的密封原理是用两个槽的结合面挤压铜环使其变形，这样铜环的两个表面与沟槽接头就紧密地结合在一起，没有间隙，从而达到密封效果。

2) 电机引出线的密封

电机引出线与机壳处的防水密封，相对于只加 O 形圈的静密封，它要复杂得多。经过反复的比较和论证，采用了如图 3.23 所示的密封结构。

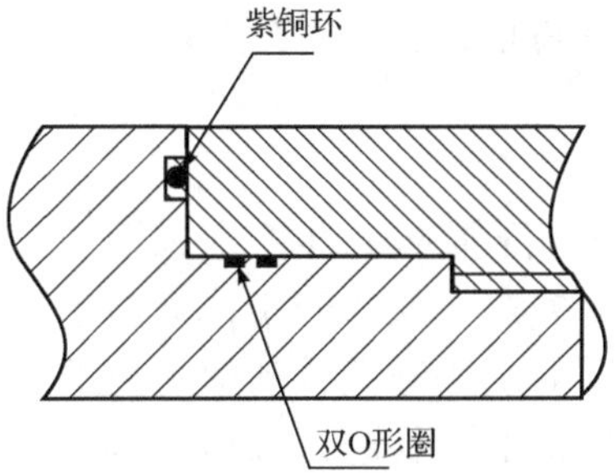

图 3.22　挤压型密封件

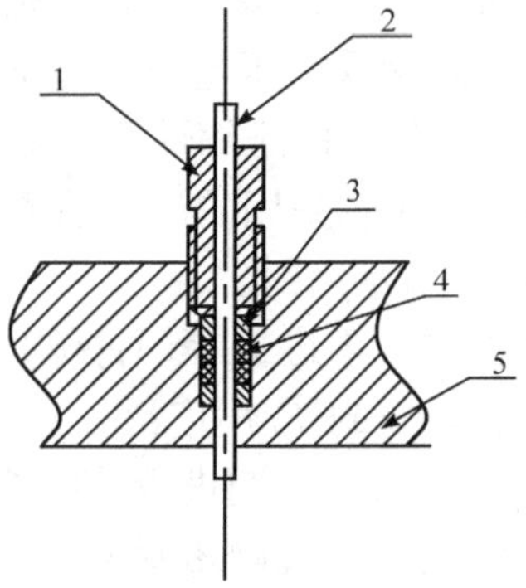

图 3.23　电机引出线密封结构

1-螺钉；2-电缆；3-硬质垫环；4-密封胶体；5-电机前端盖

3) 轴伸处的动密封

水下电机最难解决的问题就是轴伸处的动密封，电机轴只要旋转，轴与机壳处就会有间隙。当电机高速旋转时，如果仅采用在轴与机壳之间加 O 形圈的方法，就会导致 O 形圈磨损、发热甚至是变形，进而会漏水。实践证明，仅在轴伸处加 O 形圈的方法已经不可行。为此，在此处我们选用了动密封装置，其结构如图 3.24 所示。该动密封组件包括外衬套、静密封环、动密封环和 O 形圈等。动密封环设置在外衬套内，动密封环与外衬套内设有 O 形圈，动密封环与转轴之间也设有 O 形圈。动密封环的一端与静密封环相抵，另一端与外衬套内的紧箍弹簧相抵。紧箍弹簧给动密封环一个轴向运动的力，使动密封环与静密封环

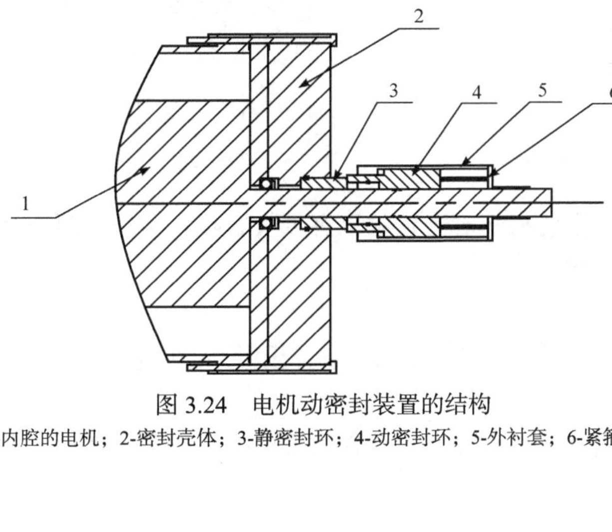

图 3.24　电机动密封装置的结构

1-内腔的电机；2-密封壳体；3-静密封环；4-动密封环；5-外衬套；6-紧箍弹簧

紧贴，动密封环随电机轴旋转，静密封环不随电机轴转动，这样就减轻了对电机轴的摩擦。另外，由于紧箍弹簧的作用，动密封环可以自由收缩。当动密封环因为磨损长度变短时，弹簧能保持动密封环与静密封环的紧密贴合，这样设备的密封可靠就有了保证。

当深度更大时，可考虑采用充油补偿结合油封实现旋转轴密封。

(1) 压力补偿动密封。

油封正常用于各种机械轴承处，特别是滚动轴承部位，实现润滑油的密封。将油腔和外界隔离，对内封油，对外封压。其结构包括金属骨架、胶唇口、弹簧，通过弹簧的压力保持橡胶唇口与旋转轴接触实现密封。油封可承受的压力较小，通常为 0.5MPa。用于深水自主水下机器人时，需要在内部充油，并连接补偿器进行压力补偿保持密封腔内外压力平衡，油封实际承受的压差是由补偿器弹簧产生的，压力较小。若无补偿器提供压力补偿，由于油液在外压下的压缩性，油封承受的压差会超过允许值，造成密封失效。图 3.25 为某小型推进器输出轴采用的油封动密封结构。

(2) 磁耦合动密封。

水下机器人推进器等部件输出轴需要进行动密封，目前充油动密封(采用油封实现输出轴的旋转动密封)应用广泛。然而，采用充油动密封方式，长时间工作会对密封圈造成一定的磨损，需要定期进行更换维护，给使用造成了不便。磁耦合动密封技术采用磁力进行动力传递，通过静密封就可以实现输出轴的密封，不需要进行维护，具有较好的应用前景。

磁耦合动密封结构主要包括：内磁套、外磁套以及进行密封的隔离套。图 3.26 中灰色部分为安装在内、外磁套上的磁体。

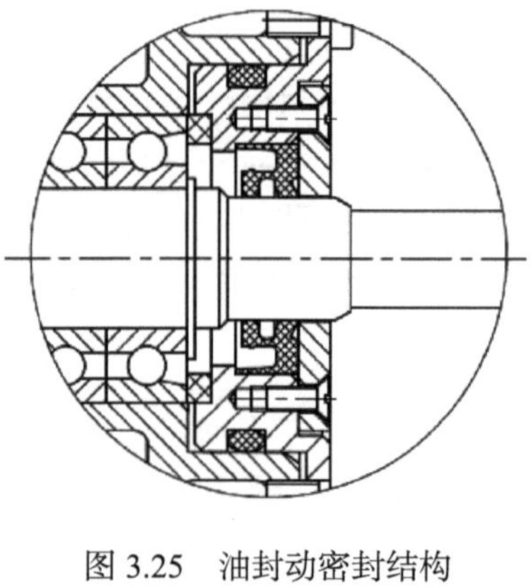

图 3.25　油封动密封结构

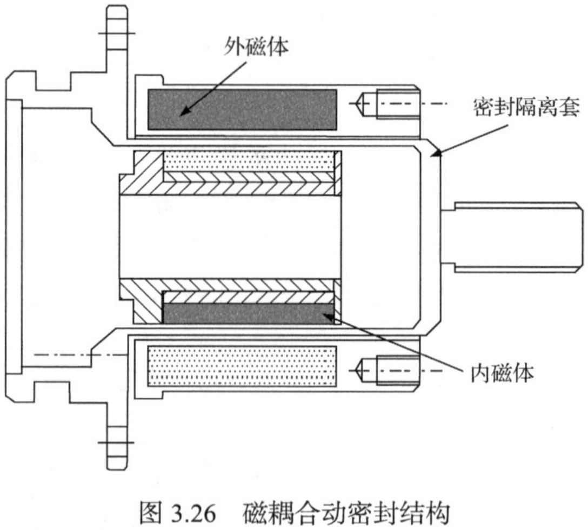

图 3.26　磁耦合动密封结构

磁耦合动密封隔离套的材料对密封效果有较大影响，采用电阻率高的材料能有效降低涡流损耗，使密封效果提升。

3.4　水下机器人的材料选择

水下机器人的先进性和可靠性在很大程度上取决于材料的选用，尤其是耐压壳体材料的选用。材料选用不好，则可靠性差，使用寿命短。若不恰当地采用优质材料，不但不能提高水下机器人的性能和质量，反而会使成本大大增加。因此，合理选用材料及采用相应的防腐措施是提高水下机器人质量、降低成本的有效途径。

1. 碳钢

碳钢是机械设备中最重要的金属材料，它具有价格低、供应方便、综合机械性能优良等优点。碳钢在海洋环境应用时，有严重的腐蚀现象。其腐蚀速度受海水中氯离子含量、导电性、氧含量、海水流速、海水温度、海水污染等影响，因此，一般应采取防腐措施加以保护，并要求定期维护。

2. 合金钢

合金钢主要有两类：高强度低合金钢和耐腐蚀低合金钢。

(1) 高强度低合金钢。

这种低合金钢具有较高的强度、较好的韧性和塑性，以及良好的焊接性、冷成形性、抗腐蚀性，因此已广泛用在水下机器人上，其中 16Mn 钢是应用最多的低合金钢。

(2) 耐腐蚀低合金钢。

我国发展的耐海水腐蚀钢有 10MnCu、10MnPNbRe、10CrMoA1、15NiCuP 等钢种，它们的耐海水腐蚀性能均优于碳钢。低合金钢大大提高了抗腐蚀性能，通常比普通钢高 1～9 倍，并且在海水中的寿命大约为碳钢的 5 倍。

3. 不锈钢

不锈钢的综合性能良好，应用广泛。06Cr19Ni10(旧牌号为 0Cr18Ni9)为奥氏体不锈钢，其固溶态具有良好的塑性、韧性和冷加工性，在氧化性酸、大气、水、蒸汽等环境中耐腐蚀性能好，是工业上应用量最大、使用范围最广的不锈钢。因此，06Cr19Ni10 常用于自主水下机器人一些辅助设备的零部件中。

常用不锈钢的性能参数如表 3.3 所示。

表 3.3　常用不锈钢的性能参数

牌号	热处理状态	密度/(kg/dm³)	屈服强度/MPa	抗拉强度/MPa	耐腐蚀性能	焊接性能
06Cr19Ni10	固溶	7.93	205	520	B	A
06Cr17Ni12Mo2	固溶	8	205	520	A	A
022Cr17Ni12Mo2	固溶	8	205	520	A	A
05Cr17NiCu4Nb	沉淀硬化	7.78	1000	1070	B	A

4. 铜合金

铜合金主要有两类：黄铜和青铜。

(1) 黄铜。

普通黄铜是铜锌的合金，有良好的加工性，耐腐蚀性也较好，但在海水中易发生应力腐蚀现象。H68、H70、H80 等黄铜常用来制造轴套、螺钉、垫圈、管接头等。

在普通黄铜的基础上加入铅、锰、锡、铝、硅等元素就成为特殊黄铜，其力学性能和耐腐蚀性能优于普通黄铜。

(2) 青铜。

锡青铜是以锡为主要合金元素的铜基合金，其耐腐蚀性比黄铜好，主要用于制作耐磨零件及抗磁零件、螺旋桨叶等。

铜及铜合金在海洋环境中的一个主要特点是形成一层保护薄膜。在海洋环境中的铜锈的主要组成部分是碱性氯化铜，还有少量碱性碳酸铜，在靠近金属处还有氧化亚铜薄层，以使它在海水中的腐蚀速度降低。

5. 铝合金

铝合金以其较低的密度和较高的强度在水下机器人结构上得到了广泛的应用。其中防锈铝 5A06、锻铝 6061、高强铝 7A04 和 7075 等常用作耐压结构。

硬铝 2A12 等也较为常用，通常作为舱内不需要防腐蚀的结构件。防锈铝 5A06 具有较高的强度和耐腐蚀性能，退火和挤压状态下塑性好，弧焊焊缝气密性和焊缝塑性较好，气焊和电焊的焊接接头强度为基体强度的 90%～95%，切削加工性良好，可用于焊接舱体、耐压舱和耐腐蚀结构件。锻铝 6061 的强度中等、焊接性能良好，并且耐腐蚀性能及冷加工性好，使用范围广，常用于耐压舱和耐腐蚀结构件。

铝合金 2A12、5A06、6061、7075 的主要性能参数如表 3.4 所示。

表 3.4　常用铝合金的主要性能参数

牌号	热处理状态	密度/(kg/dm^3)	屈服强度/MPa	抗拉强度/MPa	耐腐蚀性能	焊接性能
2A12	T4	2.7	275	425	C	B
5A06	H112	2.7	155	355	A	A
6061	T4	2.7	110	205	A	A
	T6	2.7	240	290	A	A
7075	T6、T6510	2.7	470	530	B	C

6. 钛合金

钛中加入 Al、Sn、Zr 等 α 稳定元素，进行固溶强化，此时钛合金称为 α 型钛合金。钛中加入 V、Mo、Mn、Fe、Cr 等 β 稳定元素，使合金组织中有一定量的 β 相，进行强化，此时钛合金称为 β 型钛合金。

钛合金 TC4 中加入了 α、β 稳定元素，属于 $\alpha+\beta$ 型钛合金，其有较高的力学性能和优良的高温变形能力，能进行各种热加工，淬火处理后能大幅度提高强度但其热稳定性较差。

钛合金表面在大气或者海水中会生成一层保护膜，使之处于钝化状态，在常温海水环境中不易发生点蚀和缝隙腐蚀。

钛合金 TC4 具有较高的强度、优异的耐海水腐蚀能力和较低的密度，广泛用于各种耐压舱和高负荷的结构件。钛合金 TC4 的主要性能参数如表 3.5 所示。

表 3.5　钛合金 TC4 的主要性能参数

牌号	热处理状态	密度/(kg/dm^3)	屈服强度/MPa	抗拉强度/MPa	耐腐蚀性能	焊接性能
TC4	M	4.4	825	895	A	A

7. 非金属材料

在水下机器人上采用非金属材料有许多优点，如不需要采用任何防腐蚀措施、易加工成形、重量轻、强度高等。

非金属材料的种类很多，在水下机器人上常用的有工程塑料、橡胶和复合材料。

(1) 工程塑料。

这类塑料具有较高的机械强度且耐腐蚀，其中，尤以 ABS 塑料为好，它是丙烯腈、丁二烯、苯乙烯三种单体的元共聚物，具有坚韧、质硬、刚性好、耐腐蚀等优点。另外，聚四氟乙烯也是应用较多的工程塑料，其主要优点是摩擦系数低(为 0.04)，是一种良好的减磨、自润滑材料，常用于水下机器人中的减磨自润滑轴套、密封环等。

(2) 橡胶。

橡胶按原料来源分为天然橡胶与合成橡胶。天然橡胶具有很好的弹性，其耐磨性、耐腐蚀性、绝缘性等也都很好。合成橡胶品种多，用途范围广。水下机器人常用氯丁橡胶和丁腈橡胶，它们的力学性能与天然橡胶相似，但耐油性、耐磨性、耐热性、耐老化性均优于天然橡胶。合成橡胶用于制作水下机器人大量使用的密封圈、胶管、电缆包皮、减振器等。

(3) 复合材料。

复合材料按结构特点可分为三类：纤维复合材料、层叠复合材料、细粒复合材料。复合材料的比强度和比模量都比较大，如碳纤维和环氧树脂组成的复合材料，它的比强度是钢的 7 倍，比模量比钢大 3 倍。但复合材料的抗冲击性能差，横向强度和层间剪切强度低，易老化。

水下机器人常用的是玻璃纤维树脂复合材料，它是以玻璃纤维或玻璃纤维制品(如玻璃布、玻璃带等)为增强材料，以合成树脂为基体制成的，用来制作水下机器人非耐压壳体和浮力材料外壳等。

碳纤维树脂复合材料的相对密度比玻璃纤维树脂复合材料的相对密度更小，弹性模量高 4～5 倍，因此在水下机器人中常用来包覆金属耐压壳体表面，在同样的耐压强度下，可减小金属壁厚，有利于减轻水下机器人的整体重量。

3.5　水下机器人的防腐技术

1. 金属腐蚀

金属腐蚀是一种自然现象，从某种意义上说，腐蚀是不可避免的。自主水下机器人载体结构最常用的金属为铝合金、钛合金、不锈钢，同时碳钢与铜也有应用，而其中铝合金又是用得最多的金属。在海洋环境中，铝合金最常见的腐蚀为点蚀、缝隙腐蚀和电偶腐蚀等。

(1) 点蚀造成的金属失重虽然不大，但由于金属阳极面积很小，所以腐蚀速率很快，严重时可造成设备穿孔，危险性很大。此外，点蚀还会使晶间腐蚀、应力腐蚀和腐蚀疲劳等加剧，在很多情况下，点蚀是这些类型腐蚀的根源。如图 3.27 所示，图中箭头所指的位置为铝合金舱体表面发生的点蚀。

图 3.27　舱体表面出现点蚀现象

(2) 缝隙腐蚀主要发生在金属与金属或金属与非金属之间的螺接、搭接、铆接等接触狭缝中，当缝隙内积存液体时，会形成浓差电池，产生局部腐蚀。产生缝隙腐蚀的主要原因是设计不合理，海洋污损生物(如藤壶或软体动物)栖居等也会导致缝隙腐蚀。丝状腐蚀是缝隙腐蚀的特殊情况，常发生在非金属涂层下面的金属表面，是海洋环境中经常发生的一种腐蚀现象。其主要原因是在潮湿的大气或海洋盐雾环境中，涂层表面会凝结水分，并渗透过涂层，与基体接触，从而构成腐蚀电池，形成丝状腐蚀。发生丝状腐蚀的金属表面如图 3.28 所示。

(3) 电偶腐蚀是两种不同金属连接发生的腐蚀，如螺栓、铆钉等，其腐蚀的程度主要取决于两种金属在海水中的电极电位差及相对面积比。图 3.29 为典型的电偶腐蚀示例。

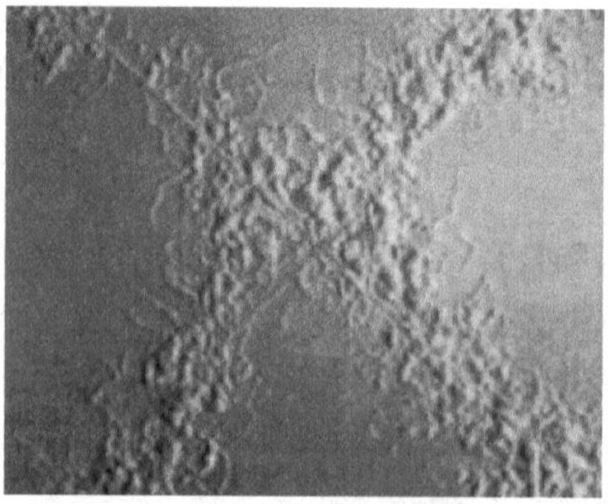

图 3.28　丝状腐蚀

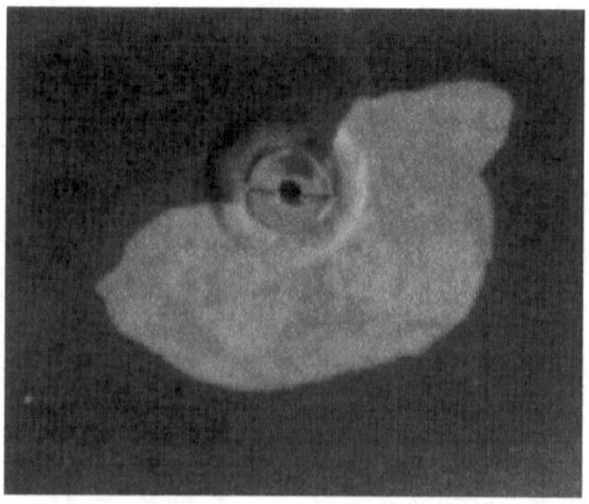

图 3.29　电偶腐蚀

2. 水下机器人载体结构腐蚀

根据海洋中常见的腐蚀机理，水下机器人载体结构的腐蚀可分为化学腐蚀、电偶腐蚀、电解腐蚀以及微生物腐蚀四大类。

(1) 化学腐蚀。化学腐蚀通常是指在非电解质溶液及干燥气体中，由纯化学作用引起的腐蚀。暴露在海洋环境中的金属材料，在非电化学作用下将与周围环境介质直接发生化学作用，从而出现腐蚀(氧化)现象。

(2) 电偶腐蚀。电偶腐蚀是由存在于两种金属之间的电位差引起的，电位较正的金属作为阴极，阴极表面氧化性物质被还原，电位较负的活泼金属作为阳极腐蚀加速。这是一种最为普通的腐蚀现象，它可诱导甚至加速应力腐蚀、点蚀、缝隙腐蚀、氢脆等的发生。由于海水是一种极好的电解质，而且海水中含有大量的 Cl^-，Cl^-的穿透力极强，金属表面的钝化膜也很容易被穿透，所以在海水环境中不仅极易形成电偶腐蚀现象，而且电偶腐蚀过程也容易被加剧。

(3) 电解腐蚀。金属材料自身带电，在海洋环境的导电作用下，金属元素中由于电子的流动而发生的腐蚀现象就是电解腐蚀。

(4) 微生物腐蚀。微生物腐蚀是指由微生物引起的腐蚀或受微生物影响的腐蚀，其形式是海洋生物和微生物吸附于金属结构表面并生长和繁殖。

3. 自主水下机器人载体结构常见腐蚀分析

根据上面介绍的自主水下机器人载体结构的腐蚀种类与腐蚀机理，可以总结出自主水下机器人载体结构腐蚀的原因主要有以下几种。

(1) 不同金属之间的电偶腐蚀，尤其是不同金属之间直接接触导致的电偶腐蚀。目前自主水下机器人上存在的金属主要有铝合金(5A06、7075、6061)、钛合金(TC4)、不锈钢(316L)、锡黄铜等。以如图 3.30 所示的耐压舱为例，耐压舱体(TC4)与水密接插件(316L 和海军铜)之间就存在电偶腐蚀。

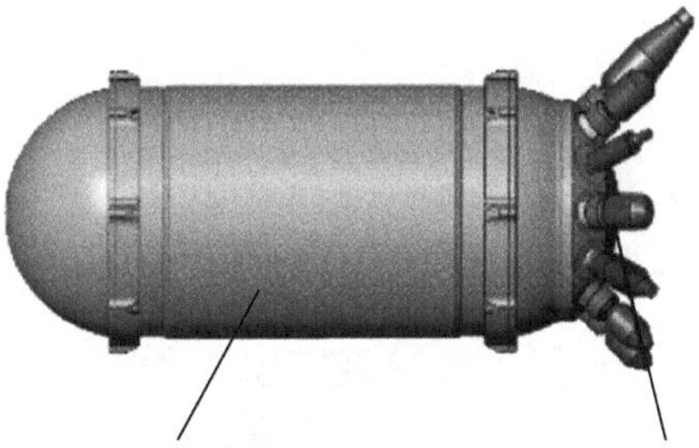

图 3.30　耐压舱结构图

(2) 金属材料自身缺陷、生产的零件本身存在瑕疵或存储时人为磕碰导致零件表面形成点蚀。例如，某推进器零件外壳为铝合金材料，边没有倒圆，长期使用将棱边的氧化层磨掉造成腐蚀，可见推进器前端零件棱边已出现腐蚀白色晶状颗粒，如图 3.31 所示。

(3) 零件结构设计不合理、焊缝存在缺陷导致零件形成缝隙腐蚀。例如，某自主水下机器人的框架，在图 3.32 中线条所指位置焊接了一块加强板，形成了一个封闭的空间，这个结构导致水排不出去，长时间存水会使金属腐蚀加快。此外，焊接框架结构焊缝如果存在缺陷(如裂纹、气孔等)，也很容易在焊缝处形成缝隙腐蚀，如图 3.32 所示。

4. 自主水下机器人载体结构防腐蚀方法

1) 抑制电偶腐蚀的方法

(1) 同一台自主水下机器人尽可能地减少使用金属材料的种类。例如，将所有安装水密插座的耐压舱与分线盒都改用钛合金材料，水密插座都改成不锈钢材料，也可以把水密插座都改成钛合金材料，尽量减少具有电位差结构材料的种类与数量。

图 3.31　铝合金壳体点蚀

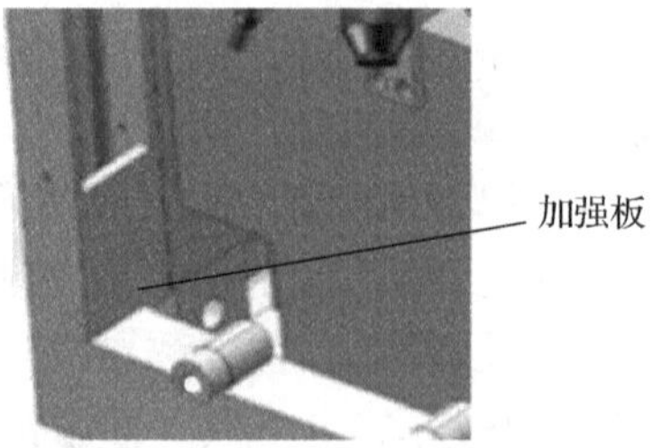

图 3.32　排水不畅导致的缝隙腐蚀

(2) 用非金属材料将两种不同金属隔离开。如果两个结构件为不同金属材料，且不可避免地要连接在一起，那么将两种不同金属隔离开是抑制不同金属间电偶腐蚀最基本也是最有效的方法。图 3.33 为起吊钩与起吊框架连接结构图，用非金属材料将两种不同金属隔离。

(3) 承力不大的结构优先选用非金属材料制作。图 3.34 为自主水下机器人上使用的化学传感器，与框架连接时，其连接结构件材料都为塑料。

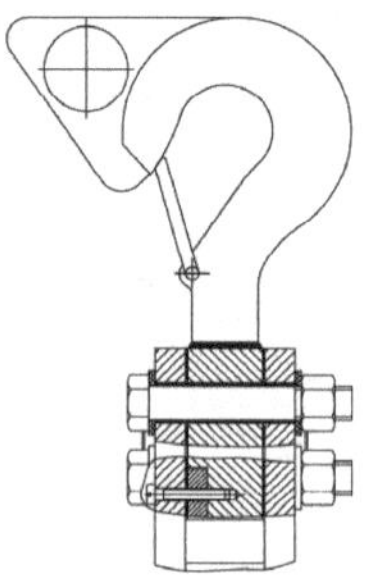

图 3.33　金属吊钩与铝框架之间采用塑料隔离

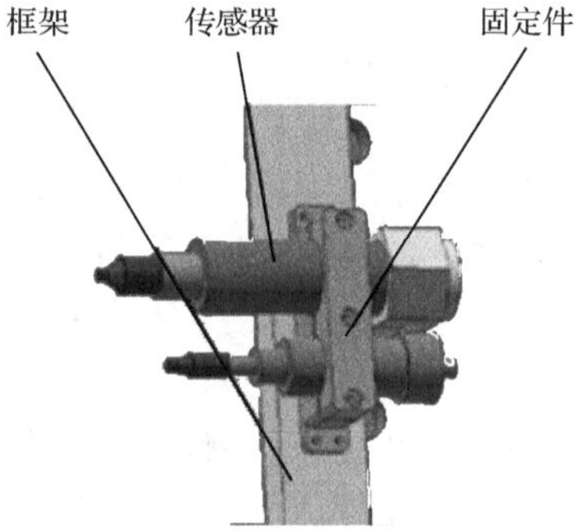

图 3.34　采用塑料件固定小型设备

2) 抑制点蚀的方法

在设计上，所有结构件的棱边棱角应倒圆；在质量控制上，结构件的原材料表面镀层应严格把关，原材料需提供材质单，严格检验结构件表面镀层的质量，有任何瑕疵都要返厂重新做；使用与安装过程中要注意不要有磕碰，有磕碰应及时修补；在包装上，重要组部件单独做包装箱，一般结构件要用软质材料包严，防止磕碰。

3) 抑制缝隙腐蚀的方法

自主水下机器人载体结构设计中，尽可能保证不存在使海水出水后继续存留的结构，如果避免不了非开式结构，那么需要在此结构处开漏水孔，不要有结构存水的现象出现，同时在维护保养上要及时冲洗、清理两个结构件的接触面。此外，焊接结构件应焊透，焊缝不要有气孔与裂纹，防止海水渗入。

4) 合理设计并安装牺牲阳极

参考标准《海洋仪器(设备)牺牲阳极的保护设计和安装》(HY/T 026—1992)，每个重要组部件上都要安装牺牲阳极，如推进器、舵机等。

5) 防腐涂层法

在详细设计自主水下机器人时，载体结构上一些非密封结构可以选择在表面做防腐涂层，如载体框架、固定件等，这样不但可以有效防腐，也能提高美观度。铝合金应避免使用含有重金属离子的防污漆，现今普遍应用的是环保型无锡自抛光和低表面能防污漆，也可采用聚氨酯类、醇酸类及丙烯酸酯类面漆等，现在通常采用的是聚氨酯类面漆。

3.6　浮力材料技术

传统的浮力材料一般使用封装的低密度液体(如汽油、氨、硅油等)、泡沫塑料、泡沫玻璃、泡沫铝、金属锂、木材和聚烯烃材料等。封装的低密度液体易漏，容易污染海域。泡沫塑料、泡沫玻璃、泡沫铝和木材的模量、强度较小，不能满足深海下使用的要求。金属锂的强度和模量能满足深海下使用的要求，但是其与水会反应，且价格昂贵。浅海用浮力材料通常采用软木、浮力球、浮力筒及具有一定强度的合成泡沫塑料或合成橡胶。

本书介绍的固体浮力材料(solid buoyancy material)与浮力筒、合成橡胶、一般泡沫材料等传统的浮力材料相比，具有以下优点。

(1) 能承受海洋环境全方位静水压力(水深每增加 100m，水压增加 1MPa)，在规定的使用深度以内不发生破坏，具有优良的耐压性能。

(2) 固体浮力材料密度低，其自身的密度只有水的一半左右或更低，能为各种水下作业系统提供足够的净浮力，从而提高其工作性能。

(3) 低的吸水率和高的体积弹性模量，使它在较大的水压下能提供稳定的浮力，保证其配重设备安全可靠地工作。

(4) 具有良好的耐候性和耐腐蚀性，能保证在复杂的海洋环境下正常使用。

(5) 能解决各种水下作业系统在深海的耐压性、结构稳定性问题；同时，当机械动力停止或发生意外如脐带缆断裂时，或当完成海底观测任务，需要回收观测装置时，可保证系统或装置自动上浮，不至于丢失，以保证生命及财产安全。

(6) 优异的理化性能，如绝缘、隔热、阻燃、隔声等。

(7) 具有优良的可机械加工性能，可按设计的形状、尺寸、曲面等通过机加工任意加工成形，材料性能各向同性，便于现场安装时打磨修补，便于装配。

(8) 材料密度可控，美观实用。

(9) 材料无毒、无害、无味，对环境无污染。

在海洋技术领域，除了三明治结构外，目前通常情况常用的固体浮力材料主要有以下几种：聚氨酯泡沫材料、共聚物泡沫材料、复合泡沫材料和合成复合泡沫材料(图 3.35)。

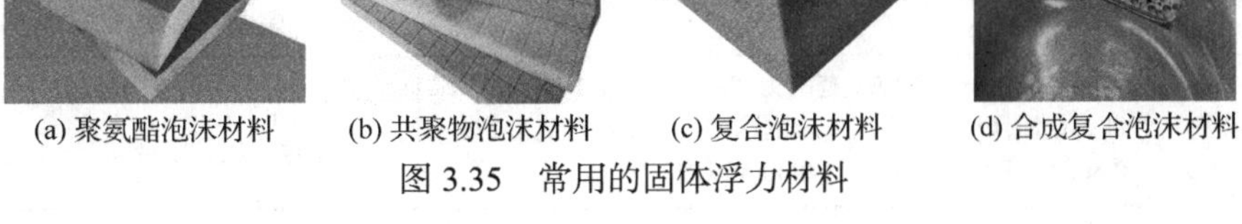

(a) 聚氨酯泡沫材料　(b) 共聚物泡沫材料　(c) 复合泡沫材料　(d) 合成复合泡沫材料

图 3.35　常用的固体浮力材料

(1) 聚氨酯泡沫材料。由聚氨酯泡沫材料制作的浮筒材料主要应用在水面及水面下深度小于 100m 的水中。在水下用这种泡沫材料必须由其他材料完全包覆以保证其与水完全隔离，因为这种泡沫具有吸水性，如果长时间直接与海水接触，在水压作用下，材料会吸水。

(2) 共聚物泡沫材料。交联式共聚泡沫体是坚硬的闭孔泡沫体，能在无须完全外壳封闭的情况下承受海水静压力。这种泡沫体通常被加工成块状或者片状。但此种共聚物材料的低密度泡沫适合于短期应用。如果长期应用于连续的水静压力载荷环境中，这种材料将会发生塑性蠕变、变形以及体积缩小，因此会降低浮力。该材料的密度范围为 0.04～0.4g/cm^3，工作最大水深可达 600m。

(3) 复合泡沫材料和合成复合泡沫材料是一种新型固体浮力材料，这种材料的优点是在极低密度的情况下能保持足够的强度，具有高压缩强度质量比、低蠕变和低吸水率的特性，从而使为深海中的设备提供浮力、提供保护成为可能。

这种材料的密度很低，主要是因为在基体材料中均匀分散着大量的空心玻璃微球体。这些微球体的表面经过优化处理和先进的化学加工工艺，与材料有机地融合在一起，进一步强化了整个材料性能。空心玻璃微球体是一种外观为灰白或灰色具有坚硬外壳的球形中空颗粒，其主要成分是 SiO_2 和 Al_2O_3，壁厚为其直径的 8%～10%。

对基体材料的要求是黏接力强、吸水率低、热性能及电性能优良，环氧树脂是首选对象。因为其具有良好的黏接强度，并且热稳定性、尺寸稳定性和加工性能比较突出。材料的合成过程中还要添加稀释剂、固化剂、表面改性剂。在基体引入了大量直径为 20～150mm 的空心玻璃微球体之后，整个材料的密度会降低至 0.38～0.65g/cm^3。这时的材料称为纯复合泡沫材料。

为进一步降低材料的密度，一些较大的空心球体被添加进来，这些微球体材料不同于上面所述的空心玻璃微球体，它们是一种高强度的纤维合成球体。它们的尺寸相对更大一些，外径为 10～110mm。包含三种成分之后的复合泡沫材料的密度可以达到 0.275～0.560g/cm^3。这时包含三种成分的材料称为合成复合泡沫材料。

纯复合泡沫材料的密度范围为 0.38～0.65g/cm^3，可以应用于任意海水深度。

合成复合泡沫材料的密度范围为 0.275～0.560g/cm^3，一般被用在水下 4000m 以内的海水中。

三种常用固体浮力材料的特性与应用对比见表 3.6。不同材料由于自身特性和应用条件不同而有所差异，为达到固体浮力材料应用的最佳性能，可根据应用深度、浮力要求、经济性等条件，并结合实际应用，最终设计并选用相应的固体浮力材料。

表 3.6　三种常用固体浮力材料的特性与应用对比

名称	特性	应用范围
聚氨酯泡沫塑料	密度范围为 0.05～0.25g/cm^3，工作深度不超过 100m	管道漂浮，系泊浮筒；浮船，管线绝热；软管吊绳；短时应急浮材
共聚物泡沫塑料	密度范围为 0.04～0.4g/cm^3，工作深度可达 600m	ROV 浮材；脐带漂浮；大型海底结构的空隙填充；管道绝热；潜水舱浮材；海底系泊浮筒
复合泡沫塑料	纯复合泡沫塑料密度范围为 0.38～0.65g/cm^3；工作深度为全海洋深度；合成复合泡沫塑料密度范围为 0.275～0.560g/cm^3；工作深度在 4000m 以内	多用于深水领域，如立管装置的浮力块；深水 ROV 浮力块；脐带漂浮；深水管线漂浮块

第 4 章　水下机器人的通信技术

微课

AUV 在水下时主要采用声学通信，在水面上时采用电磁波通信。

水下无线通信是海洋观测系统的关键，主要分为有线通信和无线通信。有线通信包括光纤通信、以太网通信等，无线通信包括水声通信、无线电通信、卫星通信等。其中水声通信因为应用形式多样，目前发展十分迅速。智能水下机器人通信系统往往是以上几种技术结合，用于水下机器人与同类或其他平台的通信，实现信息的双向传输，如图 4.1 所示。

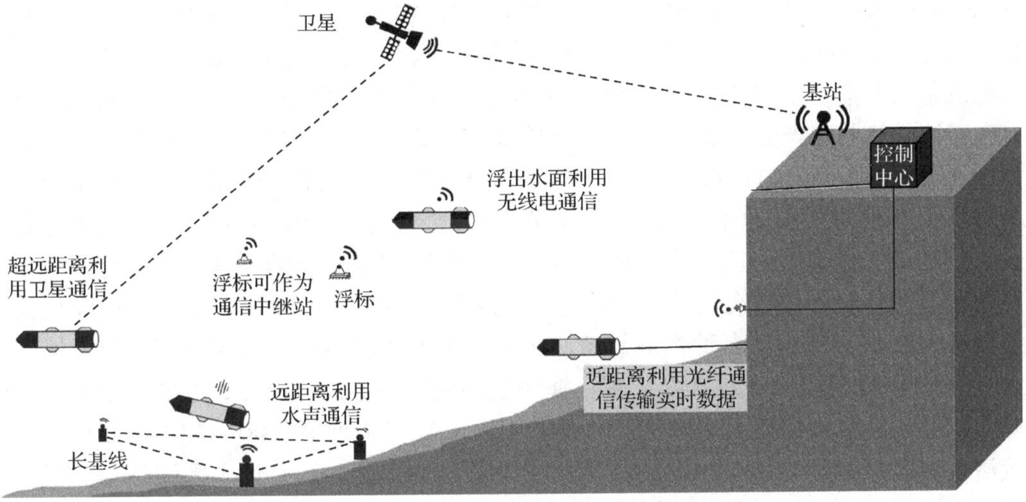

图 4.1　水下机器人与平台通信原理图

4.1　水下机器人的有线通信

4.1.1　有线通信原理

水下有线通信的主要方式是发送电信号的电缆通信和传输光信号的光纤通信。水下电缆通信由于操作简单、造价低、柔韧性好，经常用于深海检测设备中。但是，电缆通信的带宽较窄，数据传输速率低，如果电缆越细越长，信号衰减就会越大，并且随着缠绕在线轴上的传输线不断释放，信道阻抗特性会随之发生动态变化，破坏信号传输的稳定性，引起信号畸变。光纤通信是一种传统的水下有线传输技术，光纤从水下航行器贯穿海水到达水面母船，可实现的最大数据传输速率为 Mbit/s 量级。但是，不同深度的平面温差以及压强差较大，信道磨损率较高；光纤属于一次性使用产品，其应用使得工业成本变高；光纤包层易被海水腐蚀，保养成本高；信道采用的多匝线轴缠绕方式极大地增加了光纤对信号的弯曲损耗，且测量过程中不断变化的温度和外力作用，会引起光纤信道不同深度的折射率不同，严重影响信号的稳定性。尽管水下光纤通信存在很多限制，但与同轴电缆相比，光纤通信具有传输速率高、衰减小以及抗电磁干扰能力强等优势，仍然是目前水下系统实现远程大容量通信的主要有线通信方式。

4.1.2 有线通信系统

有线通信系统主要由水上单元、中继器和水下潜水器三部分构成。水上单元与中继器之间主要通过绞车由系缆连接，中继器与潜水器之间通过系缆连接。

水上单元主要用来操作潜水器和中继器，并把视频、传感器等信息通过监视器和人机界面显示出来。采用光纤通信和基于工业以太网等技术，构建了新型的遥控水下机器人通信系统。

遥控水下机器人水上单元主要包括动力分配单元(power distribution unit，PDU)节点、操作台节点、串口服务器节点(RS-232、RS-485)和主控计算机节点，其中 PDU 节点和操作台节点采用带有以太网接口的 I/O 采集模块，主要用来完成 PDU 的控制及操作台上开关、控制单杆及指示灯等信号的输入和输出控制；串口服务器节点完成水上 RS-485 和 RS-232 接口的传感器和设备的通信；主控计算机节点完成对所有节点的输入/输出控制。水上单元的 RS-232 接口有字符叠加器和光多路复用器 RS-232 接口卡，该卡输出的是潜水器上罗盘、高度计和深度计传到水面的信号接口；水面单元的 RS-485 接口有 PDU 上的绝缘检测仪输出的信息。

遥控水下机器人水下潜水器单元通常装有多台摄像机，控制的点数也比较多，距离也较远，交互的数据量大，因此水上单元与水下潜水器控制单元的通信与视频传输采用光多路复用器进行传输，该设备为模块化设计，光多路复用器由电源模块、MODEM 模块、数据卡模块和视频卡模块等多种类型的模块构成，水上模块与水下各模块需成对使用。水上和水下 MODEM 模块由光纤连接起来，模块上还带有一个以太网口，这样水下潜水器的控制单元通过它与水面的以太网联网。数据卡模块上带有 4 个 RS-485 或 RS-232 接口，用于连接潜水器上具有标准串口输出的传感器或设备，如罗盘、高度计、深度计等。视频卡模块均有 4 个视频接口，水下视频卡用于视频输入，连接到潜水器各个摄像机上，水上视频卡用于视频输出，连接到水面控制机柜的各个监视点上。这样视频、数据通过光纤在水面单元与潜水器之间进行传输。

1. 光多路复用器

光多路复用器是用光纤传输视频和数据的设备，它由水上和水下两部分构成，每部分均采用模块化设计，主要由四种类型的卡构成，即电源卡、MODEM 卡、数据卡和视频卡，其中 MODEM 卡中带有一个 Ethernet 口，可根据实际需要增加数据卡和视频卡。数据卡的类型有 RS-485、ARCNET、High speed sonar 等，视频卡的类型有 PAL 和 NTSC 制式，每个卡上有 4 个视频通道。

2. EDSL

EDSL 设备，是一种实现 IP 端到端传输的设备，中间无协议转换，该设备需成对使用，由主 EDSL 和从 EDSL 构成，水上使用主 EDSL，水下使用从 EDSL，EDSL 设备的上行、下行速率为 10Mbit/s，最长传输距离为 8km。

串口服务器为以太网转串口设备，利用该设备通过以太网来扩展串口，串口的类型有

RS-232 和 RS-485，串口的数量最多的为 4 个口，可根据需要选择所需的设备类型。

串口服务器的主要技术指标如下。

网络接口：10/100M 以太网。

串口通信速率：50～921.6bit/s。

串口通信协议：IP、TCP、UDP、BOOTP、TELNET、DNS、HTTP 等。

水下机器人运动控制流程如图 4.2 所示。从图中可以看出，光纤收发器接收来自水面平台的信息，传送至水下主控板；主控板对数据进行处理，处理后从 GPIO 端口输出命令信号，信号下达至 FPGA 控制板；FPGA 控制板根据命令信号完成具体的 PWM 调制；PWM 信号被传送到 H 桥驱动板，H 桥驱动板控制水下推进器完成动作。

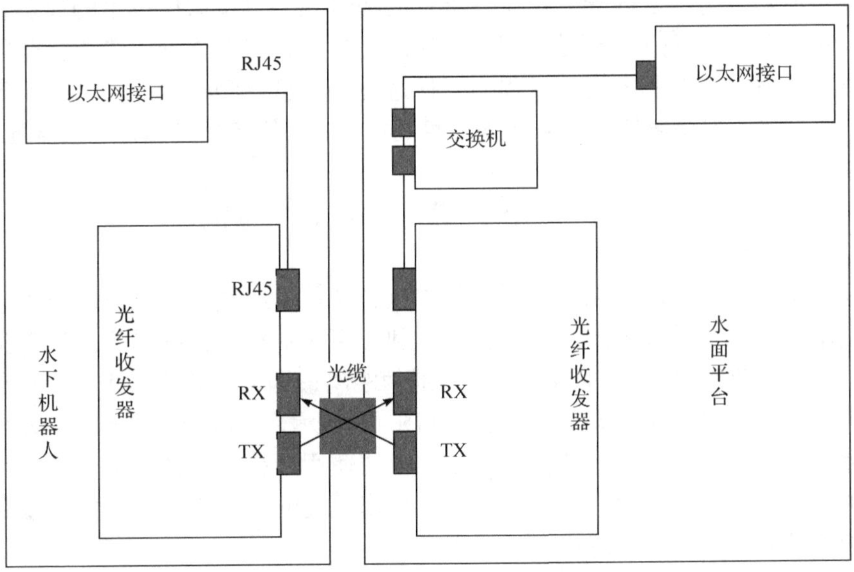

图 4.2　水下机器人运动控制流程

4.2　水下机器人的卫星通信

卫星通信技术是一种通信技术手段，该技术手段以人造地球卫星作为中继站，通过对无线电波的转发保证两个或多个地球站之间的通信能够实现。

卫星通信系统由空间分系统、地球站、跟踪遥测及指令系统和监控管理分系统四大部分构成。

4.2.1　卫星通信技术在水下机器人中的应用

卫星通信技术是水下机器人航行过程中实现系统导航、加强空间联系的主要技术，为水下的作业应用提供了存储、转发、寻呼等多种数据通信渠道。整个应用过程中通过终端信息检测装置的安装完成相应工作状况的检测，进而将相应的数据和指令进行结果封装，执行封装完成之后的数据指令实时发送到北斗卫星网络中，经过服务器的解码传送至数据代理服务器端，再经过进一步的过滤保存直接反馈给终端用户。另外，水下机器人在海上航行的过程中离不开导航定位系统。通过导航定位系统的引导能够实现航速的了解、航向以及位置、时间、轨迹的确定。

4.2.2　北斗卫星通信技术

卫星系统以卫星信号描述为基础，以用户接收机为根本，能够在全球范围内提供精确的三维位置、速度以及时间信息，是导航定位以及通信技术的继承。全球导航卫星系统包含所有在轨工作的卫星导航系统，其中以美国的全球定位系统(GPS)、俄罗斯的格洛纳斯系统(GLONASS)、欧盟的伽利略系统(Galileo)为主要代表。北斗系统是我国自主研发的军民共用卫星定位导航系统，卫星数量少、投资小、功能全面、通信用途多是其最明显的特点，完全能够满足海陆空全方位的导航定位需求。而随着北斗卫星通信技术的成熟，无论在完成相应的传位、测量、导航，还是在测速、测试等方面，它都得到了广泛且全面的应用。其在服务于水下机器人监测系统的过程中，通过终端信息检测装置的安装来实现其工作状况的检测，通过北斗卫星通信模块来实现信息的发送，在服务器的作用下传输至控制终端。

4.3　水下机器人的水声通信

水声通信是当今最常用的无线水下通信方法，其技术成熟，使用范围也最为广泛。由于机械波在水中能够传播很远的距离，所以可利用声波在水下良好的传播性来实现水下远距离通信。当通信速率为 5～10Kbit/s 时，其通信距离最远可达数千公里，当在更短的距离通信时，通信速率可达到数百千比特每秒。如图 4.3 所示，可以利用声呐实现水中通信，每个通信装置都具有收发功能。一般传统的水声模块使用频移键控调制解调方式，但现代水声模块为了提高水声通信的速率，选用带宽利用率更高的通信方式，例如，现在使用最多的是正交相移键控和差分相移键控调制方式。

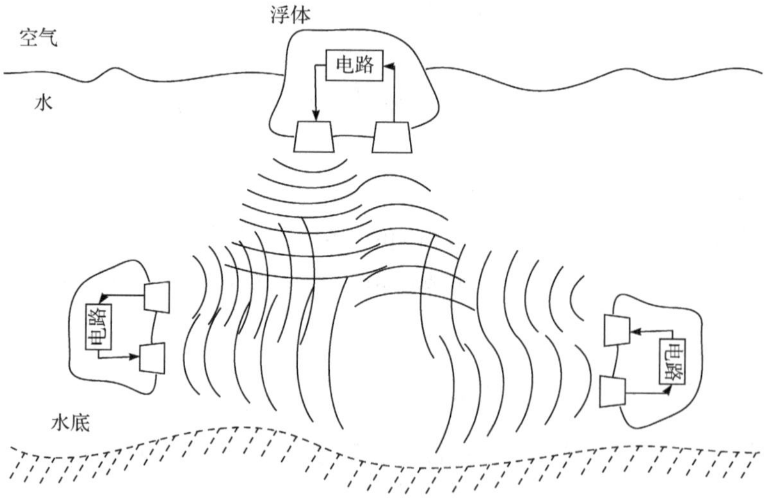

图 4.3　声呐通信原理图

但影响水声通信的物理因素也很多，主要有传播延迟大和延迟方差大、传播损耗大、多径效应明显、浅海环境噪声强、多普勒频散严重等。水声通信法根据使用的水环境和具体用途，各有其特点。

水声信道有以下特点。

(1) 盐度、温度、压力影响传播速度，使得传播媒介高度折射。

(2) 在高频声波频率时，即使短距离都具有强烈的衰减。因此，在带宽和损耗之间必须找到一个折中方案。

(3) 海床的地质结构和水面形成一个不明的回响环境。

(4) 水声信道的时变和多路径。

水声通信是一种在水下以声波为载体收发信息的技术，与普通通信的不同之处在于：把文字、语音等转换成电信号之后，还要将电信号转为声信号。

由于借助声波传输信号，与电磁波相比，水声通信的传输速度非常慢。早期的水声通信采用模拟信号，会被海洋中的各种噪声干扰，如鱼类产生的噪声、各种船只产生的噪声，以及海浪的声音。要让有效声波在传输中不被这些噪声干扰，就是一个大难题。过去，相关领域的专家一直没有什么好办法。数字通信出现后，专家借鉴了一种称为跳频通信的技术，成功解决了这个难题。

所谓跳频，就是发送信号的频率不是固定不变的，而是按一定的规律、一定的速度来回跳变。由于跳频通信系统采用了比固定频率多得多的频点，因此具有良好的抗干扰能力。即便有一部分频点被干扰，其他未被干扰的频点仍然能正常通信。专家把这种技术运用到水声通信中，有效提高了信号的传输质量。

如图 4.4 所示，“奋斗者”号与母船之间是水声通信，与“沧海”号之间是蓝绿光通信。“奋斗者”号的潜航员与母船进行清晰的语音通话，证明了跳频技术运用到水声通信中，可以提高信号传输质量。

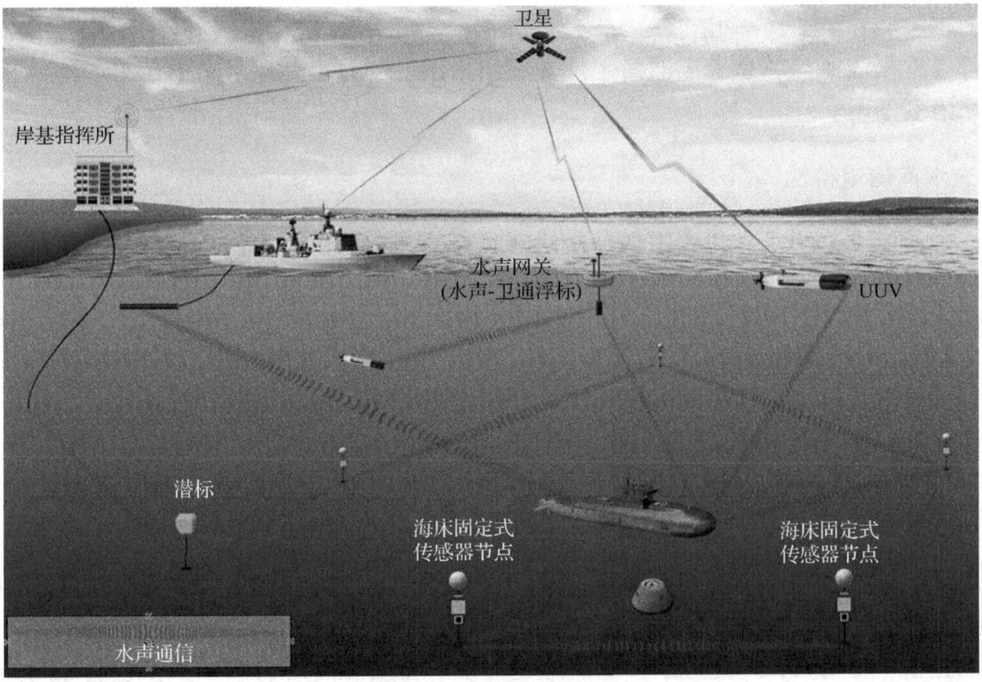

图 4.4　水声通信实例

4.3.1　水声信道

声波在水下传输所经过的信道称为水声信道，它是目前公认较困难的无线通信信道之一。它具有复杂的时-空-频变特性以及窄带、强多途、高噪声等特点，严重影响声波水下传输的质量。

相比于无线电信道，声波由于海水的吸收效应在传播过程中严重衰减，高频分量相对低频分量损耗极快，因此远距离信号传输一般选择低频声波。根据射线声学理论，在海面或者浅海海底的边界处，会导致声线传播的反射，因此造成声波在多条路径上传播，这种现象称为多途扩展效应。由于信道的多径效应，接收端容易出现时域波形混叠，从而造成码间干扰。如果延迟超过几十甚至几百毫秒会导致频率选择性信号失真，也称为频率选择性衰落。声波在水下以大约 1500m/s 的极低速度传播，海水介质的固有变化容易引起反射点的位移，导致信号的散射和多普勒扩展，这也是信号时变特性的主要原因；在移动条件下，多普勒造成信号的频率偏移是不可忽略的问题。此外，海洋环境噪声的存在也会影响接收端的信噪比条件，低信噪比条件更不利于信号的接收和解调。

根据声音传播条件的不同，水声信道主要可分为以下三类。

(1) 表面信道。这种信道要求海洋表面一般温度均匀，在冬季比较常见，如冬季下的北大西洋中高纬度地区，声波在此条件下几乎被限制在水域表面内，形成远距离传播。

(2) 深海信道。深海信道因存在于全球的深海区域，水温恒定，几乎不受季节影响，因此该信道条件下声速稳定，且不受海面、海底反射的影响，声波在此条件下传播性能良好。

(3) 浅海信道。与深海信道相对应，浅海信道受海面和海底边界影响严重，声波容易不断反射。

可以看出浅海信道是水声通信中最常用的信道，同时也是最复杂的信道，这给水声通信带来诸多不便。

4.3.2　水声信道特性

许多通信理论的研究和应用都是在信道研究基础上的，因为信道是可靠通信系统的重要组成部分，对于水声通信而言，也同样如此。由于声波是目前能够进行水下长距离通信的有效载体之一，并且海洋环境复杂多变，它在水下的主要传输方式是折射、散射和反射。水声信号在水下传输模拟图如图 4.5 所示。

水声通信信道对在水下传输的声波的影响主要有水中的声速度、传播损失、阴影衰落和多径扩展几方面，下面详细介绍水中的声速度和传播损失。

1. 水中的声速度

海水中最重要的声学参数是声传播速度，它是影响声波在海水中传播的最基本的物理量。在流体介质中，声波是弹性纵波，传播声速可表示成 $c = 1/\beta$，又由于 β 是温度 T、盐度 S 和静压力 P 的函数，因此海水中的声速是温度、盐度和静压力的函数。它们之间的关系

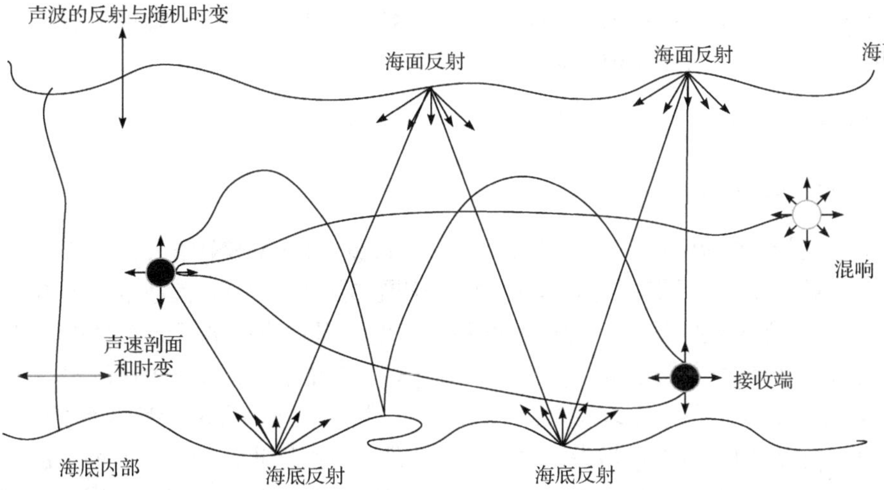

图 4.5　水声信号在水下传输模拟图

难以用具体的函数解析式表示，研究人员反复测量海水中的 T、S 和 P 与声速的关系后，发现影响声速的三个因素 T、S、P 都随着深度变化，水声研究中综合地将声速视为深度的一个变量的函数，由此引入声速梯度的概念。声速梯度给出了声速随深度变化的快慢，明确表示了声传播条件的优劣。声波在海洋中不能沿直线传播的一个重要原因就是声速梯度的存在，声线一般沿着声速变小的方向传输。而在水平方向上，声速的变化相对垂直方向上不太明显，在理论分析中，通常假设水平方向上的声速不变。

2. 传播损失

造成声波能量在传播中损失的主要原因是波阵面在传播过程中的不断扩大，使得在单位时间内单位面积上能量减少，即平均功率密度减小，也就是声强的减小，这种损失称为扩散损耗(或几何损耗)，这是不可避免的，但是扩散损耗并不真正损耗能量，不会引起热损耗，只是单位面积上的能量减少了。其次，由于实际的海水介质并非理想介质，在传播过程中将声能吸收而转换成其他能量(如热能等)，声能不可逆地转换成热能而消耗，这种损失称为衰减损耗。此外，实际的海水介质总是有界的，并且是非均匀的，因此致使声波在边界面上产生反射，使声能在某种边界面上“泄漏”掉，这称为边界损耗。总体来说，造成损失的原因主要有以下 3 个方面。

(1) 扩展损耗——波阵面的扩展。

(2) 吸收损耗——不可逆的声能转换为其他能量。

(3) 边界损耗——边界上能量的“泄漏”。

在声信号的水下传输期间，它们受到诸如海洋中物质的吸收、散射和波阵面扩散等因素的影响，传输损耗相对更复杂。随着传播行进距离的增加，水声信号的强度会降低。然而，水下声信号的传播损耗不仅与传输距离有关，还取决于信号的传输频率，并且传播损失还与海水中的温度、湿度和盐度有关。声信号的传播损耗随着通信距离和使用频率的增加而增加。在短距离通信中，可以使用比在远距离通信中更高的带宽，可用带宽资源和传输距离也是区分无线电通信与水下声通信的指标之一。海水是不理想的传播介质，海水中电磁波的电导率以 3.3dB/m 的速率衰减，衰减速率非常快，声波的衰减相对较慢，但是海水也吸收了一部分能量并将其转化为热量。

4.3.3 水声通信系统

1. 水下通信系统网络

水下无线传感器网络(underwater wireless sensor network, UWSN)作为水下声通信领域中的一种新型信息网络，已成为研究热点。UWSN 的拓展如图 4.6 所示。其通常由水下节点、地面或陆地中继设备、船上接收站、远程接收设备和其他元素组成；水下节点通常随机排列在特定的 3D 区域中，具有数据采集、语音通信、信号处理等功能。水下节点包括传感器节点和 sink 节点。传感器节点负责获取水下环境数据，如温度、盐度、压力和电导率。数据收集完成后，传感器节点根据特定协议将数据转发到其他节点，最后将数据收集到位于水面上的 sink 节点。sink 节点通常固定在水面上，用于收集传感器采集到的环境数据，并将数据发送到远程接收设备，以通过地面或地面中继设备进行实时存储和处理，最后将其呈现给最终用户。

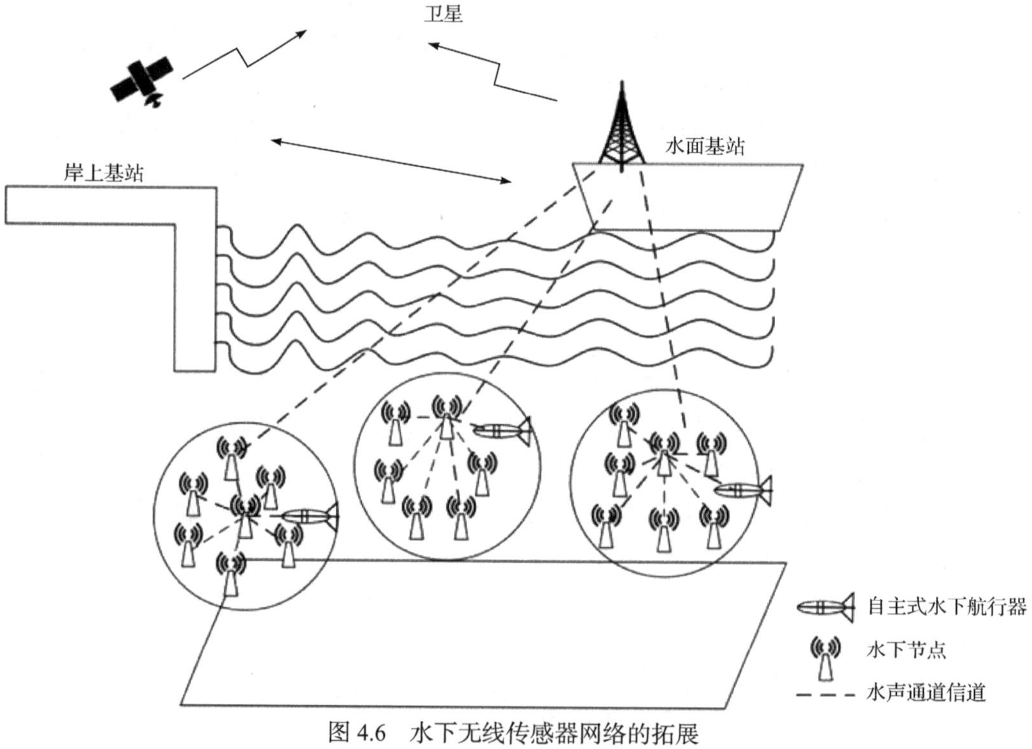

图 4.6 水下无线传感器网络的拓展

与传统的无线传感器网络(wireless sensor network, WSN)相比，水下声通信系统具有较大的传播延迟、窄带宽、有限的能量、多径效应、多普勒效应、“远-近距离”效应、较差的网络连通性、高误码率和低带宽等特性。

2. 水下通信系统结构

1) 模拟水声通信系统

模拟水声通信系统的基本组成如图 4.7 所示。模拟通信的工作原理如下：发送端的连续消息要变换成原始电信号、接收端收到的信号要反变换成原连续消息；这里所说的原始电信号，由于通常具有频率很低的频谱分量，一般不适合直接传输，因此，模拟通信系统里常需要将原始电信号变换成其频带适合信道传输的信号，并在接收端进行反变换。这种变换和反变换通常称为调制或解调，经过调制后的信号称为已调信号。它应有两个基本特征：一是携带消息，二是适应在信道中传输，将发送端调制前和接收端解调后的信号称为基带信号。因此，原始电信号又称为基带信号，而已调信号则常称为频带信号。

水声通信中广泛使用到了水声换能器，水声换能器在声通信中的地位类似于无线电设备中的线，是在海水中发射和接收声波的声学系统，能实现电信号与声波之间的转换。水声换能器作为电声转换的装置要求大功率输出，需要进行阻抗匹配设计，即声波信号的输出要求换能器具有一定的工作带宽和满足信号频率特性要求，一般换能器的工作带宽较窄，需要对其频率特性进行补偿扩展工作带宽。

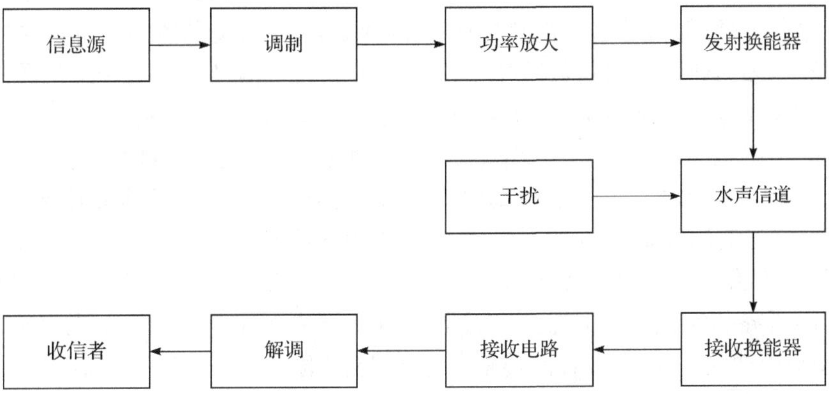

图 4.7 模拟水声通信系统的基本组成图

通过调制将待发送信息变换成信号波形，调制到水声换能器的工作频带，经过功率放大器和阻抗匹配电路后推动水声换能器，水声换能器把电能转化为定波发射出去。

接收换能器一般也称为水听器，它将接收到的声波转换成电信号，信号起伏较大，经过预处理电路调整接收信号，对接收信号进行解调识别信息。

2) 水声数字通信系统

早期直至目前军用的水声通信系统大多采用单边带调制模拟通信的方式，在实际应用场合中通信质量差，这很大程度上妨碍了通信的效率。由于海洋环境水声信道是一个极端复杂的信道，为了克服模拟通信存在的问题，20 世纪 90 年代以来，人们不懈地研究水声数字通信技术。采用数字通信的方式有如下优势：①系统本身的抗干扰能力强，因为数字信号的多级传输不会造成误差积累；②有利于进行各种数字信号处理以提高抗衰落和抗干扰能力；③差错可控，即通过改变信道编码方式可调节系统差错性能；④采用加密技术可以增强系统的保密性能；⑤容易与现代技术结合，计算机技术、数字存储技术、数字交换技术等快速发展，支持各种数据的交互与共享，采用数字通信方式有利于各种系统的互通互联、信息中继、多路复用等；⑥易于实现集成化，数字系统更有利于应用微电子技术的成果实现系统集成化。

由于水声数字通信系统是数字通信系统在水声信道的一个特殊应用，因此其基本系统组成与一般的数字通信系统大体相同。图 4.8 给出了水声数字通信系统的基本组成图。

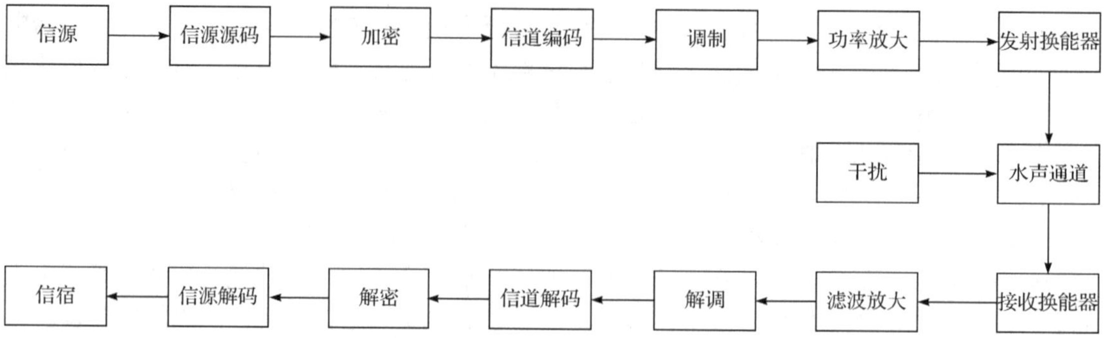

图 4.8 水声数字通信系统的基本组成图

(1) 发送端基本模块及其功能。

① 信源(information source)表示待传输的信息，它可以源自机器产生的数字信息(如计算机内部存储的一幅图片)或人、自然界产生的模拟信息(如人说话的语音)。如果信源产生的是模拟信号，必须通过一定的数字化手段把它变成数字信号，然后送给信源编码器。

② 信道编码(source encoder)的主要作用是用来降低信源信息的冗余度(redundancy)，这有助于提高系统信息传输的速率或降低信道带宽占用。由于水声信道是一个带宽很窄的信道，因此设计一个行之有效的信源编码方案显得格外重要。对于具有时空频变特性的水声信道而言，信道编码性能的好坏对于整个系统的误码率有着决定性的作用，尤其是对于采用有失真、高压缩比的信源编码形式，如何权衡信源编码和信道编码之间的性能分配也是一个很值得研究的课题。为了保证在接收机输入端有一定的信噪比，在发射端必须使调制(modulation)的功能是将编码后待传输的信息与传输媒介匹配起来，就是将编码信息变换为便于信道传输的信号形式。用功率放大器(power amplifier)对待发射的信号进行功率放大并通过能量耦合部件(水声系统中采用的是水声换能器)把能量最大限度地耦合到信道中。

③ 根据应用的需要可以选择是否对数据进行加密。加密技术(encryption)的采用可以确保信息传输的安全。

(2) 信道基本特性。

水声数字通信系统之所以有别于其他数字通信系统，关键就在于通信信道(channel)的不同。因此整个水声数字通信系统所采取的技术路线主要是围绕如何克服信道特性对信息传输的影响而确定的。水声信道是一个时间-空间-频率变参信道，该信道的基本特征是带宽窄、噪声高、多途径干扰严重等。

(3) 接收端基本模块及其功能。

接收作为发送的逆过程，各主要模块分别与发送端相关的模块对应。

① 前置放大器(preamplifier)用于放大水声换能器接收到的微弱信号，同时尽量抑制带外噪声，以便后级进一步的信号处理。

② 解调(demodulation)就是把被调制的信息恢复出来，得到所要的同步或数据信息。其中同步信号作为系统工作的“指挥棒”，它的正确解调对一个系统的可靠性有着至关重要的作用。

③ 经过对信道解码(channel decoding)、解密(decryption)、信源解码(source decoding)，

在收信端(information sink)处可得到与信源编码前一样的数据。这样就完成了一个数据通信的过程。

4.4　水下机器人的其他形式无线通信

4.4.1　水下机器人的无线电通信

1. 水下机器人的无线电通信简介

海洋环境下的通信有其独特的特点，因为海水的良好导电性，电磁波在海水中的传播衰减非常大。许多常见的通信方法在空气中能够建立很好的数字通信，但是在水中不能工作。例如，蓝牙、无线宽带等无线电模块，它们的工作频率为 2.4GHz 左右，高频无线电在水中衰减严重。如图 4.9 所示，频率越高，电磁波在水中的衰减越大，当频率高于 108Hz 时，衰减呈指数增加。尤其在电导率高的海水中，衰减更为严重。如图 4.10 所示，假设海

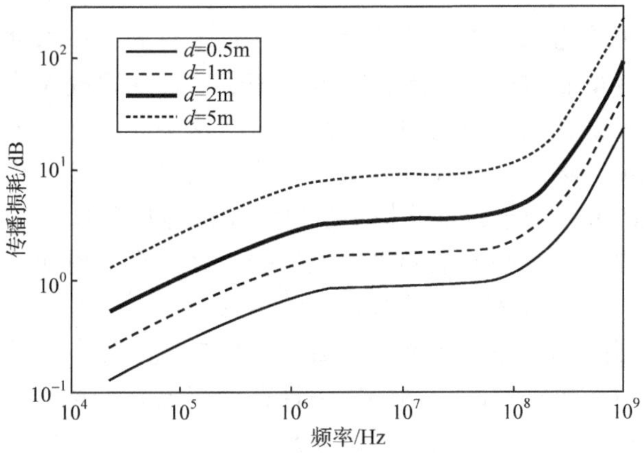

图 4.9　传播损耗与频率关系

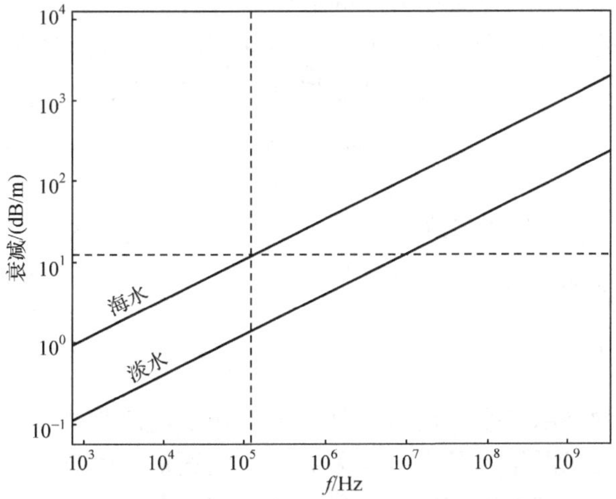

图 4.10　电磁波在海水与淡水中的衰减近似值

水的平均电导率为 4S/m，淡水的电导率为 0.05S/m，2.4GHz 的频率在海水中衰减 1600dB/m 左右，在淡水中衰减 190dB/m，在水中以高频率通信显然不现实。同时，信号强度随发送者和接收者之间的距离增加而呈指数衰减，这就意味着发射功率必须呈指数增加，才能扩展通信距离。

一般低频无线电在水中衰减很小，所以要想在海水中传播较远的距离，就必须采用很高的发射功率和非常低的发射频率。例如，核潜艇为了有效地进行通信联络，其普遍采用先进的 ELF(extremely low frequency)系统。它能有效地用于深度潜航或高速航行中的潜艇的无线电通信。但在低载波频率的同时，又限制了有效的数据带宽，而且设计有效宽带低频天线是困难的、复杂的，特别是在有效空间受到限制时。例如，对于 10kHz 的载波频率，在真空中的波长接近 3km，在水中传播时波长为它的 1/3，ELF 天线的长度约为 1/2mi(1mi≈1.609km)以上，形状也十分特殊。一般水下机器人受自身大小、工作环境限制，小型水下航行器外部拖拽长天线是不可行的。

2. 水下机器人无线电通信技术的工作原理

水下电场通信又可称为水下电流场通信，在这是由它的工作原理决定的。因为水是电导体媒介，尤其是电导率非常高的海水，在数据信号通过功率放大器放大之后，加载到放入海水中的发射电极板上，当信号的频率不高时，海水中的电流以传导电流为主，传导电流在海水中形成电偶极子场。由另外一对电极板检测电势差信号，然后此信号通过放大滤波相关处理还原发送的数据信号，这就是水下电场通信的基本原理。

在分析理论模型之前，有必要说明水下电场的特性。众所周知，电磁波的产生和传播是由电流的变化引起的，也就是由传播媒介中的位移电流引起的。一般而言，当电流或电场随着时间变化时，必须同时考虑到传导电流和位移电流的存在，但是当变化的频率非常高时，位移电流是可以被忽略掉的。当导体中存在稳定电流的时候，电流场与电磁场的关系就如同传导电流和位移电流的关系一样，在某些情况下电磁场也是可以被忽略的。以上描述的电流场称为准静电场。海水的电导率远大于电介质中的电导率，所以在海水中位移电流可以忽略不计，海水中的电流场为准静电场。

为了检验海水中的电流是否存在以上所说的特性，首先讨论海水的时间常数 t。当电导体媒介中的电荷密度为 ρ 时，电荷的传播速率可以表达如下：

$$\frac{\mathrm{d}\rho}{\mathrm{d}t}=-\frac{\varepsilon}{\delta} \tag{4.1}$$

式中，ε 是介电常数；δ 是时间常数。

4.4.2 水下机器人的光学通信

1. 水下光学通信简介

水下无线传感器网络由多个低成本、低功耗、多功能的集成化微型传感器节点组成，这些传感器节点构成无线网络，具有数据采集、无线通信和信息处理的能力，将多个此类传感器节点布置在一个特定的区域内，可形成无线传感器网络，它们通过特定的协议，高效、稳定、准确地进行自组织，并通过各传感器节点协作进行实时测量、感知和采集各种海洋要素的信息，利用无线通信技术将观测信息实时传输。因此，通过在感兴趣的海域布设大量廉价无线传感器节点可以获取海洋环境时空变化观测资料，实现大范围的观测区域高覆盖面的监测，为实现多点化、立体化、长时序、网络化、实时化、大空间尺度的海洋环境监测提供技术支撑。随着自主水下机器人(AUV)技术的日益普及，利用 AUV 作为水下移动信息中转平台，由 AUV 通过无线通信设备收集水下观测仪器/传感器的数据，或者构建 AUV 集群监测系统，并将这些观测数据传输到水面船只或水面通信浮标，通过卫星通信系统实现数据的实时传输，可以及时地获取深海长期观测站上的多种传感器所采集的综合观测资料，缩短深海观测数据的获取周期。

上述各种海洋观测技术方法的应用，无论是观测数据的传输还是控制指令的交换均需要水下无线通信技术的支持。因此，探寻水下高速有效的信息传输技术已经受到越来越多人的关注。

现代无线电通信在水中是不适用的，虽然可以建立超长波、极长波水下通信系统，但是传递一份简单的报文费时很长。以光波作为信息载体的水下光学通信方法因其通信速率高而引起了人们的重视，是一种近距离高速通信方法，该方法克服了水声通信传输速率慢、传输时延大等不足，拥有大数据通信能力。图 4.11 为水下光学通信收发器原理框图，发射端把将要发送的数据进行编码，然后用这些数字信号控制发射 LED 的亮灭，来完成数据的发送；在接收端，接收 LED 感知外界光信号的变化，把光信号转变为电信号，然后对电信号进行放大滤波整形处理，最后送入解码器，这样就完成了一次水下光学通信。早在 1995 年，Bales 和 Chryssostomidis 利用非常专业且硬件昂贵的定向光发射机在清洁的水中实现了最远 20m、通信速率达到 10Mbit/s 的光学通信。

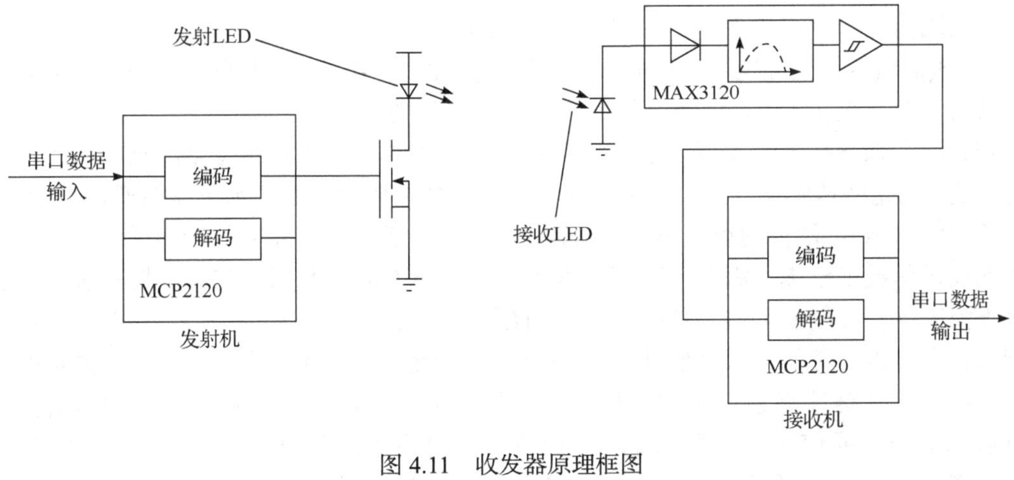

图 4.11　收发器原理框图

为了有效地工作，光学通信装置必须对齐放置，当在海底工作时，这是一个很艰巨的任务，并且海水中的悬浮颗粒和浮游生物等因素会对光波在水下传播产生影响，其应用的环境受到一定影响，一般适用于清洁的水质环境。水下光学通信时光波的频率是一个重要的参数，蓝绿激光因其对海水的极佳穿透能力引起了人们的重视，发达国家非常重视用蓝绿激光进行水下探测、搜索、通信、海底地貌的测绘及其他科学实验，用于探测潜艇的蓝绿激光在海水中的穿透能力在未来最终可望达到 600m。

2. 水下光学通信的特点

在水下无线通信应用中，海水是良导体，它对电磁波所产生的趋附效应非常严重，导致电磁波信号衰减很大，因此电磁波在水下的传输距离非常有限。目前，水下无线通信广泛使用的是声学通信技术，水声通信技术具有通信距离远、通信可靠性高等优点。声学通信技术在浅海和深海的水下无线通信领域得到了广泛的应用。但是，水下声学通信也有诸多的局限性。

(1) 水声信道传输延时长、传输速率低。水中声波的传播速度约为 1500m/s，比空气中的光速低了 5 个数量级，其数据传输速率随着距离增大而降低(表 4.1)。

表 4.1　水下声学通信的通信距离、数据传输速率及应用范围

通信距离/m	数据传输速率/(Kbit/s)	应用范围
10000～100000	约 2.5	深水垂直长距离通信
1000～10000	约 20	深海通信
100～1000	20～100	中短距离通信
<100	>100	短距离通信

(2) 可用带宽有限。水下声学通信中的传输带宽是时变的，一般水下链路的容量比陆地上的无线链路的容量低很多，如果再考虑多址接入、信道衰落、噪声和干扰等不利因素的影响，实际可获得的链路容量比理想的无线传输速率还要低许多。

(3) 功耗高、体积大。水下声学换能器功耗较高，并且体积也大，这对于依靠水下电池工作的无线传感器节点和 AUV 来说具有较大的影响。

(4) 通信质量易受环境影响。水下声信号的传输质量与水温、盐度、压力等环境因素的变化密切相关，在恶劣海洋环境下极易导致通信的失败。

随着海洋探测技术的发展，基于水下光学或声学的传感技术在海洋监测中的应用也越来越广泛，而这些传感信息的实时传输迫切需要高数据传输速率的水下无线通信技术手段。即使压缩后，VGA 图像的视频信号实时传输仍然需要高于 6Mbit/s 的传输速率，因此采用声学无线通信技术已无法满足实际应用需求。在军事方面，特别是在海上战争过程中，对于水下潜艇、水面舰艇、监测传感器之间的数据交换速率尤为关注。但是，即使在近距离范围内，水下声学通信技术也难以达到 Mbit/s 的传输速率，所以水下声学无线通信的低传输速率一直是海洋军事通信中的瓶颈问题。与水下声学通信技术相比，光学通信技术可以克服水下声学通信的带宽窄、受环境影响大、可适用的载波频率低、传输的时延大等缺陷。正因为水下光学无线通信自身所具备的大容量、保密、抗干扰等特点，伴随着光电子技术产业的高性能器件不断问世以及信号处理技术的发展(如固体半导体激光器、发光二极管、调制和编码技术等)，水下光学无线通信必将在 21 世纪的海洋资源开发、海洋环境监控，以及维护国家安全等领域发挥重要的作用。例如，水下传感器节点与节点之间的信息通信；水下 AUV 与水面船只的信息交换；水下 AUV 与水下航行器之间的信息传输；水下 AUV 与原位观测系统的信息传输与控制；潜水员与潜水员、潜水员与水面船只的通信等。

4.4.3　水下电场通信

以上几种水下通信方法并不是唯一的水下无线通信方法，利用电场媒介进行水下通信也是一种可行的方法，其发射端和接收端由两块裸露在水中的电极板组成。如图 4.12 所示，首先发射端对发送的数据进行调制后得到载波信号，然后对信号的功率进行提升后驱动发射电极，发射电极与水之间形成回路，并有电流通过，该电流在发射电极周围形成弱电场，以发射电极为中心在水中向外发散。弱电场将会在接收电极两端感应出电动势，然后接收端检测这两个电极之间的电动势信号，接下来接收端对接收的电动势信号进行放大、滤波和解调处理，得到其载波数据，至此数据传输得以实现。

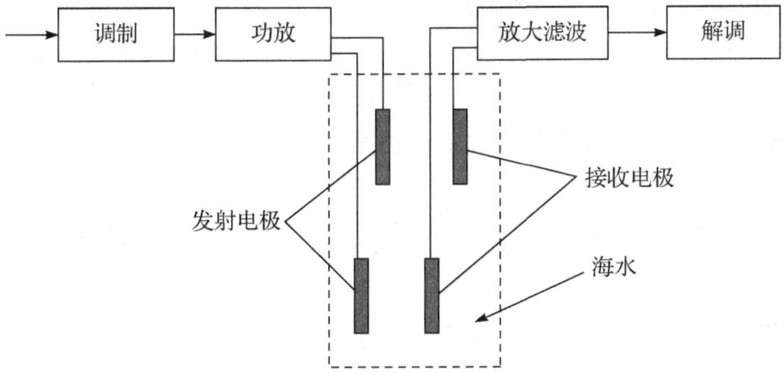

图 4.12　水下电场通信的工作原理框图

水下电场通信方法相对其他通信方法具有如下特点。

(1) 水声通信由于受水的密度和密度变化以及由水下障碍物引起的发射和折射，存在多路径和盲区问题。电场通信根本不存在这些问题，其传输信号非常稳定，更不会存在多路径和盲区问题。

(2) 相对于水下无线电通信，高频的电磁波在水中衰减非常大，在电导率较大的水中往往通信较困难。

(3) 水下电场通信方式因为不必架设庞大的天线，因而具有相当的灵活性。总而言之，实现水下无线通信是一件非常具有挑战性的任务，即使能通过不同的方法和手段实现水下无线通信，但是每种通信方法的适用条件、适用范围都不一样。表 4.2 对比了几种不同的水下无线通信方式。此外，水下无线通信系统的一个普遍问题就是自主供电问题，因为充电和更换电池是极其困难的。功耗控制在这样的通信系统中也是必须要解决的问题。

表 4.2　几种水下无线通信方式的比较

通信方式	通信距离	载波频率	通信速率	受环境影响	通信延迟
水声通信	几十千米	几十千赫兹	Kbit/s	多路径、折射	比较大
光学通信	数十米	兆赫兹	Kbit/s	水质情况	几乎没有
无线电通信	数米	兆赫兹	Kbit/s	电磁噪声	几乎没有
电场通信	数米	几十千赫兹	Kbit/s	电磁噪声	几乎没有

微课

第 5 章　水下机器人的能源技术

能源系统是为水下机器人的运动提供动力源，为设备、仪表等提供电源的装置的集合。水下机器人能源系统除了可由水面辅助平台通过电缆供电之外，还可以采用蓄电池、燃料电池、太阳能电池和热机等方式供电，为水下机器人提供作业任务和安全航行所需的自携能源。因此，在没有岸基平台通过电缆进行能源补给的情况下，能源是限制 AUV 作业时间和效率的重要因素。由于尺寸和安全的需求，蓄电池通常是 AUV 采用的主要能源方式。蓄电池包括锂离子电池、锂聚合物电池、镍金属电池和铅酸电池等，前两类具备能量密度高的优点，后两类则以价格低为主，衡量各方面优劣，锂离子电池安全可靠、价格适中，被多数系统所选用。

5.1　无缆型水下机器人的能源系统

无缆型水下机器人的能源系统是其运行的关键组成部分。这种类型的水下机器人需要自主携带能源，以完成各种任务而无须外部电缆供电。通常，无缆型水下机器人的能源系统包括蓄电池、燃料电池、太阳能电池和热机等方式。

无缆型水下机器人的能源系统在选择能源方式时需要考虑能量密度、寿命、安全性和环境友好性等因素，以确保机器人能够长时间、高效地完成任务。随着燃料电池等新技术的不断发展，无缆型水下机器人的能源系统也将不断进步，为其提供更强大的动力支持。

5.1.1　供电系统的主要方式

无缆型水下机器人目前大多使用电池作为动力源。电池是化学式电源，是通过在电介质中的正负电极间电子的流动产生电能的。电池经过一段时间的使用，从阳极到阴极的电子流(放电)会减弱，必须通过充电，使电子反向流动，将电池恢复到其额定的电流强度。

电池相对其他能源有以下一些优点：结构简单，所有元件可以整套起装在电池组内；电池可以在外界的深海压力下工作，因而可减小耐压壳体重量；无运动部件，不产生噪声与振动；可以在比海水温度低很多和高很多的温度下工作；一般电池在市场上可以买到，无须支付开发改造费用。

电池的缺点是：能量密度(单位重量的能量)和比能量(单位容积的能量)较小；它的功率水平一般不超过每千克几十瓦和每立方米几千瓦(银锌电池除外)。

可以看出，目前动力电池的性能难以满足要求是无缆型水下机器人技术发展的瓶颈之一，现有动力电池比能量低下是限制续航力的主要因素。

电池通常分为两大类，把不能充电的电池称为一次电池，而把可以多次充电的电池称为二次电池。

1) 一次电池

用于 AUV 的一次电池主要包括碱性电池和锂一次电池。碱性电池的优点是结构简单、比能量能达到 140W · h/kg、安全、价格低，缺点是长期储存过程中会释放出氢气，而且离AUV 动力电池的近期比能量要求相距较远，能量密度较低。当对电池的能量密度要求较高时，锂一次电池是比较合适的选择，能够较好满足 AUV 动力电池近期要求。几种锂一次电池的性能如表 5.1 所示，锂一次电池的比能量均达到 300W · h/kg 以上。

表 5.1　锂一次电池的主要性能

性能	Li/MnO_2	Li/SO_2	$Li/SOCl_2$	Li/CFx	Li/CFx-MnO_2
比能量/(W · h/kg)	60～150	15～150	60～220	260～900	784
能量密度/(W · h/L)	300～900	230～530	700～1000	440～1400	1039
比功率/(W/kg)	100～250	100～230	100～200	100～400	100～250
使用温度/°C	−40～+90	−55～+70	−55～+150	−40～+90	−40～+90
使用寿命/年	5～10	5～10	5～10	5～10	5～10

锂/亚硫酰氯($Li/SOCl_2$)电池在国内外相关装备上已得到了应用，例如，美国海军长期水雷侦测系统(long term mine reconnaissance system，LMRS)AUV 和 Spray AUG 采用 $Li/SOCl_2$ 电池作为动力，在水下工作深度为 12～460m，续航能力达到 40h/7kn。国内水雷等装备也采用了 $Li/SOCl_2$ 电池。$Li/SOCl_2$ 电池的缺点是长期储存后容易产生电压滞后，需要采用合适的方法进行消除。锂/二氧化锰电池具有较高的比能量，在 AUV 等水中兵器中已逐步得到应用。国内研制的软包装锂/二氧化锰电池的比能量达到 460W · h/kg，已应用于 AUV、航空声呐浮标、潜标等多个领域，具有自放电率低、储存寿命长等特点。锂/氟化石墨(Li/CFx)电池的比能量可以达到 900W · h/kg，是目前商业化锂一次电池中比能量最高的电池，已成功应用于航天领域，缺点是电池成本较高、放电过程中膨胀率较大、温升较高，作为 AUV 动力电池时需解决散热等问题。Li/CFx-MnO_2 电池使用氟化石墨和二氧化锰的混合阴极，在保持电池较高比能量的前提下降低电池成本，并提高电池的放电电压。

2) 二次电池

与一次电池相比，二次电池能够多次充放电，反复使用，节约成本。目前已用于 AUV 的二次电池及其基本性能见表 5.2。

表 5.2　AUV 二次电池的性能比较

电池类型	比能量/(W · h/kg)	能量密度/(W · h/L)	循环次数	装备的 AUV 型号
铅酸电池	约 30	约 53	1500	MUST
镉镍电池	约 30	约 80	>300	OEX
镍氢电池	约 95	约 330	500	Fau Morpheus，HUGIN 3000
银锌电池	约 110	约 170	15	CR-02
锂离子电池	100～300	200～600	>3000	Remus family，HUGIN 1000，Bluefin-12，Odyssey Ⅱx
锂硫电池	350～500	350～500	～200	未装备
固态锂电池	200～400	400～800	～500	未装备

铅酸电池、镉镍电池是最早应用于 AUV 的二次电池，缺点是比能量太低。镍氢电池的比能量稍高，曾用于 HUGIN 3000 AUV 的备用电池，但比能量仍不能满足要求。银锌电池的比能量相对较高，具有很高的比功率和较好的放电性能，但缺点是成本昂贵、作为二次电池循环次数少。锂离子电池的比能量和循环次数均较其他二次电池具有明显优势，目前商业化的锂离子电池的比能量接近 300W · h/kg，循环寿命达到 3000 次以上，是 AUV 用电池的重要发展方向之一。由美国海军研究署和美国特种作战司令部研发的 REMUS-100 AUV 的动力电源采用 Saft 公司研制的锂离子电池组，续航力达到 9h/5kn 和 20h/3kn，曾经在 2003 年伊拉克战争期间为美英海军搜索和清除水雷。挪威国防研究机构开发的新一代 AUV(HUGIN 1000)采用了锂离子电池作为动力电池，电池容量为 5kW · h，航行速度为 4kn 时能够工作 20h。Battelle 公司开发的 Bluefin 系列均采用锂离子电池组作为动力电源，该系列 AUV 可满足有效载荷、续航能力、稳定性、潜水深度及导航性能的不同需求。国内锂离子电池已应用于多个型号的 AUV 以及鱼雷等领域。锂离子电池的能量密度及安全性有待进一步提高。锂硫电池是以金属锂作为负极，单质硫或硫基复合材料作为正极的二次电池，实际比能量达到 350～500W · h/kg，在能量密度上具有较明显的优势。固态锂电池由于具有高安全性，是目前锂电池发展的重要方向之一，目前处于产业化推广阶段。高比能量、高安全性的锂电池将大幅提升 AUV 的安全性及巡航历程。

3) 燃料电池

燃料电池(图 5.1)最早于 1839 年被提出，英国人 William Grove 把两个铂电极浸入到稀硫酸中，先电解产生氢气和氧气，然后连接外部负载，氢气和氧气发生电化学反应，产生电流。

图 5.1　燃料电池

由于燃料电池需要外部供应燃料，故不属于电化学电池的范畴。而其按照输出功率的大小可以分为以下五个子类别，如表 5.3 所示。

表 5.3　燃料电池的子类别表

类别	输出功率	类别	输出功率
插入式电源	>100MW	小型便携式电源	1～100W
后备电源	100～100kW	迷你或微功率电源	10μW～1W
牵引电源(便携式电源)	10～100kW		

为了使燃料电池的利用率接近理想值，必须采取下述措施。

(1) 加速电流形成过程。

(2) 保证主要反应为燃料充分氧化反应，排除所有导致燃料不能充分氧化或者生成其他最终产物的次要反应。

(3) 降低内阻，保证氧化剂离子通过电池时不产生阻力。

(4) 避免或尽量减少由于电极极化而产生的损失。

4) 半燃料电池

半燃料电池即金属-空气电池，使用金属(镁、铝等)作为阳极，使用氧化剂(过氧化氢、海水中的溶解氧)作为阴极，通过电化学反应转变成电能，提供高能量密度的电能，具有比能量高、放电电压稳定、存储寿命长、使用安全、无污染等优点。应用于 AUV 的半燃料电池主要有铝/双氧水电池、铝/氧气电池。

5) 超级电容器

超级电容器(图 5.2)也称电化学双层电容器，其不仅具有功率密度大、质量轻、无污染、脉冲充放电性能良好等特点，还具有高达数千法拉的电容量、瞬间放电电流可达数千安培、安全可靠、适用温度范围宽等优点。它的出现进一步改善了在动力性能方面存在的难题，在新能源汽车、高铁、分布式发电、消费性电子产品等方面都有广泛的相关应用。

图 5.2　超级电容器

在超级电容器的研究和应用方面，美国、日本和俄罗斯走在世界的前列。表 5.4 给出了国外目前研制超级电容器的主要研究单位及其主要产品。

表 5.4　国外超级电容器的主要研究单位及其主要产品

国家	研究单位	主要产品
美国	Maxwell Technology 公司	大、中型 C/C 有机电解液双电层电容器
俄罗斯	ESMA 公司	C/Ni$(OH)_2$混合型超级电容器
日本	NIPPON CHEMI-CON 公司	铝电解电容器
韩国	NESSCAP 公司	C/C 有机电解液超级电容器

超级电容器的充电时间短、使用寿命长，在低温环境下也可保持优良的特性，但是能量密度很低，只有锂电池的十分之一左右，所以在产生相同电能的情况下需要配备更大体积的超级电容器。

6) 机械换能器式热动力装置

借助机械换能器将热能变成电能的综合热动力装置，作为水下机器人的动力源是很有发展前途的，这种动力装置能以相当高的效率将热能变为电能。

当机械换能器式热动力装置以闭式循环工作时(图 5.3)，燃烧产物残留在潜水器中，或者燃尽，或者溶于某一吸收剂。这种热动力装置的工作原理为：燃烧产物从燃烧室进入热交换器，将自身的能量传给燃气轮机的工质，然后进入气体冷却器，通过海水的循环而冷却，冷却后的气体再返回燃烧室。

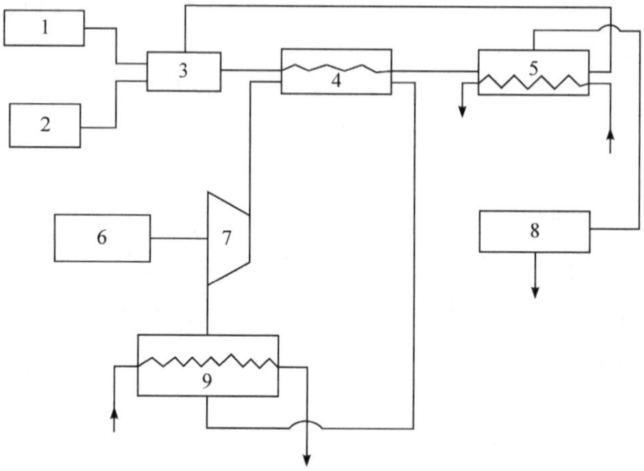

图 5.3　闭式循环工作的热动力装置的示意图

1-氧化剂；2-燃料；3-燃烧室；4-热交换器；5-气体冷却器；6-发电机；7-燃气轮机；8-燃料耗量调节器；9-冷凝器

7) 核动力装置

利用核反应装置中放射物质在放射性衰变时析出的核质点在固体中受阻滞时形成的热量，使用上述热动力装置的机械换能器可以把热能转换成电能。由于放射物质的半衰期达数年或数十年，因此可不考虑燃料补给的问题，水下机器人的潜航时间可不受限制，最适于用作长期潜航的无缆型水下机器人的动力源，但是必须解决小型及高品造价的问题。因此，核动力装置目前在水下机器人中很难实际应用。

5.1.2　承压电池技术

承压电池技术是一种专门设计用于在高压环境下工作的电池技术。这种技术通常应用于深海探测、水下机器人以及其他需要在高压环境中运行的设备中。在深海或其他高压环境中，普通电池可能会因为无法承受外部压力而损坏，因此承压电池技术的研发和应用显得尤为重要。

在深海环境下，载人潜水器每下潜 100m，外部海水压力增大近 1MPa。世界上多数载人潜水器普遍采用耐压罐体式承压和压力补偿式承压来解决外压问题。

耐压罐体式即电池封装在耐压罐体内，通过在耐压罐体上安装水密接插件及内压保护装置来承压。这种方式适用于小型供电系统，提高了整个系统的水下质量，牺牲了设备浮力。

而压力补偿式承压较为灵活，电池箱的耐压结构包括气体单向阀、放油阀、补偿皮囊和电池箱壳等部件，电池单体直接固定在电池箱中，周围充满绝缘油。当电池箱的外界压力增大时，压力通过皮囊传递到箱内，绝缘油压缩，皮囊内陷，箱体内、外压平衡。这种压力传导方式可避免电池箱体发生形变，从而有效地保护了电池箱的安全。此外，单向阀是作为安全阀使用的，当内压意外增大时，单向阀打开，气体排出，对箱体起保护作用。

目前，应用于载人潜水器上的电池箱和电池一般采用充油压力补偿式的耐压结构。图 5.4 为“蛟龙”号载人潜水器的电池箱结构图。

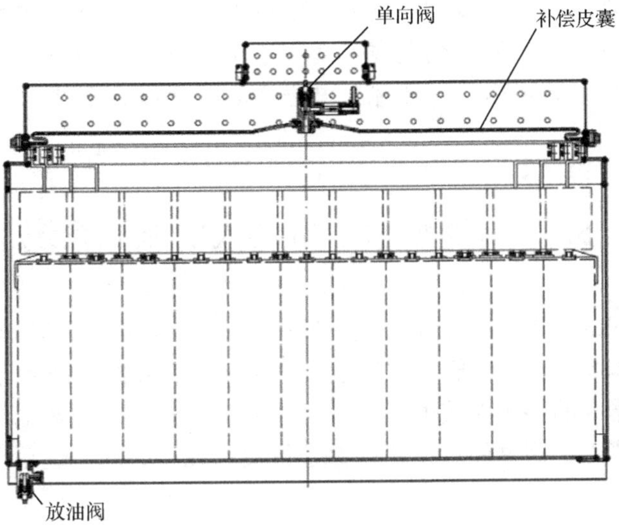

图 5.4　“蛟龙”号载人潜水器的电池箱结构图

5.1.3　无线充电技术

水下无线充电技术是一种在水下以电磁场或电磁波形式进行能量传输的技术。水下无线充电系统具备以下优点。

(1) 水下无线充电系统中不存在裸露导体，能量的传输不会受到环境因素的影响，如海水等。另外，水下无线充电系统不存在机械磨损，因此在传输能量上，该系统比通过导线连接的系统更为可靠、耐用。

(2) 水下无线充电系统各部分都是完全独立的，从而保证了系统的电气绝缘。

(3) 水下无线充电系统的发送端部分和接收端部分是完全分离的。接收端部分可用多个绕组同时接收能量，从而可同时为多个用电负载提供电能。而水下无线充电系统的发送端和接收端可处于相对静止或运动状态，组织形式灵活多样，适用范围更加广泛。

与传统导线电能传输等技术相比，水下无线充电技术在各个领域的应用都有着巨大的优势，如表 5.5 所示。

表 5.5　水下无线充电方式和传统充电方式的比较

充电方式	传统充电	水下无线充电				
	导线连接	电磁辐射式	电磁谐振式		电磁感应式	
类型	移动接触	电磁波	紧耦合	松耦合	紧耦合	松耦合
基本原理	电路	波的传导	电场交流电路	分布式电场电力电子	磁路交流电路	分布式磁场电力电子
最大传输距离	远距离	远距离	中等距离	中等距离	近距离	近距离
典型技术	导线连接器	天线波的引导装置	电容	容性能量传播	变压器	感性能量传输

近些年来，无线充电技术得到迅猛发展，而水下无线充电技术已经具备可行性。因此，未来使用水下坞站无线充电可以突破水下无人航行器能源系统技术的瓶颈。水下无线充电技术分为电磁辐射式无线充电技术、电磁谐振式无线充电技术、电磁感应式无线充电技术。其中电磁辐射式无线充电技术适用于进行远距离能量传输；电磁谐振式无线充电技术适用于进行中等距离能量传输；电磁感应式无线充电技术仅适用于进行近距离能量传输。

5.2　有缆型水下机器人的能源系统

现代有缆型水下机器人完整作业系统一般由水上控制单元、起吊回收装置、中继管理系统和水下机器人本体四部分组成。本章主要介绍其中有关的能源部分。

有缆型水下机器人的能源系统通常依赖于外部电源供应，通过电缆将电能从水面上的电源传输到水下机器人。这种能源系统确保了机器人在长时间、远距离的作业中能够持续获得稳定的电力供应。

5.2.1　水面供电系统

ROV 液压系统需要高压、大电流供电，而 ROV 照明系统、控制系统和传感器系统等，需要多种电压等级和质量要求的电源。因此，需要比较复杂的电力分配系统。图 5.5 为 ROV 的电力分配系统原理。电力分配系统的水上部分，主要负责将母船提供的 380V 三相交流电升压至 3300V(三相)和 2300V(两相)，再由脐带缆传送至 ROV。采用高压传输，以减小脐带缆压降，并且可以使用较细的铜芯，减小脐带缆直径。

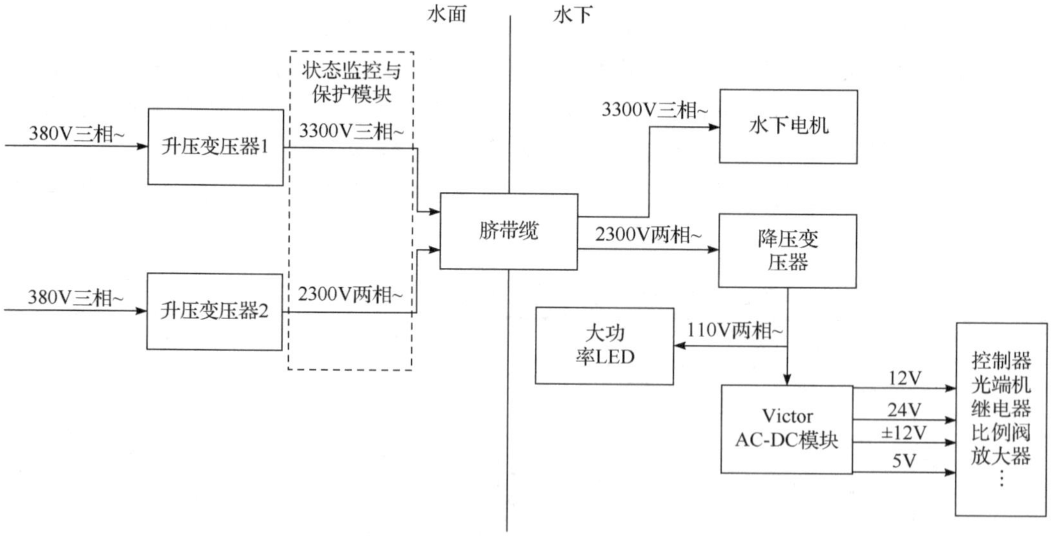

图 5.5　ROV 的电力分配系统原理

脐带缆接入 ROV 脐带缆接线箱后，3300V 三相交流电直接接入水下电机。2300V 交流电则接入降压变压器，降压至 110V 交流电后进入电子舱。一部分直接供给大功率 LED 灯用于照明。另一部分通过 AC-DC 模块转换为所需电压的直流电，用于控制器、光端机和阀箱等的供电。由于控制系统对电源品质要求较高，因此采用 Victor 电源模块进行 AC-DC 转换与稳压。Victor 电源模块质量可靠、使用寿命长，带有多种自动保护功能，因此被广泛地使用在水下运载器中。

图 5.6 为类似 ROV 的电力分配系统原理。电力分配系统的水上部分，主要负责将母船提供的 380V/460V 三相交流电升压至 2950V，再由脐带缆传送至 ROV。采用高压传输，以减小脐带缆压降，并且可以使用较细的铜芯，减小脐带缆直径。出于安全和远程控制的考虑，使用了 PLC 远程监控系统对供电系统的工作状态进行监控，并提供漏电和接地等保护功能。

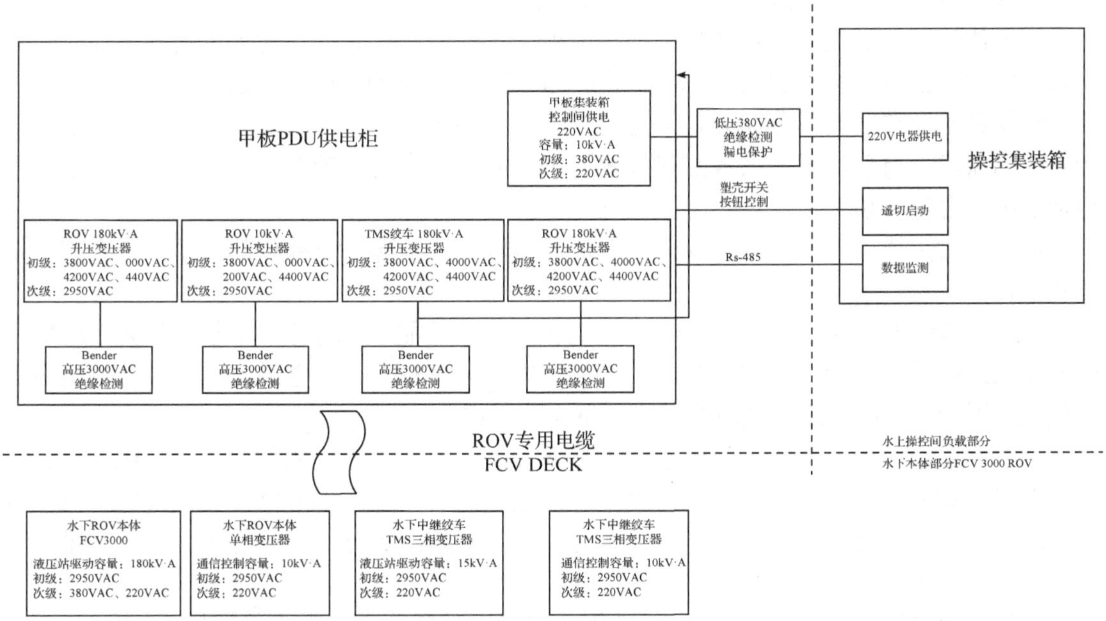

图 5.6　类似 ROV 的电力分配系统原理

5.2.2　水下供电系统

有缆型水下机器人的能源系统主要包括电缆、电源控制单元以及水下机器人的内部电源管理系统。电缆负责将电能从电源传输到机器人，同时可能还承担数据传输和通信的功能。电源控制单元位于水面上，负责监控和控制电能的传输，确保电流和电压的稳定，并可能具备过载保护和短路保护功能。

大多数 ROV 需要电缆传输机械负载、功率和信号到潜水器，或者从潜水器传输回来。也有潜水器是自动或半自动控制(通过声学链接)，或者通过易损坏的光纤微型线缆控制。潜水器的尺寸、重量和操作深度以及潜水器的发动机、子系统和搭载设备共同决定了 ROV 的电缆设计。对于使用机电缆的标准 ROV，主要有两种电缆：脐带缆(从船到 ROV 或者 TMS)和系留电缆(TMS 到 ROV)。开始设计电缆时需要考虑电功率、信号和强度情况。

(1) 功率需求按安培计算。对于每一安培使用足够多的材料保证电源到达最远端是非常有必要的。大多数导体对电流的流动性有阻力，会造成电压的降低。因此使用低阻力的材料是非常有必要的，如常用的铜。

另外，需要考虑的是导体上的绝缘层需要能保持电能，ROV 电缆通常使用热塑材料(如聚四氟乙烯)作为绝缘体。无论怎样，由于热塑材料容易软化或热熔化，弄清楚操作环境和电流需要情况是非常有必要的。

操作电压是另一个需要考虑的电缆设计因素。在绝缘层上限制电压的应力是非常有必要的。如果电压太高将使绝缘层失效，使电能在到达目标之前先离开导体，这将造成危险状况。因此在电缆设计时如何处理电压应力是非常重要的。同样，设计一个单独的应急接地导体作为保护是非常常见的，以防止绝缘体发生故障。

(2) 信号要求需要转化为衰减损耗。无论电还是光信号都会在通过导体和绝缘体时衰减。这些衰减根据信号传输的介质和频率不同而不同。

信号传输可以是模拟的或者数字的，也可以是电的或者光的。通常用铜导体加上热塑材料来传输电信号。信号传输线经常需要屏蔽电磁干扰(EMI)和射频干扰(RFI)。同样将信号传输线缆和电源传输导体分离开是常见的方式。有平衡和不平衡的电力传输方案，这取决于系统的需求。典型的平衡线缆是双绞线，不平衡的线缆是同轴缆。其他需要考虑的因素包括阻抗、电容和频率。

可以通过多模和单模的光纤缆来进行信号传输。无论哪种光纤缆都需要考虑衰减、带宽和波长。

(3) 电缆的强度直接关系到其与 ROV 的机械连接性能，需同时支撑电缆自重、ROV 本体及附加载荷，并能承受动态负载的影响。同样，由于拉力原因电缆的尺寸会影响电缆上的负载。因此，选择电缆强度时有很多变量需要考虑。

有缆型水下机器人的水下供电系统是其能源体系中的关键组成部分，确保机器人在水下作业时能够获得稳定且持续的电力供应。该系统主要由多个水下电源变化模块组成，这些模块的主要功能是将高压直流电压转换为直流负载所需的低压直流电压，从而满足水下机器人进行各种水下工作的电力需求。

这种转换过程确保了电力供应的稳定性和效率，使得水下机器人能够执行如水下探测、采样、维修等多种任务。此外，水下供电系统通常还配备有相应的监控和管理设备，以便实时监测电力供应情况，确保机器人在作业过程中的安全。

中大型 ROV 系统的传输链路中存在较多的光接口，每个接口都会对信号造成一定衰减，并且在高压下，光纤自身也会产生衰减，累积到一定程度就可能导致光模块接收到的光信号功率过低而不适合水下大数据量的传输，因此对光纤的衰减测试和通信性能测试显得尤为重要。

光纤在国内非常普及，在陆地上的常压测试很多且比较成熟，不过在高压下的测试方面，目前仅中国船舶重工集团公司第 702 研究所、中国科学院沈阳自动化研究所等单位研制的 ARV 等有对其微细光缆做了相关试验，最大压力试验为 70MPa，并给出了光纤衰减测试结果。在国外，美国“海神号”混合型无人潜水器、日本的 Kaiko ROV 以及美国好莱坞导演卡梅隆的“深海挑战者号”等潜水器入潜到 11000m 水深，不过关于纯光纤在高压下的性能测试平台的搭建并无描述。

5.3　新型水下能源技术

本节对新型水下能源技术进行简单介绍。

1) 水下光伏技术

水下光伏技术就是利用太阳能光伏技术在水下环境中将光能转换为电能的技术。水下光伏技术可以在浅水区域或水下光照充足的地方为水下设备提供可再生的电源。

2) 混合能源

目前，由燃料电池、锂电池、超级电容等电源设备其中的两种或三种进行组合成的混合发电技术得到了国内外广泛的关注。

大型水下机器人所需要的能量较大，而燃料电池电能转换效率高，携带相同质量的燃料可以产生更多的电能，而且无污染、噪声低，是一种很好的选择。但是燃料电池的响应速度慢，无法实时跟踪负载的快速变化，所以在系统中加入锂电池来解决这一问题。但是，当功率突增，如启动时，会对锂电池造成冲击，影响锂电池的寿命，所以加入超级电容器来对能量进行缓冲，进而延长锂电池的寿命。

3) 振动能和声能

利用水下环境中的振动和声波能量，通过压电材料或其他能量转换器将其转换为电能。这些技术可以用于水下振动或声波能源的收集和利用。

4) 生物能源

利用海洋生物或微生物产生的生物能源，如微生物燃料电池技术，将生物化学能转换为电能。这种技术具有潜在的环境友好性和可持续性。

5) 海洋热能

利用海洋中温差较大的区域，如温差能技术和热能梯度技术，将海水温差转换为电能。海洋热能具有潜在的巨大能量资源，可以为水下设备提供长期的能源支持。

微课

第 6 章　水下机器人的推进技术

作为水下机器人的核心动力部件，推进器在决定机器人运动性能、作业效率以及安全性方面扮演着至关重要的角色。

水下机器人推进器的发展历程可以追溯到早期潜水器的动力系统设计。随着水下机器人技术的逐步成熟，推进器在材料、结构、控制等方面取得了显著进步。

水下机器人推进器将继续朝着高性能、高可靠性、高效能源利用的方向发展。随着新材料、新技术的不断涌现，推进器的性能将得到进一步提升。

6.1　电力推进技术

传统的柴油机发电机电力推进系统一般包括柴油发动机、主发电机、高低压配电盘变压器、变频器、电动机、螺旋桨、船用变压器、谐波滤波器、控制系统等。传统的电力推进系统仍采用传统的推进装置，即电动机通过传动轴系与螺旋桨相连。吊舱电力推进则是将推进电机置于船外的吊舱中，发电机和电动机的能量通过电缆传输，省去了舵和轴系，全船采用统一电站提供能量，进行全船平衡，极大地提高了船舶设计的灵活性，减少了总装机功率。

水下航行器电力推进器的主体是电机，而电机的种类很多，如直流电机、异步电机、永磁同步电机等。

1) 电力推进技术的优点

与传统装置相比，电力推进装置有以下优点。

(1) 电能的集中大大简化了主推进电动机的选择。主电动机可以根据最佳方案、安装要求、燃油消耗、维护要求、总价格和重要性来选择，可以不需要辅助柴油机发电机电力推进系统和备用设备，保持最低装机功率。

(2) 电力推进系统采用主发电机组与推进负载解耦控制策略，该方案具有以下技术优势：当推进电动机及船舶电网的功率需求发生变化时，主发电机组仍可维持恒速运行并保持最佳负载状态；通过统一电站设计，不仅可实现设备总数最小化，还能简化燃油、滑油、冷却及保护等配套管路系统；推进电动机可在全速域范围内实现无级调速；推进系统采用直驱式同步电动机驱动螺旋桨，省去减速齿轮装置，从而显著降低动力传动噪声。

(3) 推进电动机可以在整个速度范围内高效率地产生额定转矩，且能短时间地保证高于额定的扭矩，当轴上的扭矩最大时，可以保证推进螺旋桨突然停止时快速反转；采用统一电站，可以简化电力推进装置，这就可以提高整个系统的可靠性。此外，当功率需求集中时，在分配电能时可以优先提供给主用电设备。

2) 电力推进技术的缺点

由于能量的多次转换，所需设备增多，总重量增加，初期投资增大；能量损耗增加，故总的推进效率降低，这一点是电力推进技术不能被大量货船采用的根本原因。另外，它所采用的传统轴系布置也不利于充分发挥电力推进的优越性。

6.1.1　直流电机推进

直流电机的结构主要由定子和转子两大部分组成。定子部分包括定子铁心、励磁绕组、电刷和机座等，它的主要作用是产生磁场。转子部分则包括电枢铁心、电枢绕组、换向器、转轴和风扇等，它的主要作用是产生电磁转矩和感应电动势，是直流电机进行能量转换的枢纽。

直流电机的运行原理主要基于电磁感应和电磁力。当直流电源对电机的电枢绕组供电时，电枢电流与气隙磁场相互作用，产生电磁转矩，使电枢在磁场中旋转。同时，换向器和电刷的存在使得电枢中的电流能够随着转子的旋转而自动换向，从而保证电磁转矩的方向始终不变，实现电机的连续旋转，其结构如图 6.1 所示。

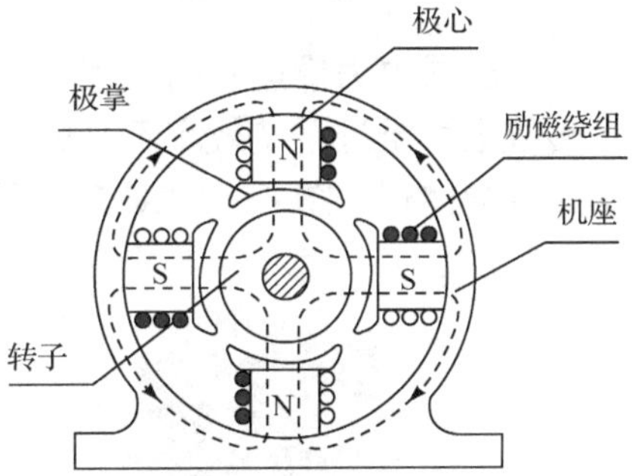

图 6.1　直流电机结构

6.1.2　永磁同步电机推进

永磁同步电机主要由转子铁心、定子铁心和三相绕组等各部件组成，其结构如图 6.2 所示。与其他普通的感应电机不同，永磁同步电机的永磁体是在内部，而根据永磁体放置位置的不同可分为内嵌式、表贴式和插入式。永磁同步电机与传统异步电机相比最大的优势是效率高，而永磁同步电机因具有体积小、结构简单和运行稳定的特点在水下航行器电力推进中很实用。

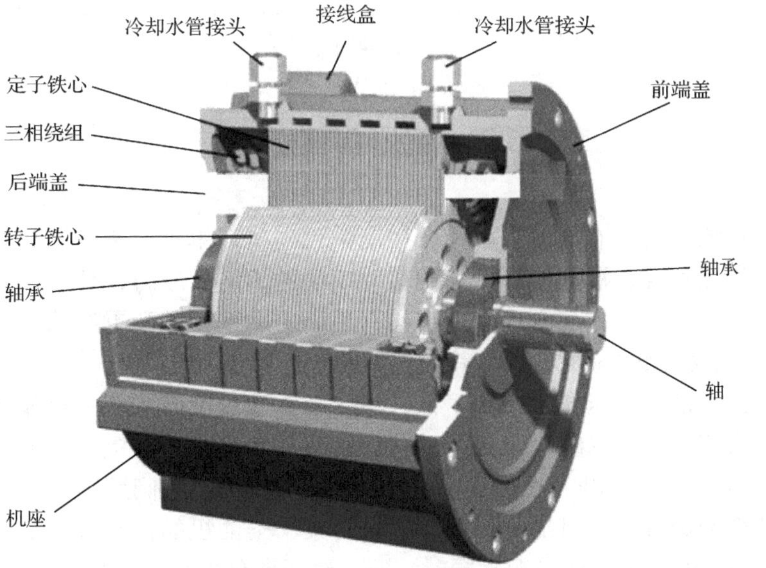

图 6.2　永磁同步电机结构

永磁同步电机的工作原理：电机内部需要磁场恒定，因此转子上的永磁体采用的是高性能的永磁材料，当电机定子绕组上有电流流过时，所形成的磁场与永磁体形成的恒定磁场相互作用，就能够产生力矩带动电机运行。永磁同步电机的转速从零开始逐渐增大到接近定子旋转磁场转速的过程中，由于转子磁路不对称等因素，这一过程中转速是振荡上升的。当永磁同步电机的转速超过同步转速时，在经过一段时间的电机振荡后，最终会在力矩的作用下将电磁场转速与转子转速迁入同步。

6.1.3　吊舱式电力推进器

吊舱式电力推进器的出现是电力推进中的亮点，它优化了推进器的水动力性能，弥补了传统电力推进系统效率不高的缺陷。应用吊舱式电力推进器将使电力推进的优越性得到更充分的体现。图 6.3 是 NEPod 系列吊舱式电力推进器示意图。

图 6.3　吊舱式电力推进器示意图

与传统的螺旋桨推进方式相比，吊舱式电力推进器在船舶设计性能、制造及维护等方面有诸多优点，可归纳如下。

(1) 螺旋桨由柴油机或燃气轮机驱动变为电机驱动，使动力机舱得以自由布置，同时省去了较长的传动轴系，提高了舱容。

(2) 船尾型线得以改善，推进器在比较理想的伴流中工作，螺旋桨诱导的船尾振动及辐射噪声性能改善。

(3) 推进器可回转省去了舵及侧推器等装置，大幅度提高了船舶操纵和紧急机动的能力；推进器及其驱动等部分作为一个模块整体制造及安装，可降低船舶造价，缩短建造周期，同时便于质量控制、故障检修及日常维护等。

6.2　液压推进技术

液压推进系统主要由液压动力单元、控制单元、执行单元、液压油和其他辅助元件组成。这些元件相互配合，根据控制指令调节液压油的流量和压力，从而控制推进器的转速和推力。与电机推进相比，液压推进系统具有更高的功率密度和更好的调速性能，适用于需要大推力和精确控制的应用场景，其原理如图 6.4 所示。

液压推进技术是将液压技术应用于推进系统中，通过液压泵将主机输出的机械能转变为液压油的压力能，经功率综合与分配油路分别驱动螺旋桨、舵机、船舶侧推装置以及其他辅助装置(当采用吊舱式电力推进器时，可以取消舵机和船舶侧推等)。液压油的压力能经液压电动机转换为螺旋桨的机械能，可以通过对泵、柴油机的控制来调节螺旋桨的转速与转向，以适应船舶的各种运动工况。同时，通过对功率分配油路的控制实现螺旋桨、舵机、侧推装置等其他辅助装置协调工作。

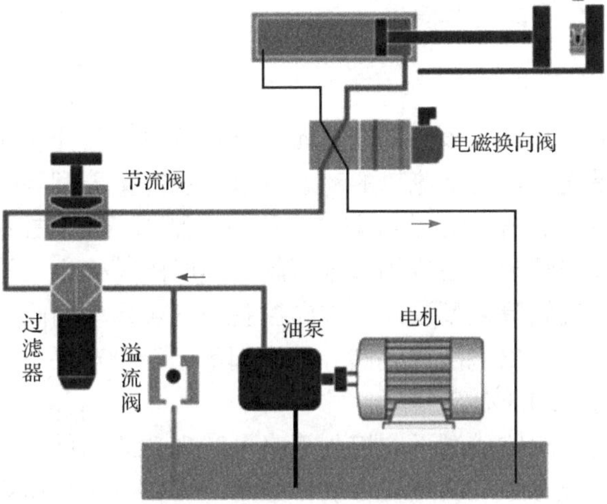

图 6.4　液压推进器原理图

与现有的推进方式相比，液压推进系统具有如下优点：操纵控制方便，机动性能高。船舶采用液压推进系统时，螺旋桨转速可以在反向额定转速与正向额定转速之间进行无级调速和换向，主机在高转速也可以获得极慢的航速，完全不受主机最低稳定转速的限制。液压推进系统对螺旋桨可进行有效的制动，动态过程稳定时间短，所以液压推进系统对控制信号的响应比用柴油机变速的直接传动系统响应快得多，因而易于实现快速起动、换向以及制动等操作，尤其是在船舶高速航行时，该特点将更加明显。

6.2.1　液压泵

液压泵作为液压传动系统的核心动力元件，本质上是一种基于容积式工作原理的能量转换装置。它通过周期性改变密闭工作腔的容积，将原动机(如电动机、内燃机)输入的机械能(转矩与角速度的乘积)转化为液压能(压力与流量的乘积)，持续为执行机构输送具有特定能量品质的液压介质。这种能量转换遵循流体力学中的伯努利方程，其输出功率可量化为 $P=p\cdot q/600$(kW)，转换效率直接影响整个系统的能耗水平。在液压系统中，液压泵如同人体心脏般维持着压力油液的循环输送，其旋转运动产生的动力驱动着整个系统的运作。

根据结构特征，液压泵主要分为齿轮泵、柱塞泵和叶片泵三大类型。齿轮泵凭借紧凑的结构和低廉成本广泛应用于中低压系统；柱塞泵则以超过 40MPa 的高压输出和可变量调节特性成为工程机械的首选；叶片泵则因其低噪声和微小流量脉动的优势，常见于精密机床液压系统。各类泵型的容积效率、机械效率和压力脉动系数等关键参数，直接决定了系统内泄漏量、摩擦损耗及振动噪声水平。现代液压泵通过创新设计持续优化性能，如采用铜合金/陶瓷复合材料提升摩擦副的 PV 值，应用电液比例和负载敏感技术实现智能变量控制，以及采用渗氮工艺使关键零件表面硬度达到 HRC60 以上。

液压泵的可靠性对系统整体性能具有决定性影响。其压力波动需控制在±2%以内，总效率应保持在 85%以上，平均无故障工作时间通常要求超过 10000h。在工程机械的精准动作控制、航空航天飞行舵机调节、船舶推进系统操控等关键领域，高性能液压泵不仅保障了动力输出的稳定性，更通过消除减速齿轮装置等创新设计，显著降低了传动噪声。随着智能液压技术的发展，集成压力流量复合传感、自适应控制算法的液压泵正推动着液压传动系统向高效化、智能化方向持续演进。

6.2.2 液压控制阀

液压控制阀作为液压系统的核心调控单元，承担着对工作介质压力、流量及流向的精确调节功能，其本质是通过可变节流口的动态调节实现能量分配与传递控制。根据国际标准 ISO 5598 的分类原则，液压阀按功能划分为压力控制阀、流量控制阀和方向控制阀三大基础类型，其中压力控制阀包含溢流阀、减压阀、顺序阀等衍生结构，流量控制阀涵盖节流阀、调速阀、分流集流阀等变型设计，方向控制阀则包括单向阀、换向阀、多路阀等典型配置。现代液压阀已发展出电液比例阀、伺服阀等智能型产品，其频响特性可达 200Hz 以上，压力调节精度优于±0.5%FS。

在工程实践中，同一阀体通过不同控制策略可实现功能拓展。例如，三位四通换向阀在工程机械中配合负载敏感系统实现复合动作控制，而在机床液压系统中则与压力补偿器组合确保速度稳定性。这种功能多样性源于阀芯型面曲线(如 U 形、V 形、抛物线形)的差异化设计，以及控制边开口量(通常为 0.02～0.08mm)与遮盖量(为 0.1～0.3mm)的精密匹配。先进的阀体制造普遍采用 42CrMo 合金钢经渗氮处理(表面硬度≥HV900)，配合 0.5μm 级精度的配磨工艺，确保阀芯-阀套径向间隙控制在 3～5μm。

液压阀的选型需综合考虑系统压力(最高可达 63MPa)、流量范围(0.1～1000L/min)、响应时间(伺服阀可达 5ms)等动态特性参数，同时结合介质黏度(ISO VG32-68)、污染度等级(NAS 1638 6-8 级)等工况条件。随着工业 4.0 的发展，集成 CAN 总线接口的智能液压阀已实现压力-流量复合闭环控制，其内置的压电陶瓷驱动器(分辨率为 0.1%FS)配合 PID 算法(调节时间≤50ms)，显著提升了系统的能效比(提升 15%～20%)和动态响应特性。

6.2.3 液压推进系统

根据推进器控制方式的不同，液压推进系统可分为容积式调速系统和节流式调速系统。

比例阀压差控制型液压推进系统是一种典型的节流式调速系统，其单推进器液压原理如图 6.5 所示。系统采用恒压变量泵和定排量电动机，调节比例阀输入电流的大小来改变两个比例阀输出压强(电动机两端的压强)，当电动机的排量一定时，电动机输出扭矩与电动机两端的压差成正比。因此，可通过调节电动机两端比例减压阀的输入电流来改变电动机或螺旋桨的转速，进而改变螺旋桨输出推力。

伺服阀排量控制型液压推进系统是一种典型的容积式调速系统，其单推进器液压原理如图 6.6 所示。系统采用恒压变量泵和变排量电动机，通过溢流阀保证电动机两端的压强恒定。调节伺服阀输入电流的大小来改变电动机的排量，当电动机两端的压强恒定时，电动机输出扭矩与排量成正比。因此，可通过调节伺服阀输入电流来改变电动机或螺旋桨的转速，进而改变螺旋桨推力。

1. 液压系统的基本控制方式

这里以“海龙三号”为例进行介绍。ROV 的液压系统采用基于恒压网络的泵阀混合控制作为系统的控制方式。恒压网络回路是指液压源工作在恒压工况，执行器并联的系统。ROV 采用恒压网络控制有以下好处。

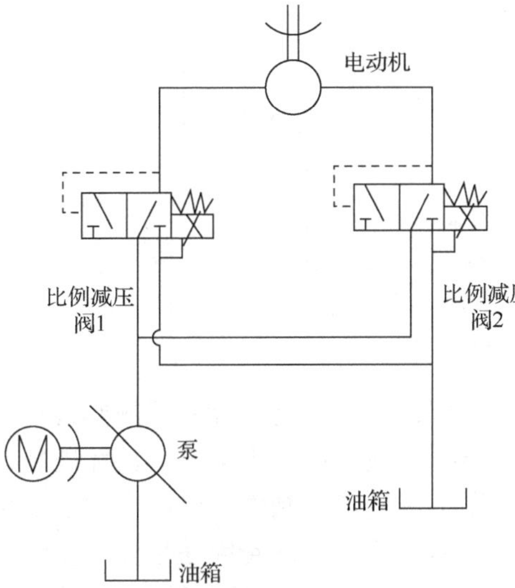

图 6.5　单推进器比例阀压差控制型液压推进系统液压原理图

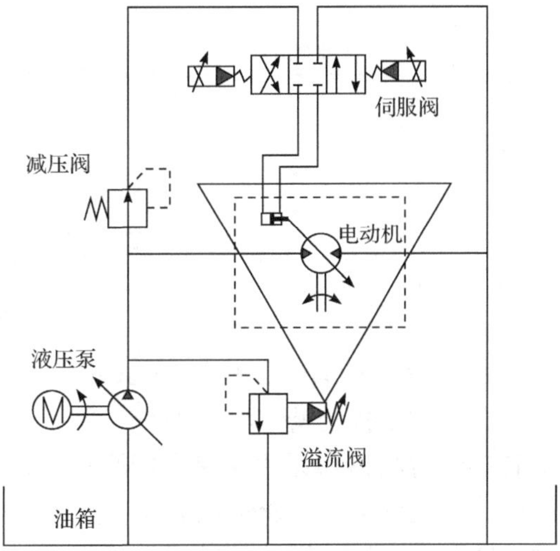

图 6.6　单推进器伺服阀排量控制型液压推进系统液压原理图

(1) 可以改变执行器的数量，满足水下作业任务的多样性要求。

(2) ROV 在运动过程中随着负载力的不断改变，螺旋桨输出推力也不断变化，这就需要操纵者及时调整液压推进系统的工作状态，推进器频繁加速或减速，采用恒压网络的控制办法可将能量反输入网络，节约能量。

(3) 恒压网络供油管道基本保持一个恒定高压，使得 ROV 在深海工作时大大减小液压油体积模量对动态特性的影响，增强系统的稳定性。

(4) 恒压网络有多种执行器速度调节的途径如液阻控制、容积控制等，便于 ROV 各执行元件作业速度的控制，满足不同的工况需求。

2. *液压泵站及其控制阀组*

主液压动力系统采用 Samhydraulic 的 H1V-160 液压柱塞变量泵，排量为 1.62L/rev，控制方式采用恒压远程控制模式。液压泵由双出轴水下电机驱动，电机电压为 3000VAC，频率为 50Hz，电机额定转速为 1500r/min，额定轴功率为 160hp(1hp≈0.735kW)。正常工作状态下，主-液压泵输出压力维持在 275bar(1bar=0.1MPa)，最大流量为 240L/min，主要向推进器系统、机械手、云台等设备提供液压动力及液控源。

液控源压力为 210bar，由动力液源(275bar)经减压后向各控制阀箱提供。液压泵站控制阀组提供泵站溢流保护和降压旁路功能，当负载不足时，降压模式允许液压泵工作在 90bar 的工作点。

液压伺服阀作为液压控制系统的核心控制元件，承担着接收微弱电控制信号并进行功率放大的关键作用。该元件将输入的电信号精确转换为液压参数(压力/流量)，其性能优劣直接决定了整个液压控制系统的工作精度、响应速度及稳定性。电液伺服阀在组成上可拆分为力矩电动机、力矩/位移互换装置、中间级液压放大器、功率增大器等。其中，力矩电动机将电流转换为力矩或力，力矩/位移互换装置将力或力矩转换为机械位移。中间级液压放大器驱动滑阀阀芯运动，功率增大器输出流量和压力并驱动负载运动，系统职能方框图如图 6.7 所示。

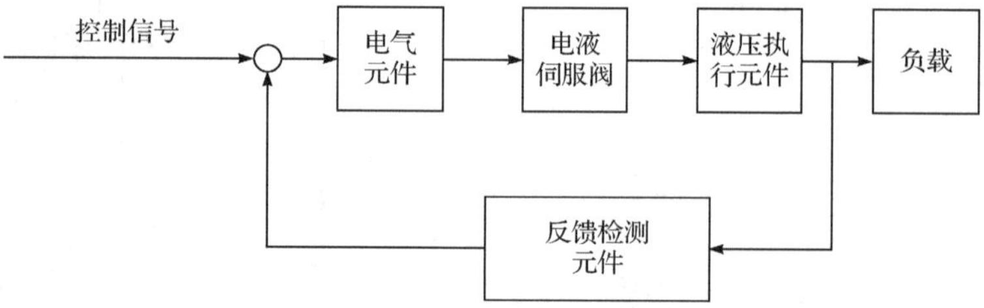

图 6.7　电液控制系统职能方框图

"海龙三号" ROV 采用英国 Star 伺服阀，其基本结构如图 6.8 所示。Star 伺服阀装配有可以抵御脉冲干扰的蓝宝石馈线杆，并且这种材质的馈线杆在使用中不会出现损坏破裂，能够有效预防漂移和无效变速。伺服阀也将蓝宝石应用于终端口的制作，能够极大地减少阀的进口污染和磨损。Star 伺服阀的反馈杆与套筒是分体式的，柔性套筒采用能防止疲劳失效的钛合金材质。以上工艺极大地提高了阀的稳定性和可靠性，并且延长了阀的使用寿命，Star 伺服阀疲劳试验次数超过 2 亿万次。

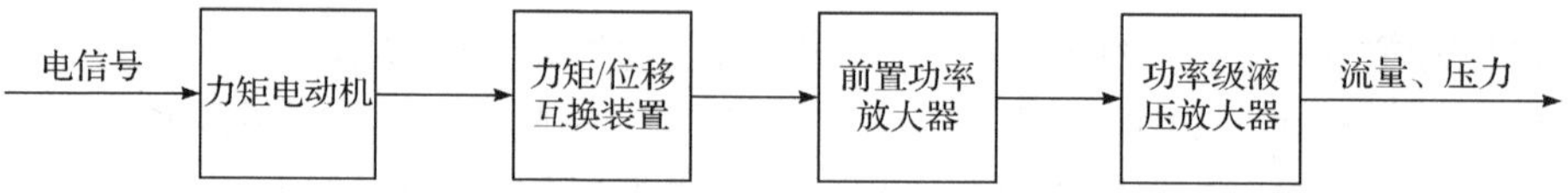

图 6.8　电液伺服阀基本结构

3. ROV 液压系统的工作原理

如图 6.9 所示为 ROV 液压系统原理图。从图 6.9 中可以看出，本节 ROV 采用电机控恒压变量泵的形式作为液压动力源，把机械能变为液体的压力势能。主油路给推进器子系统和作业工具子系统供油，各子系统之间工作互不影响。

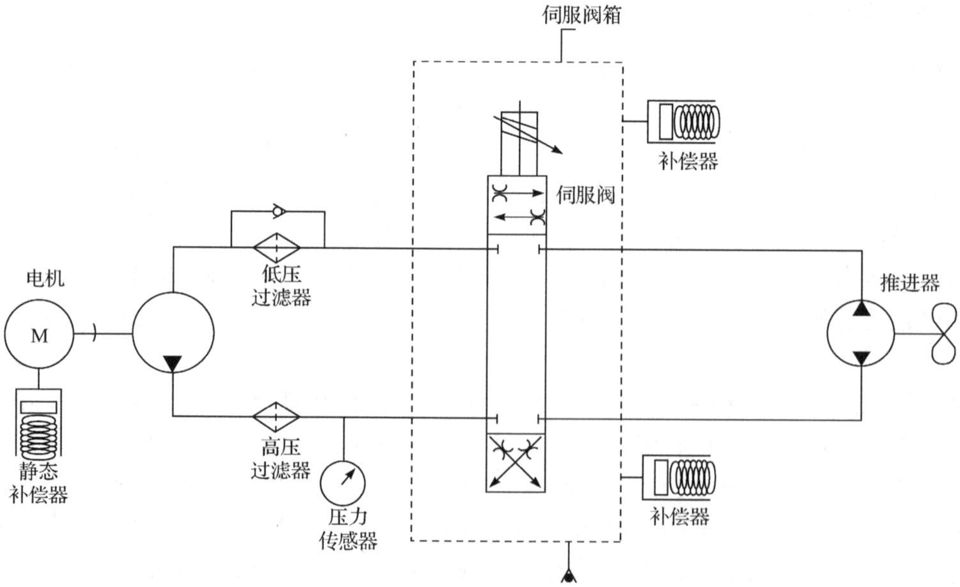

图 6.9　ROV 液压系统原理图

控制单元包括一个控制阀箱(主要控制液压推进器)和一个十二功能控制阀箱(主要控制各种作业工具)，各控制阀箱主要由伺服阀、电磁换向阀、安全阀、减压阀等组成，共同保证了 ROV 各执行元件所需要的运动方向、速度、力或力矩。执行单元主要是液压缸和液压电动机，将液压能转换为机械能输出到动力机构上。辅助元件包括油箱、液压管路与接头、过滤器压力补偿器、监测液压系统的各类传感器等。在 ROV 的液压系统中，油箱与压力补偿器做成一体，其既具备补偿海水压力功能，又具备储油功能。针对海洋环境下液压系统的特殊防护需求，需采取多级防护措施保障设备可靠运行。在各控制阀箱外部安装压力补偿装置，通过静态压力平衡机制抵消海水渗透压力对阀体的影响，避免箱体结构因压力失衡产生变形或渗漏。伺服阀箱入口处配置精密过滤器，有效拦截海水中的悬浮杂质，同时在过滤器旁并联单向阀形成旁通保护回路，当系统流量骤增时可自动开启维持油路畅通。液压泵吸油口设置前置过滤器，降低油液污染物对系统的侵蚀。回油管路集成高效冷却装置，通过热交换控制油温稳定在合理区间，防止系统因过热导致性能衰减。

6.3 新型动力推进技术

6.3.1 磁流体推进

磁流体推进器也称“电磁泵”式推进器。其基本原理是：由水下机器人产生强磁场，由于海水具有导电性，所以导电后在磁场中会产生运动，以反作用力推动水下机器人前进，如图 6.10 所示。这种推进方式直接把水下机器人的电能转换为水流的动能，可以认为是直流喷水推进的一种特殊形式。磁流体推进器不同于传统机械传动类推进器(如螺旋桨、水泵喷水推进器等)主要使用机械动力作为推力，而是通过电磁力驱使海水运动从而产生推力，是一种新型推进装置，可用于船舶、鱼雷、潜艇等水中作业工具。磁流体推进可以消除由传动机构引起的机械振动强、噪声大、隐蔽性差等缺点，避免螺旋桨空泡现象。

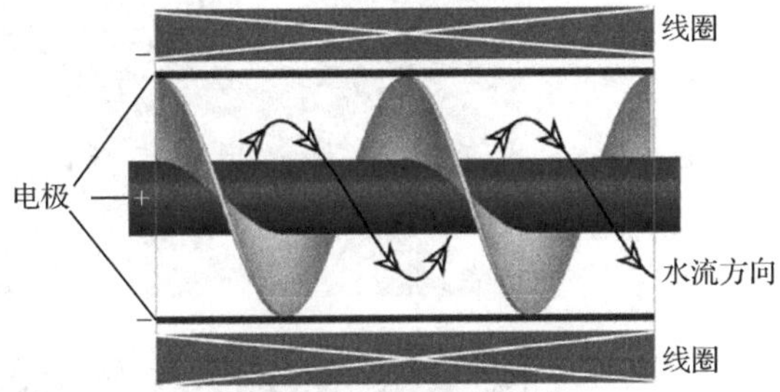

图 6.10 电磁推进方式

由于磁流体具有振动小、噪声低、操作灵活等优点，因此在潜艇等军事单位方面极具研究和应用价值。

6.3.2 喷水推进

喷水推进器是利用喷射管喷出的高速水流的反作用提供推力的一种推进装置，其模型如图 6.11 所示。它与航空上喷气推进器相似，所不同的是它不是用空气燃烧混合气作为介质而是以水作为介质。水通过水下机器人上所装设的大流量高速水泵获得高速后，由喷射管喷出产生推力。喷水推进装置的优点是几乎取消了水下机器人上的全部附体，而只消除了轴系和传动装置的损失以及螺旋桨的空泡损失，同时可以较容易地操纵水下机器人。

进水口格栅作为整个喷水推进系统的一部分，其作用是防止水中杂物进入进水流道损坏喷水推进泵的叶轮。理论分析和实践都证明，格栅条的设计、制造和安装的好坏对喷水推进水下机器人的性能影响很大。在实际工程应用中，为了保证机器人的快速性，在进水

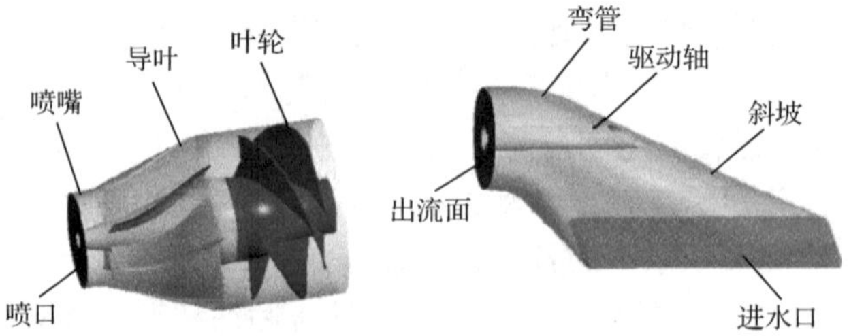

图 6.11　喷水推进器模型

口安装的格栅往往进行平行布置，尽量减少格栅数量，以增大进水口的有效面积。但是，在具体的实践中，此种格栅出现了断裂损坏的情况，断裂的碎片与杂物沿着进水流道被吸入推进泵内与叶轮发生碰撞，损坏了叶轮，造成喷水推进器性能下降，对水下机器人安全航行造成严重威胁。

6.3.3　超空泡推进

为进一步提高航速，科学家从减阻方面进行了大量研究，他们发现，当航行体在水中运动的速度达到很高时(大于 50m/s 或更大)，通过自然或人为的方式将其表面以一层超空泡包裹使其与水分隔开(图 6.12(a))，从而实现航行体阻力的大幅度降低，尤其是黏性阻力，可减少百分之九十以上。实验已证实采用超空泡技术，水下航行体的航速可达到 1km/s 以上，其实物图以及模拟图如图 6.12 所示。

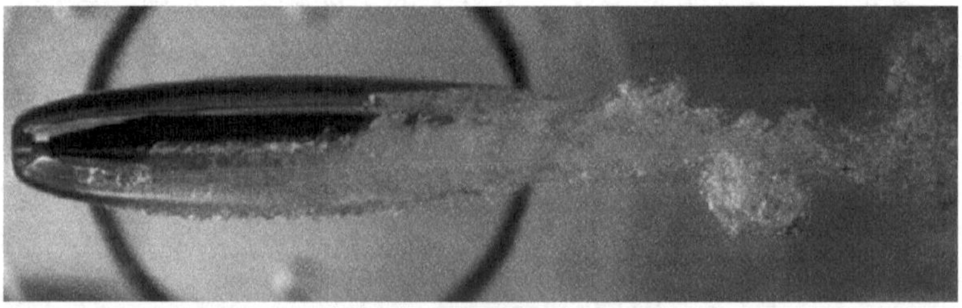

(a) 实物图

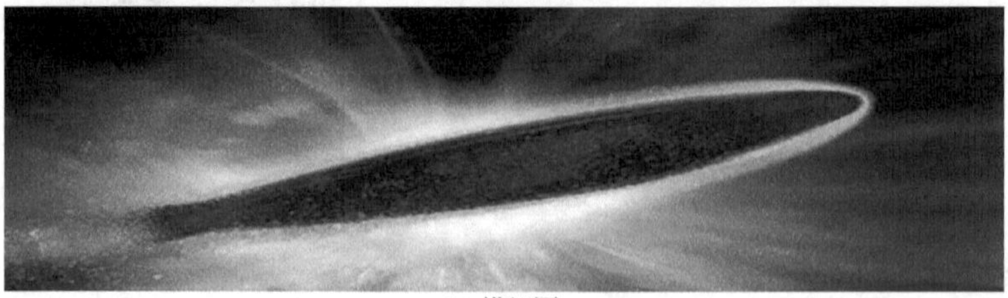

(b) 模拟图

图 6.12　超空泡的实物图和模拟图

超空泡推进技术对于水下武器的性能提升具有重大意义。传统的水下武器由于水的阻力大，航行速度往往较低，而且技术难度高、路线短、精度低。而超空泡推进技术的应用，可以显著增加水下武器的航行速度，提高其作战性能。然而，超空泡推进技术也面临着一些挑战。例如，空泡的形成和稳定控制需要精确的技术和复杂的系统设计。此外，空泡可能使水流发生畸变，导致水泵、涡轮水翼和推进器的使用效率降低，甚至可能引发强烈的冲击波和金属表面的腐蚀现象。尽管存在这些挑战，但超空泡推进技术仍然具有广阔的发展前景。随着科学技术的不断进步，人们有望克服这些难题，使超空泡推进技术更好地服务于水下航行器的设计和应用。

6.4　动力分配系统

为了保障水下工作的稳定性和灵活性，水下机器人往往配置为过驱动形式，控制冗余度的增加使得推力分配方案并不唯一，此时需要对最优推力分配策略展开深入研究。

在水下机器人执行任务的过程中，推力分配方法需要以求解过程稳定、简单、高效作为原则，实现各推进器指令信号的获取。伪逆法是一种直接基于矩阵运算获取分配结果的数学求解方法，具有运算速度快、结构简单、应用方便的特点，在工程中获得广泛应用。本章研究对象水下机器人的各推进器布置方式(位置及角度)已经固定，可以采用伪逆法进行推力分配求解。

1. 伪逆法的基本原理

存在非奇异矩阵 $\boldsymbol{A}$ ，如果存在一个矩阵 $\boldsymbol{X}$ ，可以满足：

$$\boldsymbol{AX} = \boldsymbol{XA} = \boldsymbol{I} \tag{6.1}$$

式中，$\boldsymbol{I}$ 为和 $\boldsymbol{A}$、$\boldsymbol{X}$ 相同维数的单位矩阵，就可以称矩阵 $\boldsymbol{A}$ 可逆，同时称为 $\boldsymbol{A}$ 的逆矩阵，即 $\boldsymbol{X} = \boldsymbol{A}^{-1}$ 。针对奇异矩阵(矩阵行列式为 0)和非方阵来说虽然并没有可逆矩阵，但是它们可以有伪逆矩阵。如果满足 $\boldsymbol{XA} = \boldsymbol{I}$ ，但是不满足 $\boldsymbol{AX} = \boldsymbol{I}$ ，则称矩阵 $\boldsymbol{X}$ 为矩阵 $\boldsymbol{A}$ 的左逆矩阵；类似于左逆矩阵的定义，如果满足 $\boldsymbol{AX} = \boldsymbol{I}$ ，但是不满足 $\boldsymbol{XA} = \boldsymbol{I}$ ，则称矩阵为矩阵 $\boldsymbol{A}$ 的右逆矩阵。

2. 基于伪逆法的推力分配方法设计

在实际工程中，伪逆法得到广泛运用，本节结合推力分配实际问题详细介绍其求解过程。本章研究对象各推进器布置方式固定，即推进器的矢量布置矩阵中的推力分配矩阵固定，一般来说，推力分配优化求解需要考虑推进器功耗、合力(力矩)与期望值的偏差等因素，此时优化问题描述如下：

$$\begin{aligned} \boldsymbol{F}(t) &\overset{\text{def}}{=} \arg\min \quad \boldsymbol{f}^{\mathrm{T}}\boldsymbol{Q}\boldsymbol{f} + \boldsymbol{s}^{\mathrm{T}}\boldsymbol{R}\boldsymbol{s} \\ &\text{s.t.} \quad \boldsymbol{\tau}_{\mathrm{d}} - \boldsymbol{B}\boldsymbol{f} = \boldsymbol{s} \end{aligned} \tag{6.2}$$

式中，$\boldsymbol{Q}$ 为对角权值矩阵，其对角线元素个数为推进器的个数；$\boldsymbol{R}$ 也是一个对角权值矩阵，其对角元素个数为控制自由度(合力、合力矩)的数量；通常来说，期望指令误差尽量小，因此权值矩阵 $\boldsymbol{R}$ 中的对角线元素应该远大于权值矩阵 $\boldsymbol{Q}$ 中的对角线元素，以强调对指令误差的惩罚作用；$\boldsymbol{f}$ 为根据优化方法求解的各推进器推力向量；$\boldsymbol{B}$ 为推力分配矢量布置矩阵；$\boldsymbol{\tau}_{\mathrm{d}}$ 为运动控制器中所输出的期望控制量；$\boldsymbol{s}$ 为期望控制量 $\boldsymbol{\tau}_{\mathrm{d}}$ 与各推进器实际产生的合力之间的指令偏差。式(6.2)所示的目标函数中的第一项为实现消耗功率最小，第二项为实现推力输出与期望控制量值之间的误差最小。

优化问题可用拉格朗日(Lagrange)乘子法解决。为了便于推导，将上述优化问题改写为以下形式：

$$\begin{aligned} \boldsymbol{F}(t) &\stackrel{\text{def}}{=} \arg\min \quad \boldsymbol{\sigma}^{\mathrm{T}} \boldsymbol{G} \boldsymbol{\sigma} \\ \text{s.t.} &\quad \boldsymbol{\tau}_{\mathrm{d}} - \boldsymbol{H}\boldsymbol{\sigma} = 0 \end{aligned} \tag{6.3}$$

式中变量满足如下关系：

$$\boldsymbol{\sigma} = [\boldsymbol{f}, \boldsymbol{s}]^{\mathrm{T}}, \quad \boldsymbol{G} = \begin{bmatrix} \boldsymbol{Q} & 0_{n\times m} \\ 0_{m\times n} & \boldsymbol{R} \end{bmatrix}, \quad \boldsymbol{H} = \begin{bmatrix} \boldsymbol{B} & \boldsymbol{I}_{m\times m} \end{bmatrix} \tag{6.4}$$

根据以上关系，可以采用拉格朗日函数：

$$\boldsymbol{L} = \boldsymbol{\sigma}^{\mathrm{T}} \boldsymbol{G} \boldsymbol{\sigma} + \boldsymbol{\lambda}[\boldsymbol{\tau}_{\mathrm{d}} - \boldsymbol{H}\boldsymbol{\sigma}] \tag{6.5}$$

式中，$\boldsymbol{\lambda}$ 表示拉格朗日乘子向量。通过取 $\boldsymbol{L}$ 对 $\boldsymbol{\sigma}$ 的偏导数，并将结果等于零，得到以下表达式：

$$\frac{\partial \boldsymbol{L}}{\partial \boldsymbol{\sigma}} = 2\boldsymbol{G}\boldsymbol{\sigma} - \boldsymbol{H}^{\mathrm{T}}\boldsymbol{\lambda} = 0, \quad \boldsymbol{\sigma} = \frac{1}{2}\boldsymbol{G}^{-1}\boldsymbol{H}^{\mathrm{T}}\boldsymbol{\lambda} \tag{6.6}$$

当通过伪逆法进行推力分配优化问题求解时，其解算出来的推力指令有可能并不满足推进器的推力饱和约束条件，因此有必要采用其他优化算法对推力分配问题开展进一步研究。

第 7 章　水下机器人的感知系统

微课

感知技术作为水下机器人的重要组成部分扮演着关键的角色。在水下环境中，机器人需要准确感知周围的物体、结构和条件，以实现任务的执行、环境的探索和数据的收集。感知技术不仅包括视觉感知，还包括声学感知、激光雷达感知、水下定位等多种传感技术的综合应用，以实现全面、精准的环境感知。

在水下任务中，准确的感知技术不仅可以帮助机器人避障、导航和执行任务，还可以为科学研究、海洋勘探和环境监测等领域提供重要数据支持。因此，水下机器人的感知技术的发展对于推动水下科学、工程和技术的进步具有重要意义。

7.1　水下声学感知技术

7.1.1　侧扫声呐感知技术

侧扫声呐在载体的两侧各布设一条换能器阵列，其工作频率相同，分别负责左右侧海底的扫描。换能器收发合置，在载体航行方向波束很窄(1°或小于 1°)，以保证有较高的航向分辨力；在垂直于航向的方向上波束较宽(大于 30°)，因此可照射两舷侧很宽的区域。单波束侧扫声呐工作示意图如图 7.1 所示。

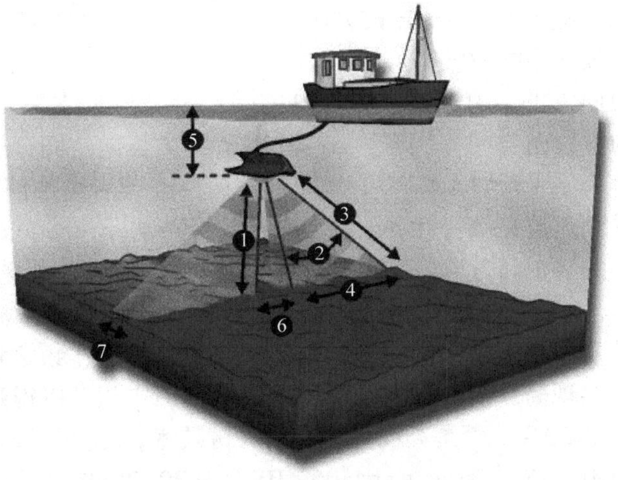

图 7.1　单波束侧扫声呐工作示意图

1-波束内侧的声路径距离；2-垂直波束角大小；3-波束外侧到达的最远距离；4-单侧扫描的海底宽度；5-侧扫声呐的拖鱼深度；6-左舷和右舷通道分离的距离；7-水平波束宽度

侧扫声呐系统的换能器基阵一般安装在水下拖曳体的两侧。侧扫声呐工作时向两侧海底发射单频矩形脉冲或者线性调频脉冲，每次发射后，便转为接收状态，从各个方位接收扫描回波信号，连续记录海底或者目标返回脉冲的传播时间及脉冲幅度，构成显示器上的一行线。

随着水下声呐载体的不断移动，声呐阵在前进过程中不断发射、接收处理，记录逐行排列，在显示器的每一行扫描线上逐行显示出每次发射返回的回波数据，各个回波到达的时刻分别对应各点的位置，即像素坐标，回波的度对应各点的亮度，即像素灰度值。由此，在显示器上逐行排列显示出各个发射周期的接收回波数据，就生成了一幅二维水下声呐图像。侧扫声呐在采用灰度显示时，一般暗色代表回波较弱，白色代表回波较强，也可采用伪彩色显示。

由于侧扫声呐显示的是地貌图像，因此希望做到远近亮度均匀。如果不采用增益补偿措施，显示的图像在远距离端将会很暗，这是因为距离越远，传播损失越大，信号越弱。比较简单的增益补偿方法是按照球面扩展加介质吸收随距离变化规律直接进行时变增益(time-variant gain，TVG)控制。由于侧扫声呐得到的海底混响强度不仅与地质类型、粗糙度相关，还与声波的掠射角相关，更为细致的方法是同时考虑换能器的指向性和海底散射的角度规律进行回波强度校正。

波束角的水平宽度决定了侧扫声呐在航行上的分辨率。为提高航向的分辨率侧扫声呐较多采用水平宽度较小的单波束(两侧各一个)，如 Starfish、Klein3000 等，利用线阵的自然指向形成垂直于线阵方向的波束。单波束侧扫声呐对航速有较严格的要求，航速较低时，因波束在远距离上跨度较大，各行的数据不完全独立，会有一些交叠，数据处理时必须考虑这种相关性；当航速较高时，又容易发生海区漏扫，显示的数据不能充分反映海底的连续性。为提高载体速度同时避免漏扫，可采用多波束方案，即采用多个水平窄波束接收，而发射则用一个较宽的水平波束(也可相控发射多个窄波束以获得发射指向性增益)。采用多波束之后，同样条件下航速可提高 M 倍(M 为接收波束数)。采用多波束技术的侧扫声呐的典型代表是 Klein5000 及其改进型 Klein5900，其中 Klein5000 两侧各有 5 个波束，相控发射 5 个波束，同时预成 5 个接收波束。

侧扫声呐的方位向(航向)角度分辨率为 $\Delta\theta = \lambda / L$ (声波波长/基阵尺寸)，如果目标距离为 R，则在目标处的方位向空间分辨率为 $\Delta x = \lambda R / L$，方位向空间分辨率随距离降低。为提高方位向空间分辨率，或者增大基阵尺寸(即基阵孔径)，或者增加信号频率。前者受到平台的限制，后者则受到声波衰减特性的限制。合成孔径声呐(synthetic aperture sonar，SAS)代表了侧扫声呐发展的一个新方向，实际上也是侧扫声呐的一种。借鉴合成孔径雷达技术，SAS 利用小尺寸基阵沿着方位向匀速直线运动来虚拟大孔径基阵，从而提高方位向分辨率，其方位向空间分辨率是基阵实际长度的一半，与声呐的工作频率和作用距离无关，因而可以对远距离目标实现高分辨成像，且可采用较低的工作频率以提高探测距离。成像算法运动补偿、自聚焦是 SAS 能否提高图像质量的关键技术，相关研究取得了很大的进展。近年来出现了多款商用 SAS，如 Edgetech4400、HISAS1030、PROSAS 等。SAS(采用 PROSAS 技术)和普通侧扫声呐对海底的岩石进行成像对比，发现前者的分辨率得到显著提高，目标更清晰。

7.1.2　前视声呐感知技术

前视声呐是成像声呐中的一种，也是主动声呐，主要由发射基阵、接收基阵、信号处理和显示设备等组成。水声换能器按照特定几何结构(如球形、柱形、平板形或线列形等)排列组成发射基阵，将发射机产生的电信号转换为声波信号向扫描方向发出。声波信号在水下传播时，会被岩石、鱼类、山体等目标反射，产生回波信号。接收基阵将回波信号转换为电信号传输至信号处理单元。信号处理单元对接收到的电信号进行采集与处理，并形成目标图像信息。最终，各方向上的目标图像信息被上传至显示设备进行整理和显示，得到波束方向上的水声图像。前视声呐是一种关键的水下探测设备，广泛应用于航海、军事和科学研究等领域。其主要功能是通过发射和接收声波，实时获取船只或潜艇前方水域的详细图像，以帮助导航员避开障碍物并确保安全航行。

前视声呐的工作机制是基于声波的发射与回波接收。具体而言，声呐系统的换能器向前方水体发射高频声波，这些声波在遇到障碍物或地形变化时会反射回来。接收装置捕获这些回波信号，并通过计算回波的传输时间和强度来生成实时的水下图像，这些图像展示了前方水域中的地形特征、障碍物以及其他潜在危险。

前视避障声呐是前视主动声呐的一种，因其通常安装于水下无人航行器的道部，探测范围为载体平台的前下方水域而得名。对水下无人航行器而言，前视避障声呐就如同蝙蝠的超声波，二者工作原理类似。声呐的发射基阵发射声脉冲，接收基阵接收目标回波，通过对回波信号进行处理，判定水下无人航行器前方有无障碍物。

7.1.3　多波束声呐感知技术

多波束测深系统可以实现宽覆盖范围的高精度水底深度测量，是一种具有高测量效率、高测量精度、高分辨率的水下地形测量设备。系统工作时，发射阵形成的发射波束辐射垂直于航迹方向的窄条带，接收阵通过预成多波束，形成多个沿航迹方向的窄波束，接收波束与发射波束交叠的区域构成水底采样点。测量每个采样点的回波到达时刻，就可以根据传播时间确定水底深度，获得与航行方向垂直的条带式高密度水深数据，进而测出沿航线条带内的水下地形特征，多波束测量地形图如图 7.2 所示。

图 7.2　多波束测量地形图

多波束测深系统一般由发射模块、接收模块、显控模块、软件模块、传感器模块组成，如图 7.3 所示。

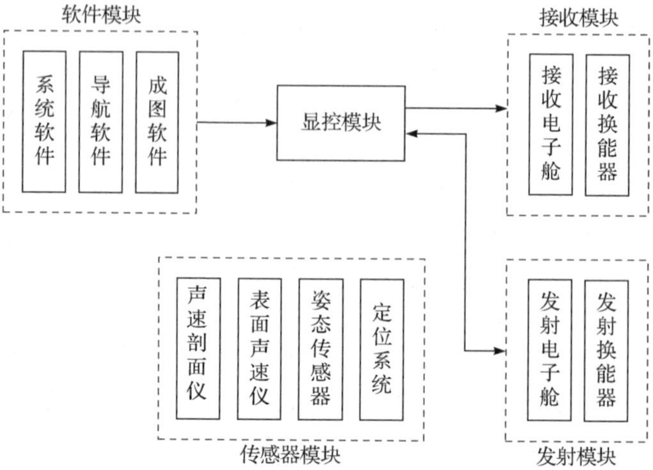

图 7.3　系统组成示意图

信号的发射、接收、采集和信号预处理全部集成在接收模块和发射模块上，数据通过网络传送给显控模块。显控模块对数据进行信号处理，并结合传感器数据，提取海底深度和方位信息。显控模块还负责图像处理和图像显示，并完成对湿端设备的控制。

7.1.4　浅剖声呐感知技术

浅地层剖面仪是一种水下声呐系统，采用正入射方式重复发射脉冲信号接收从地层反射回来的回波信号，实现对水下从几米到几十米范围内的沉积物的有效探测。当剖面仪沿着测线移动时，就可以获得其所经过的正下方沉积物的一系列反射回波信号，形成二维水下沉积物剖面声图。浅地层剖面声呐的工作方式和测深仪差不多，只不过测深仪只测量换能器到海底的水深，而浅地层剖面声呐不但能测量换能器到海底的水深，而且能探测换能器正下方海底以下的地层情况，它可以测量地层分层情况和各层底质的某些特征。

浅地层剖面声呐工作时，换能器按一定时间间隔向下方发射声脉冲，声脉冲穿过海水触及海底以后产生反射，这部分反射的能量反方向传回换能器，这就是海底回波。另一部分能量穿透海底继续向地层深处传播，由于地层不均匀，会产生散射，一部分散射能量反方向传回换能器，这就是地层散射波。另一部分能量继续向地层深处传播，当遇到地层分层界面时，又会产生与海底界面处一样的情形，一部分能量反方向传回换能器，这就是地层界面反射波。还有一部分能量继续向地层深处传播，就这样能量逐步损失，直到声脉冲的能量耗尽。发射线和海底线的间距对应换能器到海底的水深，也称为“鱼高”；各层面线间的间距对应层厚度；各层面线间的灰度对应层间底质的散射强度，散射强度与底质组成成分、颗粒大小及均匀度有关；地层界面线的宽度、灰度与两层底质的差别及过渡情况有关。如果海底由一种底质构成，海底本身就没有分层结构，地层剖面图上也就不会显示层面线。

浅地层剖面探测是一种基于水声学原理的连续走航式探测水下浅部地层结构和构造的地球物理方法。浅地层剖面仪(sub-bottom profiler，SBP)是利用声波探测浅地层剖面结构和构造的仪器设备，它可以探测海底以下 2～200m(视地质而定)的地层结构并以声学剖面图形的形式反映详细的地层分布，为海底科学探索、海洋工程、航道测量提供最基本的数据，是海洋地质调查必备的基本设备。海底浅地层剖面探测系统的工作方式与测深仪相似，工作频率较低，测深仪只能测量换能器到海底的水深，而浅地层剖面探测系统不仅能测量换能器到海底的水深，其发射的声波还能穿透海底一定深度，反映海底地层分层情况及其地质特征。浅地层剖面仪诞生于 20 世纪 40 年代，随着计算机处理技术不断发展，海洋浅地层剖面仪由最初的连续波(continuous wave，CW)脉冲信号发展出了 Chirp 信号技术，并于 20 世纪末发展了最新的参量阵技术。国外的浅地层剖面探测技术较为成熟，已经实现浅地层剖面探测系统的产品化、产业化、系列化。国际上主要的深海浅地层剖面探测系统生产厂商主要有 EdgeTech、Teledyne、KONGSBERG 及 Innomar 等几家公司，并且主要以深海船载式系统为主。近年来随着水下无人航行器的迅速发展，搭载在水下无人平台的浅地层剖面测量系统也逐渐增多。

7.2　水下视觉感知技术

水下机器人视觉感知是指通过摄像头等传感器获取水下环境信息的能力，包括图像采集、目标检测、三维重建等技术。在海洋探索、水下工程和海洋科学研究等领域，水下机器人视觉感知发挥着至关重要的作用。通过视觉感知，水下机器人能够实时获取海底地貌、生物分布、水质情况等关键信息，为科学研究和工程应用提供强大支持。水下机器人视觉感知在海洋探索中的重要性不可忽视，水下机器人的视觉感知使得科学家能够深入探索海洋底部，了解海洋生态系统、地质构造以及海洋资源的分布情况。

目前，大多数水下机器人的水下光视觉系统设备包括水下相机、照明设备、图像处理单元等。其中水下相机包括单目相机、双目相机甚至多目相机，用于捕捉水下环境的图像；水下环境光线较弱，因此需要配置照明效果强的水下灯具来辅助照明；图像处理单元用于实时处理捕捉到的图像，包括去噪、增强对比度、色彩校正等。

水下相机主要用于捕捉水下环境的图像，单、双目相机是计算机视觉和机器人视觉领域常用的传感器，用于获取环境的视觉信息。它们能够模拟人类的双眼视觉系统，从而实现深度感知和环境理解。

单目相机是指只有一个镜头和一个光学传感器的摄像机，如图 7.4 所示。它通过单一视角捕捉环境中的二维图像。单目相机的工作原理基于透视投影，它将三维世界的场景投射到二维平面上，即图像传感器上，具体过程如下：①光学成像，光线从物体表面反射，通过相机镜头进入相机，镜头将不同方向来的光线汇聚在传感器上，形成清晰的图像；②图像捕捉，图像传感器(如 CCD 或 CMOS)将光信号转化为电信号，电信号经过处理后，转化为数字图像数据，通过单个镜头接收水下物体反射或发射的光线，将其聚焦在图像传感器上，从而形成二维图像。然而，由于只有一个视角，它无法直接获取物体的深度信息。光线在水下传播时会受到水的吸收、散射和折射等影响，导致图像可能出现颜色失真、对比度降低和模糊等问题。为了减少这些影响，水下单目相机通常会采用特殊的光学设计、防水外壳、照明设备以及图像处理算法。

图 7.4　水下单目相机

双目相机(stereo camera)由两个相互平行且有一定距离(基线)的摄像机组成，如图 7.5 所示。它们模拟人类双眼，通过两个不同视角同时捕捉场景，从而实现深度感知。双目相机的工作原理基于立体视觉(stereopsis)，具体过程如下。①两视角成像，左右两个摄像头分别从不同的视角拍摄同一场景，获得两张图像(左图和右图)。由于两个摄像头有一定的水平距离(基线)，同一物体在两幅图像中的位置会有视差(disparity)。②图像匹配，对左、右图像进行特征提取，找到对应点对(即同一物体在左、右图像中的对应位置)。利用图像处理技术(如块匹配、光流算法等)来计算视差。③深度计算，根据视差和相机的基线距离，通过三角测量法计算目标物体的深度信息。④生成深度图，将每个像素的深度值组合，生成一个与二维图像对应的深度图(depth map)，表示场景中每个点的距离信息。

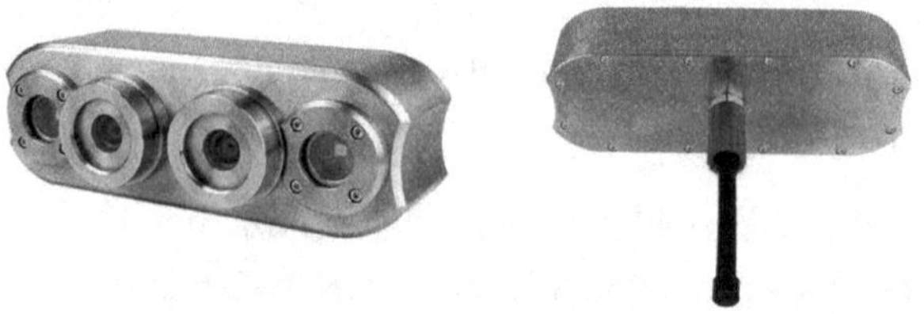

图 7.5　水下双目相机

7.3　目标检测识别技术

当前目标检测识别方法主要有传统方法和基于深度学习的方法两类。传统方法通过人工提取特征，然后设计分类器对特征进行分类及回归，从而进行目标检测，具有计算量小、计算速度快的优点，但是识别准确率太低，影响后续水下机器人的自主控制。基于深度学习的方法使用卷积神经网络提取特征，通过端到端的方法，对特征进行分类和回归，从而进行目标检测，具有识别准确率高的优点。随着图形显卡技术的发展，以及嵌入式图像显卡的出现，基于深度学习的目标检测方法的速度得到了提升。

深度学习视觉检测识别方法主要包含基于区域生成和基于回归的目标检测识别方法。基于区域生成的目标检测识别方法是区域生成方法和卷积神经网络算法的一个合并。首先，区域生成方法在图像上生成一系列的候选框，然后，卷积神经网络对这些预选框同步进行处理：①判断这些预选框内是否存在着目标以及目标的类别；②对预选框进行回归处理，微调边框；③输出边框坐标以及目标类别。基于区域生成的目标检测识别方法尽管在检测的准确度上取得了很大的进展，但是由于其无法实现完全的端到端计算，所以其计算量比较大，难以达到实时检测的目的，无法满足实际应用的需求。针对这个问题，基于回归的目标检测识别方法得以产生。基于回归的目标检测识别方法没有预选框生成这一步，而是通过卷积神经网络直接回归得到目标预选框以及标签。这一类方法由于没有耗时的预选框生成这一步，大大提高了算法的检测速度。然而，由于其直接回归的处理方式，其检测准确度不如基于区域生成的目标检测识别方法。

在真实的海洋环境中，直接使用深度神经网络的方法进行底栖生物检测存在三个方面的特定困难。①数据集训练数据样本不足问题。由于水下环境的复杂多变，水下目标图像的获取比较困难，大量水下目标图像的标注也需要大量的人力和物力。因此，如何在水下目标训练样本不足的条件下训练出一个泛化能力强的模型是需要解决的一个难点。针对此问题，可以采用水下光学成像环境的数据增广方法。例如，海洋湍流会给水下图像造成模糊影响，考虑使用维纳滤波对图像复原处理，然后用维纳滤波的逆过程给复原后的图像加不同程度的海洋湍流影响，增广出一组不同程度海洋湍流条件下的图像。通过数据增广方法，在训练数据不足的情况下，增广得到的训练数据训练出了一个泛化能力较强的水下目标检测模型。②受限的水下能见度。浮游生物的生长和繁殖会在不同的季节影响水下能见度。当水质浑浊时，机器人为了看清目标，不得不近距离靠近目标，从而导致机器人视野中出现过长或过宽的目标，如过长的海参。但是在训练集中仅包含少量的这类样本，因而很难让检测器学会如何很好地检测这类目标。为了缓解水下视野能见度的影响，引导特征图来生成更高质量的候选。③海参和扇贝的几何形变。以海参和扇贝为例，海参、扇贝这种活体非刚性生物的几何形变，会因卷积神经网络的固定结构造成它们的检测精度相对较低，这是抓取任务最主要的检测困难。

7.4　目标跟踪技术

视觉跟踪是指在初始帧图像中给定环绕在待跟踪目标的边界框，然后在后续帧图像中不断估计出目标在图像中的位置。基于高效底栖生物视觉检测方法，水下视觉跟踪可以实时地为机器人后续的自主抓取作业提供稳定、精确的视觉信息引导，因而是水下机器人近距离自主作业任务中的关键环节。

自主感知抓取过程如下：①识别检测系统通过前视摄像机在第一帧检测出目标生物，将检测结果输入跟踪器的观察模型并初始化跟踪框。②运行跟踪器，实时给出目标的像素位置和角度，并将输出结果输送给双目视觉测距系统和控制系统，双目视觉测距系统测距并输出距离到控制系统。③控制系统决策并完成路径规划，分配各推进器推力趋近目标。此时，腕部摄像机运行检测器和跟踪器，ROV 保持定高航行，控制系统根据跟踪器输出结果，通过 ROV 运动和机械臂控制。由此可见，跟踪过程是 ROV 自主感知抓取中的重要一环。

目标跟踪算法可以分为传统方法和深度学习方法。

传统的目标跟踪算法通常基于计算机视觉领域的技术和数学模型，如 KCF、MeanShift、CamShift 等。这些算法通常依赖于手工设计的特征提取和数学模型，适用于一定范围内的场景和对象跟踪任务。近年来，随着深度学习技术的发展，基于深度神经网络的目标跟踪方法也得到了广泛应用。

深度学习方法通过大规模数据的学习，可以自动地从图像中学习特征，并在端到端的框架下完成目标的跟踪任务。常见的深度学习目标跟踪方法包括基于卷积神经网络(convolutional neural network，CNN)的孪生网络、循环神经网络(recurrent neural network，RNN)等。

孪生网络是基于两个或两个以上的神经网络构建出来的网络结构，两个网络分支结构相同并且共享权值。该网络最初是 19 世纪末 Yann 等提出的用于验证支票上的签名与银行预留签名是否相同。2005 年 Chopra 等提出了一种在数据中训练相似性度量的方法，从而将孪生网络应用到识别和验证等任务。2016 年提出的孪生实例搜索网络跟踪方法首次在目标跟踪任务中使用孪生网络，为孪生网络在深度学习目标跟踪领域的发展奠定了基础。

目标跟踪是根据第一帧图像中被选定的部分作为目标，并在后续过程中确定目标的精确位置的过程。孪生网络分为两个分支，分别接收模板信息和后续的候选信息，两个输入都通过相同的神经网络分别提取特征。在决策层通过式(7.1)进行相似度对比，得到两个输入的差异性，最后选择相似性得分最高的作为最终的跟踪结果。这样的结构减少了参数空间，减轻了模型的训练负担，提高了效率，非常适合目标跟踪的任务特点。

$$\phi(x,z)=\arg\max m(f(x),f(z)) \tag{7.1}$$

式中，x 和 z 为两个分支的输入；ϕ 为相似度得分；m 为相似度运算；f 为特征表示函数。

孪生网络是基于模板匹配的思想，通过大量的数据学习训练匹配函数，衡量未知样本最终得到匹配结果。整个跟踪框架是由孪生网络和区域候选网络的结合而形成。该网络有两个分支，分别具有分类作用和回归作用。两个分支的输出可以通过成正相关得到。

孪生网络中的卷积结构是全卷积，没有填充的操作。模板分支和检测分支组成了该方法的孪生网络结构，分别提取对应的图像特征。前者接收第一帧框住的目标图像，后者接收后续视频帧的传入图像。两者的网络输入不同，权重参数完全相同。因此，网络的两个分支都可以隐含地编码相同的变化，因此非常适合于跟踪任务。这里使用 Alex Net。为方便起见，将 $\varphi(z)$ 和 $\varphi(x)$ 表示为孪生网络的输出特征映射。

在区域候选网络中包括两个支路：分类支路和回归支路。分类支路用来区分图像中的前景与背景，回归支路即做坐标回归，让跟踪框位置大小更加准确。分类支路和回归支路分别对模板帧和检测帧的特征进行卷积运算：

$$A_{(w\times h\times 2k)}^{\text{cls}}=[\varphi(x)]_{\text{cls}}*[\varphi(z)]_{\text{cls}} \tag{7.2}$$

$$A_{(w\times h\times 4k)}^{\text{reg}}=[\varphi(x)]_{\text{reg}}*[\varphi(z)]_{\text{reg}} \tag{7.3}$$

式(7.2)中包括了 $2k$ 维信道，当中的每个点都表示为正负激励，可以通过 Softmax 进行损失分类；式(7.3)包括了 $4k$ 维信道，各个点表示候选框坐标与真值之间的坐标变化。

当应用多重锚点的训练网络时，可以利用在 FasterR-CNN 中使用的损失函数。设 A_x、A_y、A_w、A_h 表示锚箱的中心点和形状，让 T_x、T_y、T_w、T_h 表示真实框的中心点和形状，标准化距离为

$$\delta[0]=\frac{T_x-A_x}{A_w},\quad \delta[1]=\frac{T_y-A_y}{A_h},\quad \delta[2]=\frac{T_w}{A_w},\quad \delta[3]=\frac{T_{hx}}{A_h} \tag{7.4}$$

然后，它们通过 SmoothL1 损失，可写为

$$\text{SmoothL1}(x,\sigma)=\begin{cases}0.5\sigma^2x^2, & |x|<\dfrac{1}{\sigma^2}\\ |x|-\dfrac{1}{2\sigma^2}, & |x|\geqslant\dfrac{1}{\sigma^2}\end{cases} \tag{7.5}$$

最后，优化损失函数：

$$\text{loss}=L_{\text{cls}}+\lambda L_{\text{reg}} \tag{7.6}$$

式中，λ是用来平衡这两个部分的超参数；L_{cls}是交叉熵损失，即

$$L_{\text{reg}}=\sum_{i=0}^{3}\text{SmoothL1}(\delta[i],\sigma) \tag{7.7}$$

网络的两个分支在运行过程中被拆开，如图 7.6 所示，模板分支只在模板帧中进行计算，检测分支在每一帧中都会存在并与模板进行相似度计算。一旦模板分支计算并存储了这两个属性，检测分支只需要存储这两个属性，而不再需要对模板帧进行前向传播。为了保证跟踪方法的准确性，在检测过程中的参考模板始终为第一帧所选择的图像，并避免误差的不断累积。由图 7.6 可知，检测分支成为一个简单的检测网络，模板分支接收第一帧图像中的模板帧后，得到两个特征向量，根据训练中的指令，追踪器可以将这两个特征向量转化为两个没有偏置的卷积层。在进行特征提取操作之后，再经过两个独立的卷积层就会得到最终的分类和回归结果。

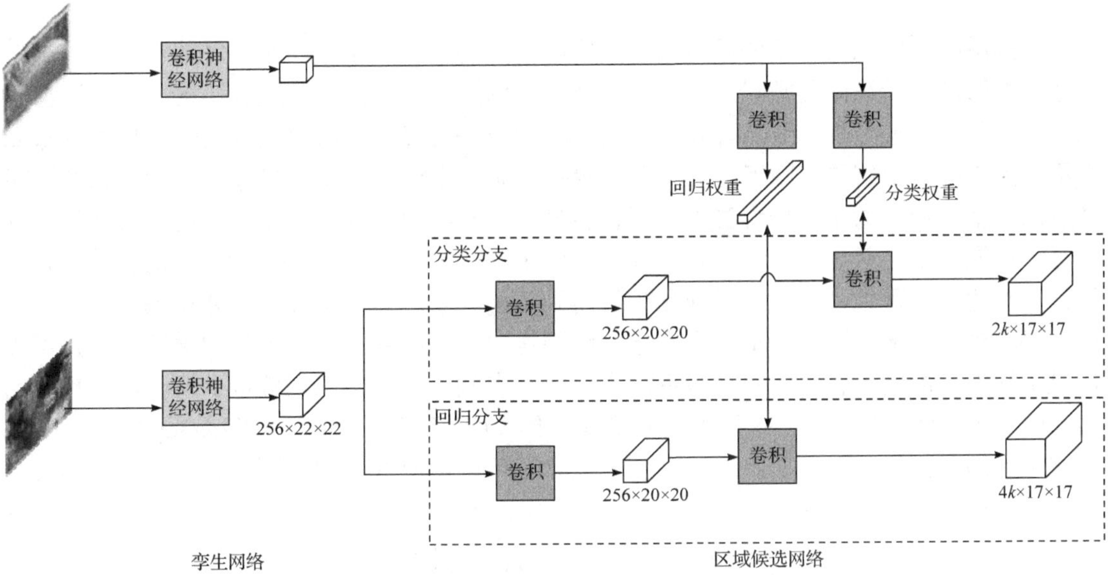

图 7.6　孪生网络跟踪方法结构

本节方法主要以孪生网络跟踪方法的结构为基础，对其中的特征提取网络 Alex Net 进行修改，通过增加 BN 层加快网络的训练和收敛速度，控制梯度爆炸防止梯度消失，在特征提取得到特征图后加入金字塔池化层，再接入损失函数。首先经过第一个卷积层，后面接池化层，再经过第二个卷积层和第二个池化层，后面连续接三个卷积层。BN 层包括在卷积层中，接在卷积操作的后面。

具体的网络参数如表 7.1 所示。孪生网络中模板分支的初始数据尺寸为 127×127，匹配分支的初始数据尺寸为 255×255，经过第一个卷积层，卷积核大小为 11×11，通道数为 96，得到模板分支为 59×59 的特征图，匹配分支得到 123×123 大小的特征图。然后经过第一个池化层，卷积核尺寸为 3×3，通道数不变还是 96，池化后模板分支变为 29×29，匹配分支变为 61×61。第二个卷积层的卷积核大小为 5×5，通道数变为 256，模板分支为 25×25，匹配分支为 57×57，这部分的池化使用平均池化，最后三个卷积层的卷积核大小都是 3×3，第三层和第四层通道数为 384，第三层卷积后的模板分支为 10×10，匹配分支为 26×26，第四层卷积后

的模板分支为 8×8，匹配分支为 24×24，第五层卷积后的模板分支为 6×6，匹配分支为 22×22。

表 7.1　孪生网络结构参数

层数	卷积核大小	通道数	模板分支 127×127	匹配分支 255×255
卷积层 1	11×11	96	59×59	123×123
池化层 1	3×3	96	29×29	61×61
卷积层 2	5×5	256	25×25	57×57
池化层 2	3×3	256	12×12	28×28
卷积层 3	3×3	384	10×10	26×26
卷积层 4	3×3	384	8×8	24×24
卷积层 5	3×3	256	6×6	22×22

为解决输入图像尺寸不同给网络造成影响的问题，提出了空间金字塔池化方法。金字塔池化能够增加特征图的数量，全面地提取学习深度特征，还可以适应不同大小的图像输入。关于金字塔池化的过程如图 7.7 所示，首先将上一层卷积的结果作为输入，然后通过四个不同大小的卷积核得到四组特征图，将四组特征图分别经过 1×1 的卷积，得到每个金字塔层的权重，最后为了方便计算增加可执行性，分别将每组经过金字塔池化过得到的特征图进行填充，填充至与原来池化方法得到的特征图尺寸一致为 12×12 大小，池化计算均采用最大池化。简单地说，金字塔池化计算得到不同大小的四组特征图，并且填充至统一大小，提取到的特征图数量增加，有利于跟踪网络对有限的目标跟踪模板的学习，并且可以适应不同大小的输入，对于水下数据集来说非常有利。水下数据集数量少且获取困难，为增加数据采集的有效性，会采用不同的采集工具(如双目相机、单目相机和 Gopro 等)，所以存在采集的图像尺寸不同的问题，金字塔池化就可以适应这样的问题，有利于深度学习目标跟踪方法在水下的应用。

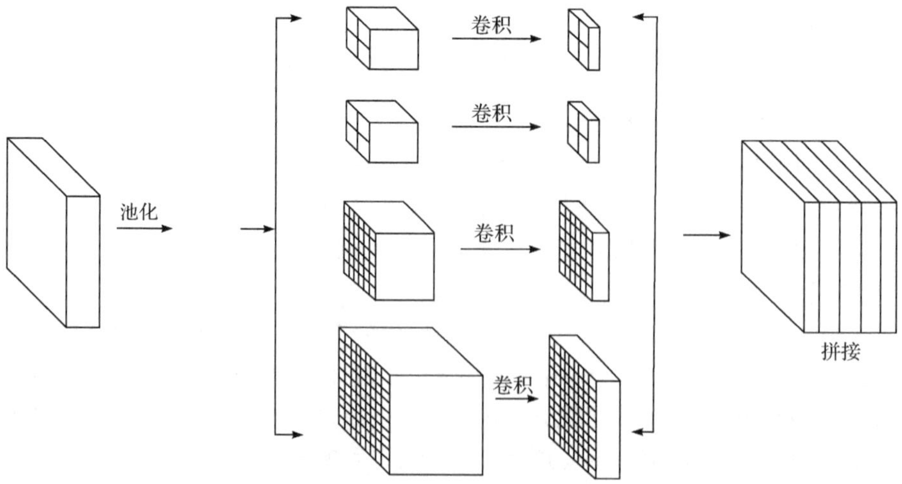

图 7.7　金字塔池化结构

水下环境复杂，其中存在多种多样的海洋生物，养殖区或者捕捞区存在人工投放的捕捞网等，海底作业区有很多工程作业设施，海底的地质地形也不同，有些区域是沙质海底。

这些可能会给水下目标跟踪任务造成困难，如水下生物的运动、海底存在的沙子和水下机器人工作时作业角度导致的工程设施及自身部件对目标的遮挡问题。

本节算法从数据集训练的角度来缓解水下遮挡问题对水下目标跟踪的影响，设计了针对水下遮挡的自适应性训练策略，该策略的具体流程如图 7.8 所示。为了丰富可添加遮挡的数据内容，测试视频设置了使用本章跟踪算法的水下机器人实时跟踪的视频和使用水下采集的视频内容运行算法的结果这两部分。图 7.9 展示了择优选取的部分图像，图 7.10 展示了遮挡处理的部分效果。

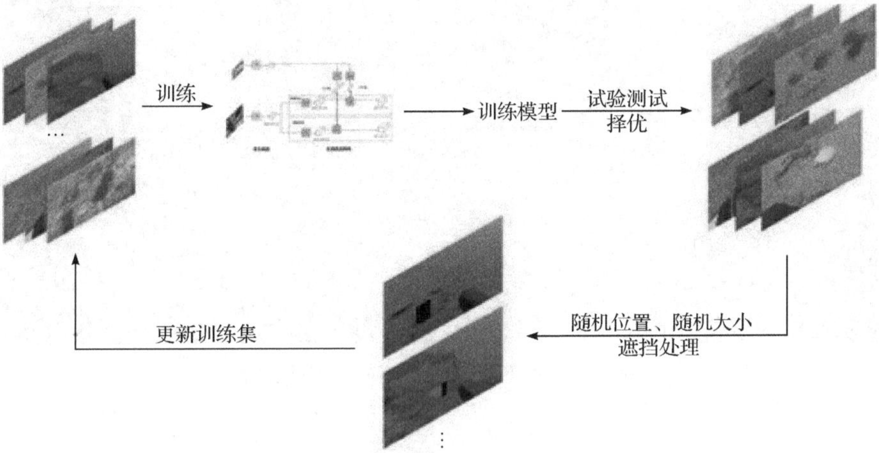

图 7.8　自适应性训练策略示意图

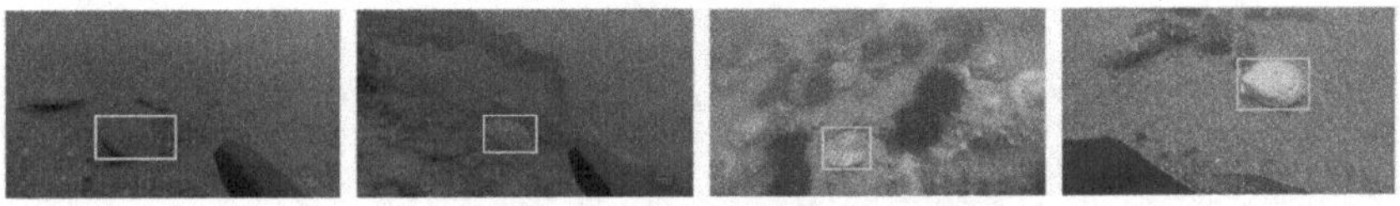

图 7.9　择优选取的部分图像

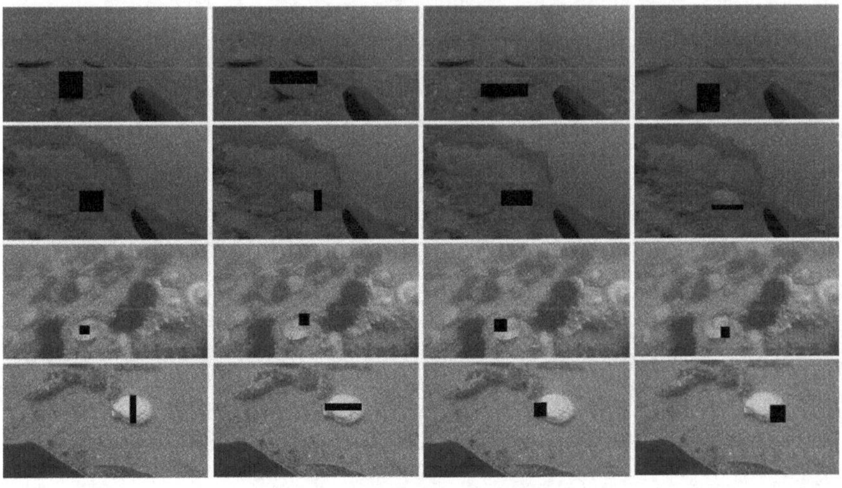

图 7.10　遮挡处理的部分效果

遮挡处理的部分是以处理前跟踪结果为基础，以矩形框为边界，假设矩形框的尺寸为 (w, h)，设置的遮挡尺寸为 $w/4$、$w/2$、$3w/4$ 和 $h/4$、$h/2$、$3h/4$ 的随机组合，遮挡位置是靠近上、下、左、右边界和中间部分的随机选择，增加了不确定性以最大限度地保证遮挡效果与真实条件相符合。

图 7.11 展示了水下机器人工作时实时运行跟踪算法的部分结果，跟踪的目标是海底的扇贝，矩形框表示跟踪的结果。从图中可以看出算法可以很好地跟踪到目标，目标位置在视野边界时算法依然可以很好地跟踪到目标。

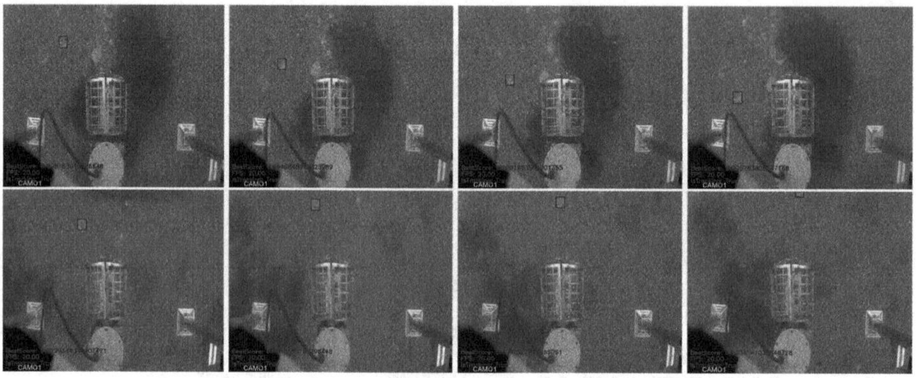

图 7.11　水下跟踪试验部分可视化结果

第 8 章　水下机器人的导航定位系统

微课

水下机器人导航定位系统的功能是提供实时的水下机器人位置、速度以及姿态信息，也是水下机器人水下作业的关键技术之一。由于深海水下机器人非线性动力学的特性及水介质的特殊性等因素的影响，实现深海潜水器的远距离、长时间和大范围内的精确导航是一项艰难的任务。

自主导航是水下机器人靠自身携带的装备如惯性测量装置(inertial measurement unit，IMU)、水声换能器阵列、多普勒测速仪、地形匹配或地磁传感等手段来完成导航定位的。自主导航分为惯性导航(inertial navigation)、声学导航(acoustic navigation)和地理导航(geophysical navigation)。

水下机器人导航技术示意图如图 8.1 所示。

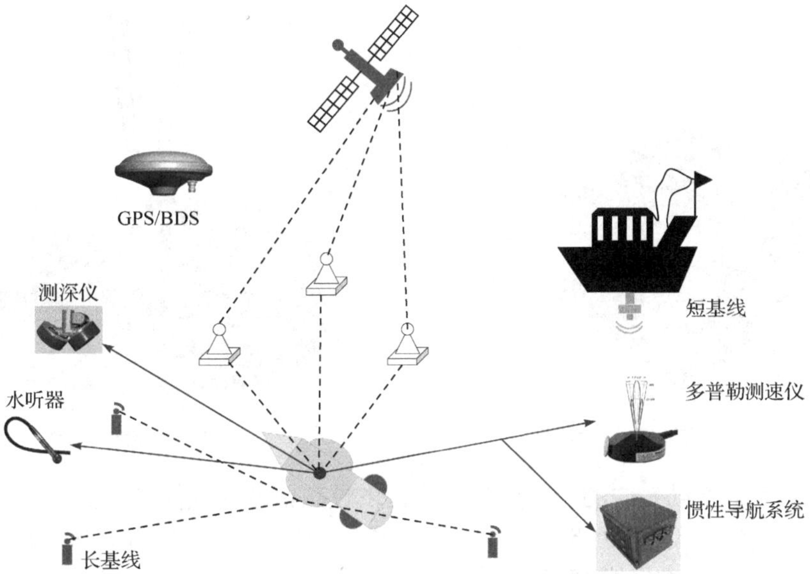

图 8.1　水下机器人导航技术示意图

8.1　水下组合导航系统

水下导航技术为水下机器人提供准确的位置、速度和姿态信息，是决定水下机器人能否准确抵达预定地点、顺利完成任务并安全返回的关键。与陆地或空中运载体的导航系统不同，受水介质对无线电波的强烈吸收效应的影响，以卫星导航为代表的无线电导航系统无法在水下使用。常见的水下导航技术主要包括捷联式惯性导航技术、水下声学定位与导航技术、地球物理导航技术及水下协同导航技术四大类。

捷联式惯性导航系统(strap-down inertial navigation system，SINS，简称捷联惯导系统)

实物图如图 8.2 所示，其具有以下优点：不依赖于任何外部信息，也不向外部辐射能量，故隐蔽性好且不受外界电磁干扰的影响；可全天候、全球、全时间地工作于空中、地球表面乃至水下；能提供位置、速度、航向和姿态角数据，所产生的导航信息连续性好且噪声低；数据更新频率高、短期精度和稳定性好等，通常情况下将捷联惯导系统作为水下机器人的主导航系统。但是捷联惯导系统也具有如下缺点：由于导航定位信息经过积分而产生，定位误差随时间而增大，长期精度差；每次使用之前需要较长的初始对准时间；设备的价格较昂贵。

水下声学测速装置通常是指利用多普勒速度计程仪(Doppler velocity log，DVL)获取水下航行器的速度，DVL 适用于测定舰船和水下航行设备的航速，实物图见图 8.3。由于 DVL 测得的速度精度高，所以由多普勒速度计程仪、捷联惯导系统共同组成的组合导航系统具有很高的导航定位精度，可用于水面舰艇和各种工程作业、海洋考察的船只。

图 8.2　捷联惯导系统实物图

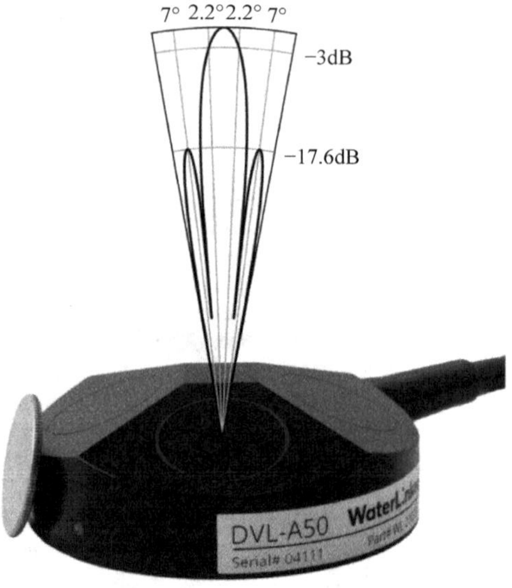

图 8.3　DVL 实物图

DVL 是基于多普勒效应的测速设备，能提供较高精度的载体速度信息，且其误差不随时间积累，抗干扰能力强。因此，在 AUV 自主导航中 DVL 可作为抑制 SINS 积累误差的重要辅助手段。DVL 测速的配置分为 3 种：单波束配置、双波束配置和四波束 Janus 配置，其配置的测速原理如图 8.4 所示。

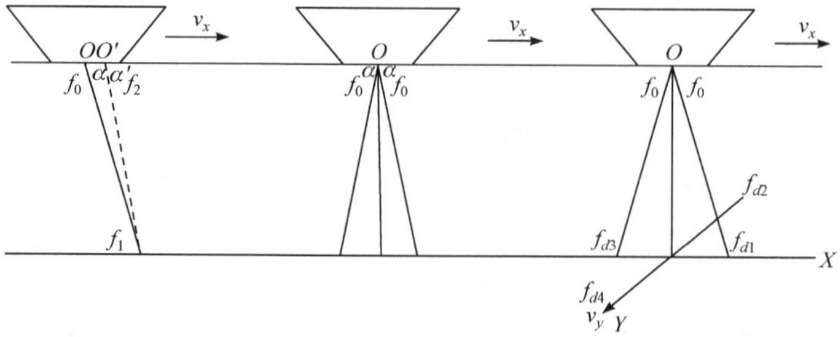

图 8.4　三种多普勒速度计程仪测速原理图

水下声学定位技术经过多年的发展已经成为各领域为解决水下定位和跟踪中十分可靠的技术手段，按照基线的长度可分为长基线(long base line，LBL)、短基线(short base line，SBL)和超短基线(ultra-short base line，USBL)三种，可为 AUV 提供位置信息，VSBL 的实物图如图 8.5 所示。

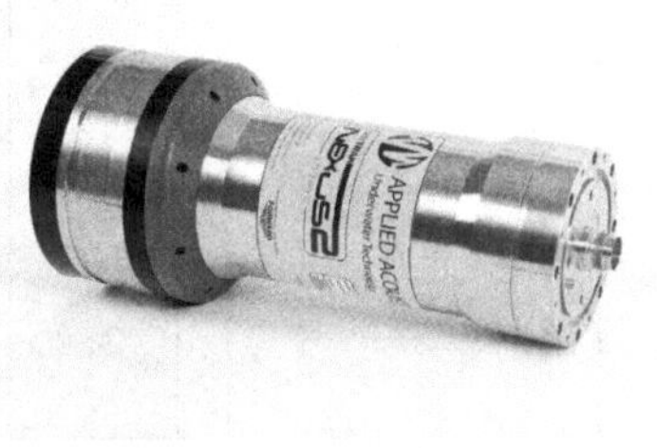

图 8.5　USBL 实物图

相较于电磁波而言，声波在海水中的传播衰减要小得多。因此，水声定位技术在水下机器人自主导航中扮演着重要的角色。LBL 的基线长度可与海深相比拟，基阵由多个分布于海床上的应答器组成，定位精度高，适合在大面积作业区域内使用；但其数据更新率较低，应答器的布放、校准以及回收、维护都异常烦琐，作业成本高。SBL 的基线长度一般在几米到几十米之间，各基元分布在船底或船舷上。受基线长度限制，SBL 的精度介于 LBL 和 USBL 之间，且其跟踪范围较小，更适合于在母船附近的 AUV 导航定位。USBL 的基阵可以集成在一个紧凑的整体单元内，基线长度为分米级，其体积尺寸最小，可方便地安置于流噪声和结构噪声较弱的位置，且布放、回收较为便捷。因此，USBL 得到了越来越广泛的关注和应用。但 USBL 的精度低于 LBL 和 SBL，并且定位精度非常依赖于深度传感器、姿态传感器等外围设备。三种水声定位系统的示意图如图 8.6 所示。

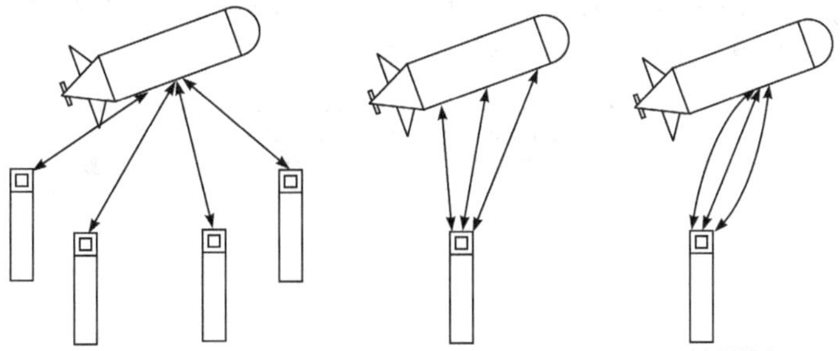

(a) LBL　(b) SBL　(c) USBL

图 8.6　三种水声定位系统的示意图

地球物理导航系统是利用地球本身物理特征来进行导航的一种技术，以地形匹配、地磁匹配和重力匹配 3 类为主，具有自主性强、隐蔽性好、不受地域和时间限制等特点，但需要提前采集、建立相应的导航数据库。

水下协同导航通过获得辅助信标的相对距离或方位信息，然后根据水下机器人自身位置信息与相对距离或方位信息进行协同导航，可获得更高的导航定位精度。

合理配备上述导航技术，并对不同导航系统提供的信息进行有效融合，进而获得比单一导航系统精度更高、可靠性更强的导航方案是水下机器人水下导航的核心问题。

8.2　捷联惯导系统的数字递推算法

采用惯性导航系统能够大大提升水下机器人的导航性能，其在全天候、快速自主、高可靠性等方面均具有良好的表现。图 8.7 为捷联惯性导航系统原理图。

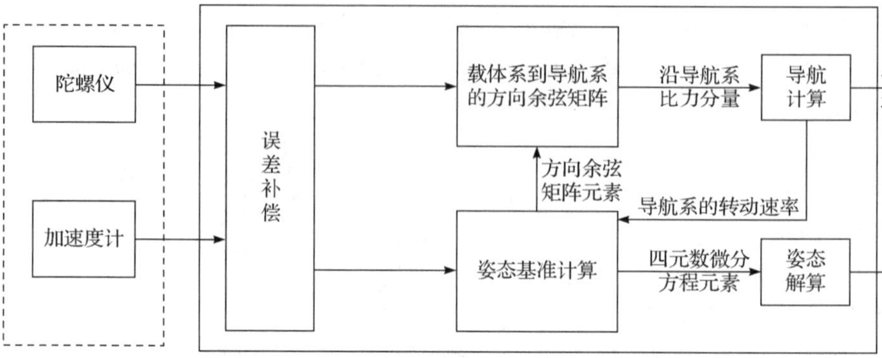

图 8.7　捷联惯性导航系统原理图

捷联惯性导航系统由 IMU 和导航计算机组合而成，其中 IMU 构成了其硬件部分，其核心组件包括陀螺仪、加速度计，分别用于检测物体在载体坐标系相对于惯性坐标系的三轴角速度与三轴加速度信号。解算过程为建立导航坐标系，将加速度和角速度转换到导航坐标系中，通过对加速度值连续积分分别获得速度和位置信息，并结合角速度积分获得的姿态信息，最终确定载体的实时运行状态。IMU 支持高频更新，更新速度可达几百赫兹，所以惯性导航解算系统能够实时更新并持续提供定位结果。

假设在给定导航初始条件的情况下，通过对载体完成初始对准获得载体的初始捷联矩阵 $\boldsymbol{T}_0$。图 8.8 显示了捷联惯性导航系统的解算流程。

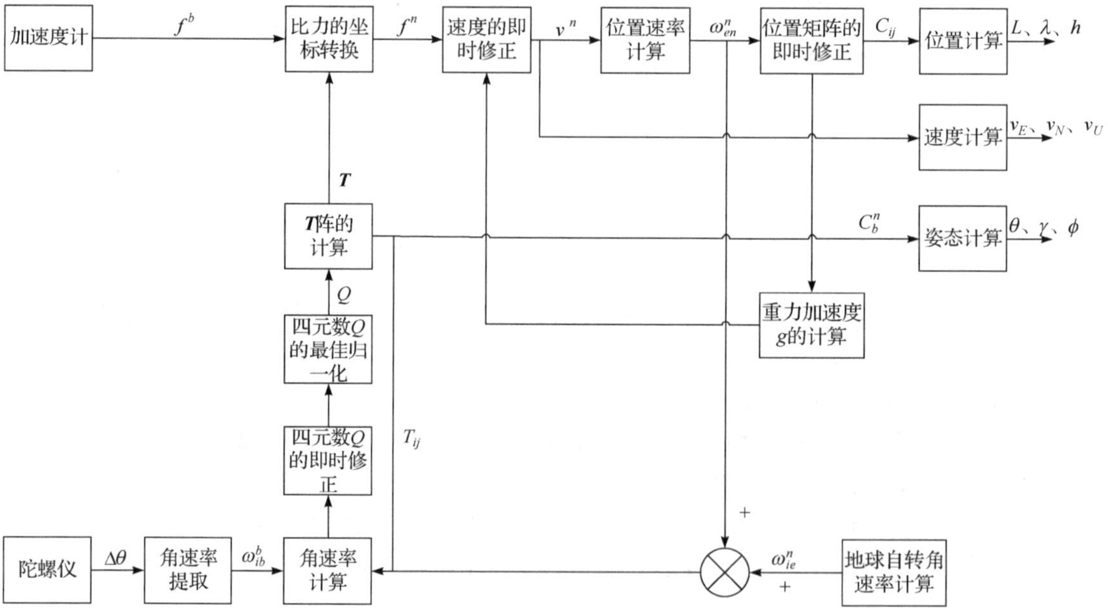

图 8.8　惯性导航解算原理过程

对于捷联惯性导航系统来说，其关键在于姿态矩阵的实时解算过程，关于姿态矩阵的求解方法有欧拉角法、四元数法等，其中四元数法是应用最广泛的方法，上述原理图(图 8.8)采用四元数法对姿态矩阵进行实时修正解算。

姿态更新四元数微分方程为

$$\dot{\boldsymbol{q}}_b^n = \frac{1}{2}\boldsymbol{q}_b^n\boldsymbol{\omega}_{ibq}^b - \frac{1}{2}\boldsymbol{\omega}_{inq}^n\boldsymbol{q}_b^n \tag{8.1}$$

式中

$$\boldsymbol{\omega}_{in}^n = \boldsymbol{\omega}_{ie}^n + \boldsymbol{\omega}_{en}^n \tag{8.2}$$

$$\boldsymbol{\omega}_{ie}^n = \begin{bmatrix}0 & \omega_{ie}\cos L & \omega_{ie}\sin L\end{bmatrix}^{\mathrm{T}} \tag{8.3}$$

$$\boldsymbol{\omega}_{en}^n = \begin{bmatrix}-\dfrac{v_N^n}{R_M+h} & \dfrac{v_E^n}{R_N+h} & \dfrac{v_E^n}{R_N+h}\tan L\end{bmatrix}^{\mathrm{T}} = \boldsymbol{F}_C v^n \tag{8.4}$$

式中，$\boldsymbol{F}_C = \begin{bmatrix} 0 & -\dfrac{1}{R_M+h} & 0 \\ \dfrac{1}{R_N+h} & 0 & 0 \\ \dfrac{1}{R_N+h}\tan L & 0 & 0 \end{bmatrix}$，其中 $\boldsymbol{v}^n = \begin{bmatrix}v_E^n & v_N^n & v_U^n\end{bmatrix}^{\mathrm{T}}$。

在本章中，$\boldsymbol{q}_b^n$ 为描述载体姿态的四元数，$\boldsymbol{\omega}_{ib}^b$ 为陀螺测量出来的载体角速度，h 为海拔高度。$\boldsymbol{v}^n = \begin{bmatrix}v_E^n & v_N^n & v_U^n\end{bmatrix}^{\mathrm{T}}$ 为捷联惯性导航的速度，R_M 和 R_N 分别为载体所在地点地球子午面和卯酉面的曲率半径，它们的近似计算公式分别为

$$\begin{aligned} R_M &\approx R_e(1-2f+3f\sin^2 L) \\ R_N &\approx R_e(1+f\sin^2 L) \end{aligned} \tag{8.5}$$

式中，R_e 为地球参考椭球的长半轴；f 为参考椭球的扁率。

速度更新微分方程为

$$\dot{\boldsymbol{v}}^n = \boldsymbol{f}_{sf}^n + \boldsymbol{g}^n - (\boldsymbol{\omega}_{en}^n + 2\boldsymbol{\omega}_{ie}^n)\times\boldsymbol{v}^n \tag{8.6}$$

式中

$$\boldsymbol{f}_{sf}^n = \boldsymbol{C}_b^n\boldsymbol{f}_{sf}^b \tag{8.7}$$

$$\boldsymbol{g}^n = [0 \quad 0 \quad -g]^{\mathrm{T}} \tag{8.8}$$

其中，$\boldsymbol{f}_{sf}^b$ 为加速度计测量的比力；g 为重力加速度大小，其近似大小为

$$g = g_0[1+0.00527094\sin^2 L + 0.0000232718\sin^4 L] - 0.000003086h \tag{8.9}$$

式中，$g_0 = 9.7803267714\mathrm{m/s^2}$。

位置更新微分方程为

$$\dot{\boldsymbol{C}}_n^e = \boldsymbol{C}_n^e(\boldsymbol{\omega}_{en}^n\times) \tag{8.10}$$

$$\dot{h} = \boldsymbol{v}_U^n \tag{8.11}$$

式中，$(\boldsymbol{\omega}_{en}^n\times)$ 是向量 $\boldsymbol{\omega}_{en}^n$ 表示反对称阵的形式，即 $\left(\boldsymbol{\omega}_{en}^n\right)\times = \begin{bmatrix} 0 & -\omega_{en,z}^n & \omega_{en,y}^n \\ \omega_{en,z}^n & 0 & -\omega_{en,x}^n \\ -\omega_{en,y}^n & \omega_{en,x}^n & 0 \end{bmatrix}$。

1) 姿态更新算法

由姿态更新四元数微分方程直接写出数字递推的形式为

$$\boldsymbol{q}_{b_i(m)}^{n_i(m)}=\boldsymbol{q}_{n_i(m-1)}^{n_i(m)}\boldsymbol{q}_{b_i(m-1)}^{n_i(m-1)}\boldsymbol{q}_{b_i(m)}^{b_i(m-1)} \tag{8.12}$$

式中，$\boldsymbol{q}_{b_i(m-1)}^{n_i(m-1)}$是$t_{m-1}$时刻从$b$系到$n$系的变换四元数；$\boldsymbol{q}_{b_i(m)}^{n_i(m)}$是$t_m$时刻从$b$系到$n$系的变换四元数；$\boldsymbol{q}_{n_i(m-1)}^{n_i(m)}$是以$i$系为参考时，$n$系从$t_{m-1}$时刻到$t_m$时刻的变换四元数，它的计算与$\boldsymbol{\omega}_{in}^n(t)$有关；$\boldsymbol{q}_{b_i(m)}^{b_i(m-1)}$是以$i$系为参考时，$b$系从$t_{m-1}$时刻到$t_m$时刻的变换四元数，它的计算与$\boldsymbol{\omega}_{ib}^b(t)$有关。

最终得到的姿态变换矩阵$\boldsymbol{q}_{b_i(m)}^{n_i(m)}$如下：

$$\boldsymbol{q}_{b_i(m)}^{n_i(m)}=\boldsymbol{T}=\begin{bmatrix} q_0^2+q_1^2-q_2^2-q_3^2 & 2(q_1q_2-q_0q_3) & 2(q_1q_3+q_0q_2) \\ 2(q_1q_2+q_0q_3) & q_0^2-q_1^2+q_2^2-q_3^2 & 2(q_2q_3-q_0q_1) \\ 2(q_1q_3-q_0q_2) & 2(q_2q_3+q_0q) & q_0^2-q_1^2-q_2^2+q_3^2 \end{bmatrix} \tag{8.13}$$

由式(8.13)可求得三个姿态角θ、γ和ϕ分别为

$$\begin{aligned} \theta_{主} &= \arcsin \boldsymbol{T}_{32} \\ \gamma_{主} &= \arctan(-\boldsymbol{T}_{31}/\boldsymbol{T}_{33}) \\ \phi_{主} &= \arctan(-\boldsymbol{T}_{12}/\boldsymbol{T}_{22}) \end{aligned} \tag{8.14}$$

2) 速度更新算法

由惯导的比力方程(8.6)可以得到速度更新的递推算法：

$$\boldsymbol{v}_m^n=\boldsymbol{v}_{m-1}^n+\Delta\boldsymbol{v}_{sfm}^n+\Delta\boldsymbol{v}_{g/\mathrm{corm}}^n \tag{8.15}$$

式中，科里奥利速度增量和比力速度增量分别为

$$\Delta\boldsymbol{v}_{g/\mathrm{corm}}^n=\int_{m-1}^{m}\boldsymbol{g}^n-(\boldsymbol{\omega}_{en}^n+2\boldsymbol{\omega}_{ie}^n)\times\boldsymbol{v}^n\mathrm{d}t \tag{8.16}$$

$$\Delta\boldsymbol{v}_{sfm}^n=\int_{m-1}^{m}\boldsymbol{C}_b^n\boldsymbol{f}_{sf}^b\mathrm{d}t \tag{8.17}$$

3) 位置更新算法

捷联惯导的经纬高微分方程如下：

$$\dot{L}=\frac{1}{R_M+h}v_N,\quad \dot{\lambda}=\frac{\sec L}{R_N+h}v_E,\quad \dot{h}=v_U \tag{8.18}$$

改写为矩阵形式为

$$\dot{\boldsymbol{p}}=\boldsymbol{M}_{pv}\boldsymbol{v}^n \tag{8.19}$$

式中

$$\boldsymbol{p}=\begin{bmatrix} L \\ \lambda \\ h \end{bmatrix},\quad \boldsymbol{M}_{pv}=\begin{bmatrix} 0 & 1/R_{Mh} & 0 \\ \sec L/R_{Nh} & 0 & 0 \\ 0 & 0 & 1 \end{bmatrix} \tag{8.20}$$

$$R_{Mh}=R_M+h,\quad R_{Nh}=R_N+h$$

$$R_M=\frac{R_N(1-e^2)}{1-e^2\sin^2 L},\quad R_N=\frac{R_e}{(1-e^2\sin^2 L)^{1/2}},\quad e=\sqrt{2f-f^2} \tag{8.21}$$

经过离散化处理得到位置更新算法：

$$\boldsymbol{p}_m = \boldsymbol{p}_{m-1} + \boldsymbol{M}_{pv_{(m-1/2)}}(\boldsymbol{v}_{m-1}^{n(m-1)} + \boldsymbol{v}_m^{n(m)})\frac{\boldsymbol{T}}{2} \tag{8.22}$$

8.3 SINS/DVL 组合导航

8.3.1 DVL 的工作原理

1. 单波束 DVL 的测速原理

在图 8.9 中，v 为 AUV 的前向速度，D 为 DVL 的安装位置，DVL 以发射倾角 α 向 AUV 的前下方发射声波，定义发射倾角为波束和 AUV 的横切面和坐标平面 $O_bX_bY_b$ 之间的夹角。波束到达水底 B 点后反射回 D 点。

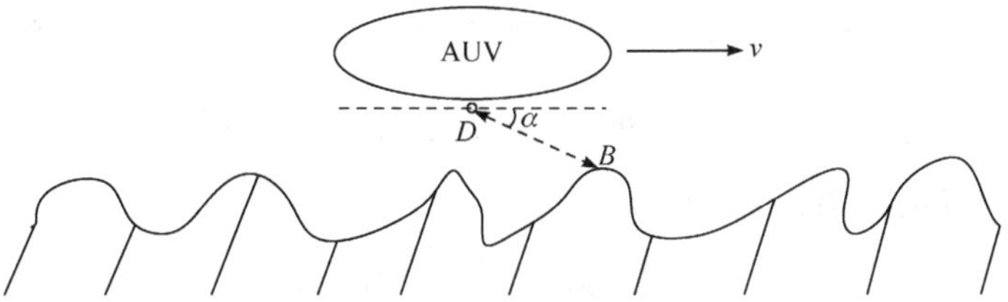

图 8.9　单波束 DVL 的测速原理

由于 AUV 的航行速度 v 远小于声波在水中的传播速度 C，所以忽略声波从被发射到返回被接收时间段内 AUV 位置变化引起的发射倾角的变化。通过多普勒效应可以计算得到：

$$v = \frac{C}{2f_0\cos\alpha}\cdot f_d \tag{8.23}$$

式中，f_0 为 DVL 发射的声波信号固有频率；f_d 为 DVL 发射和接收声波信号的频差。

2. 四波束 DVL 的测速原理

工程中的 DVL 通常具有四个换能器，即通过四条波束解算 AUV 载体坐标系内的三维速度。四波束 DVL 的四个换能器通常呈 Janus 结构，可以有效避免载体摇摆运动和垂荡运动对测速精度的影响。根据波束指向的不同，四波束 DVL 分为“+”配置和“×”配置两种。两种配置如图 8.10 所示。

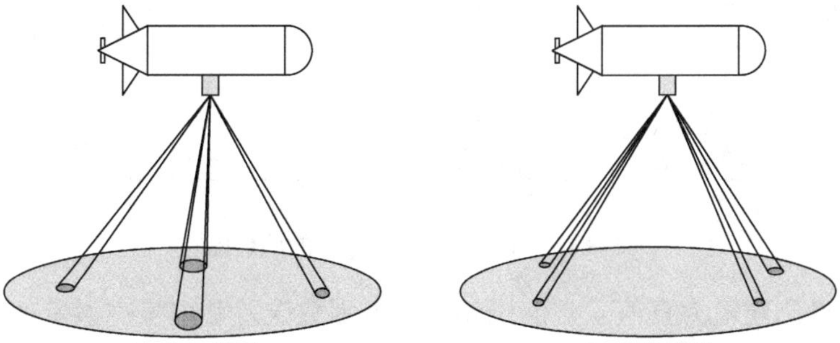

(a) “+”配置　(b) “×”配置

图 8.10　四波束 Janus 结构的 DVL

从图 8.10 中可以看出，两种配置下四条波束均被按顺时针方向编号为波束 1、波束 2、波束 3 和波束 4。“+”配置 DVL 的四条波束分别指向前、右、后和左，“×”配置 DVL 的四条波束分别指向右前、右后、左后和左前。

定义载体沿每条波束方向相对于水底的速度矢量为$\boldsymbol{V}_D=\begin{bmatrix}V_{D1} & V_{D2} & V_{D3} & V_{D4}\end{bmatrix}^{\mathrm{T}}$，其中$V_{D1}\sim V_{D4}$分别为载体沿波束 1 到波束 4 方向相对于水底的速度。定义每条波束的多普勒频移为$\boldsymbol{f}_D=\begin{bmatrix}f_{d1} & f_{d2} & f_{d3} & f_{d4}\end{bmatrix}^{\mathrm{T}}$，其中$f_{d1}\sim f_{d4}$分别为波束 1 到波束 4 的频移。根据多普勒效应可以求得$\boldsymbol{V}_D$为

$$\begin{bmatrix}V_{D1}\\V_{D2}\\V_{D3}\\V_{D4}\end{bmatrix}=\frac{C}{2f_0}\cdot\begin{bmatrix}f_{d1}\\f_{d2}\\f_{d3}\\f_{d4}\end{bmatrix} \tag{8.24}$$

定义$\boldsymbol{V}_b=\begin{bmatrix}V_{bx} & V_{by} & V_{bz}\end{bmatrix}^{\mathrm{T}}$为载体在$b$系内的速度，$\boldsymbol{V}_b$到$V_{D1}\sim V_{D4}$的方向向量为

$$b_i=\begin{bmatrix}\sin\varphi_i\cos\alpha & \cos\varphi_i\cos\alpha & -\sin\alpha\end{bmatrix}^{\mathrm{T}} \tag{8.25}$$

式中，α为波束的发射倾角，φ_i为

$$\varphi_i=(i-1)90^\circ+\varphi,\quad i=1,2,3,4 \tag{8.26}$$

定义$\boldsymbol{M}$为从$\boldsymbol{V}_b$到$\boldsymbol{V}_d$的变换矩阵，则

$$\boldsymbol{M}=\begin{bmatrix}b_1 & b_2 & b_3 & b_4\end{bmatrix}^{\mathrm{T}} \tag{8.27}$$

$$\boldsymbol{V}_D=\boldsymbol{M}\boldsymbol{V}_b \tag{8.28}$$

8.3.2 SINS/DVL 松组合

SINS/DVL 松组合是利用 DVL 输出的载体在b系内的速度进行组合导航，图 8.11 介绍了松组合的原理。

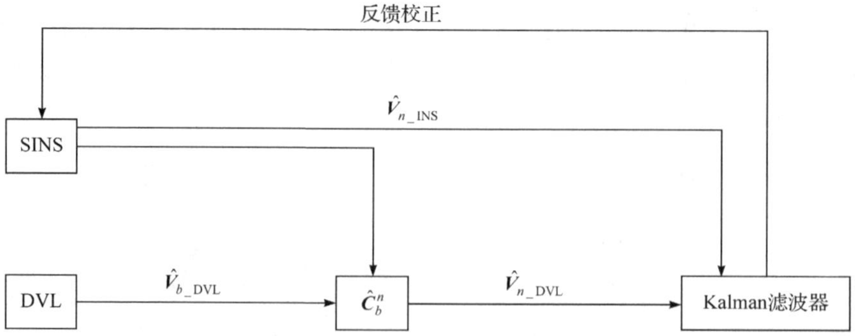

图 8.11　SINS/DVL 松组合的原理图

将 DVL 的量测建模为真值、常值误差、刻度因数误差和白噪声误差的叠加，即

$$\hat{\boldsymbol{V}}_{b\_\mathrm{DVL}}=(1+\delta s_D)\boldsymbol{V}_b+\delta\boldsymbol{b}_D+\boldsymbol{\omega}_D \tag{8.29}$$

选取惯性导航系统(inertial navigation system，INS)的位置误差$\delta \boldsymbol{p}=[\delta L \quad \delta\lambda \quad \delta h]^{\mathrm{T}}$、速度误差$\delta \boldsymbol{V}_n=[\delta V_E \quad \delta V_N \quad \delta V_U]^{\mathrm{T}}$、姿态失准角$\boldsymbol{\phi}=[\phi_x \quad \phi_y \quad \phi_z]^{\mathrm{T}}$、加速度计常值零偏$\nabla_b$、陀螺仪常值零偏$\boldsymbol{\varepsilon}_b$、DVL 的常值误差$\delta b_D$和刻度因数误差$\delta s_D$为 19 维状态变量，即

$$\begin{aligned}\boldsymbol{X}=\big[&\delta L \quad \delta\lambda \quad \delta h \quad \delta V_E \quad \delta V_N \quad \delta V_U \quad \phi_x \quad \phi_y \quad \phi_z \\ &\nabla_x \quad \nabla_y \quad \nabla_z \quad \varepsilon_x \quad \varepsilon_y \quad \varepsilon_z \quad \delta b_{bx} \quad \delta b_{by} \quad \delta b_{bz} \quad \delta s_D\big]\end{aligned} \tag{8.30}$$

那么卡尔曼(Kalman)滤波器的状态方程为

$$\dot{\boldsymbol{X}}=\boldsymbol{A}\boldsymbol{X}+\boldsymbol{\omega} \tag{8.31}$$

系统矩阵$\boldsymbol{A}$的具体形式如下：

$$\boldsymbol{A}=\begin{bmatrix} (\boldsymbol{A}_1)_{3\times3} & & (\boldsymbol{A}_2)_{3\times3} & & 0_{3\times9} & 0_{3\times4} \\ (\boldsymbol{A}_3)_{3\times3} & (\boldsymbol{A}_4)_{3\times3} & (\boldsymbol{A}_5)_{3\times3} & \boldsymbol{C}_b^n & 0_{3\times3} & 0_{3\times4} \\ (\boldsymbol{A}_6)_{3\times3} & (\boldsymbol{A}_7)_{3\times3} & (\boldsymbol{A}_8)_{3\times3} & 0_{3\times3} & -\boldsymbol{C}_b^n & 0_{3\times4} \\ & & 0_{10\times19} & & & \end{bmatrix}_{19\times19} \tag{8.32}$$

各子式为

$$\boldsymbol{A}_1=\begin{bmatrix} 0 & 0 & -\dfrac{V_N}{(R_e+h)^2} \\ \dfrac{V_E\tan L\sec L}{R_e+h} & 0 & -\dfrac{V_E\sec L}{(R_e+h)^2} \\ 0 & 0 & 0 \end{bmatrix} \tag{8.33}$$

$$\boldsymbol{A}_2=\begin{bmatrix} 0 & \dfrac{1}{R_e+h} & 0 \\ \dfrac{\sec L}{R_e+h} & 0 & 0 \\ 0 & 0 & 1 \end{bmatrix} \tag{8.34}$$

$$\boldsymbol{A}_3=\begin{bmatrix} 2\omega_{ie}(V_U\sin L+V_N\cos L)+\dfrac{V_EV_N\sec^2 L}{R_e+h} & 0 & \dfrac{V_EV_U-V_EV_N\tan L}{(R_e+h)^2} \\ -2V_E\omega_{ie}\cos L-\dfrac{V_E{}^2\sec^2 L}{R_e+h} & 0 & \dfrac{V_NV_U+V_E{}^2\tan L}{(R_e+h)^2} \\ -2V_E\omega_{ie}\sin L & 0 & -\dfrac{V_N{}^2+V_E{}^2}{(R_e+h)^2} \end{bmatrix} \tag{8.35}$$

$$A_4=\begin{bmatrix}\dfrac{V_N\tan L-V_U}{R_e+h} & 2\omega_{ie}\sin L+\dfrac{V_E\tan L}{R_e+h} & -2\omega_{ie}\cos L-\dfrac{V_E}{R_e+h}\\ -2\left(\omega_{ie}\sin L+\dfrac{V_E\tan L}{R_e+h}\right) & -\dfrac{V_U}{R_e+h} & -\dfrac{V_N}{R_e+h}\\ 2\left(\omega_{ie}\cos L+\dfrac{V_E}{R_e+h}\right) & \dfrac{2V_N}{R_e+h} & 0\end{bmatrix} \tag{8.36}$$

$$A_5=\begin{bmatrix}0 & -\phi_z & \phi_y\\ \phi_z & 0 & -\phi_x\\ -\phi_y & \phi_x & 0\end{bmatrix} \tag{8.37}$$

$$A_6=\begin{bmatrix}0 & 0 & \dfrac{V_N}{(R_e+h)^2}\\ -\omega_{ie}\sin L & 0 & -\dfrac{V_E}{(R_e+h)^2}\\ \omega_{ie}\cos L+\dfrac{V_E\sec^2 L}{R_e+h} & 0 & -\dfrac{V_E\tan L}{(R_e+h)^2}\end{bmatrix} \tag{8.38}$$

$$A_7=\begin{bmatrix}0 & -\dfrac{1}{R_e+h} & 0\\ \dfrac{1}{R_e+h} & 0 & 0\\ \dfrac{\tan L}{R_e+h} & 0 & 0\end{bmatrix} \tag{8.39}$$

$$A_8=\begin{bmatrix}0 & \omega_{ie}\sin L+\dfrac{V_E\tan L}{R_e+h} & -\omega_{ie}\cos L-\dfrac{V_E}{R_e+h}\\ -\omega_{ie}\sin L-\dfrac{V_E\tan L}{R_e+h} & 0 & -\dfrac{V_N}{R_e+h}\\ \omega_{ie}\cos L+\dfrac{V_E}{R_e+h} & \dfrac{V_N}{R_e+h} & 0\end{bmatrix} \tag{8.40}$$

Kalman 滤波器的量测方程为

$$\begin{aligned}\boldsymbol{Z}&=\hat{\boldsymbol{V}}_{n\_\mathrm{INS}}-\hat{\boldsymbol{C}}_b^n\hat{\boldsymbol{V}}_{b\_\mathrm{DVL}}=\boldsymbol{V}_n+\delta\boldsymbol{V}_n-\left(\boldsymbol{I}-[\boldsymbol{\phi}\times]\right)\boldsymbol{C}_b^n\left(\boldsymbol{V}_b+\delta s_D\boldsymbol{V}_b+\delta\boldsymbol{b}_D+\boldsymbol{\omega}_D\right)\\&\approx\delta\boldsymbol{V}_n-\delta s_D\boldsymbol{V}_n-\boldsymbol{C}_b^n\delta\boldsymbol{b}_D-[\boldsymbol{V}_n\times]\boldsymbol{\phi}+\boldsymbol{v}\\&=\boldsymbol{HX}+\boldsymbol{v}\end{aligned} \tag{8.41}$$

那么，量测矩阵 $\boldsymbol{H}$ 的具体形式为

$$\boldsymbol{H}=\begin{bmatrix}0_{3\times3} & \boldsymbol{I}_{3\times3} & -[\boldsymbol{V}_n\times] & 0_{3\times6} & -\boldsymbol{C}_b^n & -\boldsymbol{V}_n\end{bmatrix} \tag{8.42}$$

经过式(8.31)和式(8.41)就可以对 SINS 和 DVL 的各项误差项进行估计，以松组合的方式达到导航的目的。

8.3.3　SINS/DVL/PS 紧组合

SINS/DVL 紧组合是利用 DVL 的波束测量，即 DVL 在沿四条波束上相对于水底的速度。紧组合的原理图如图 8.12 所示。

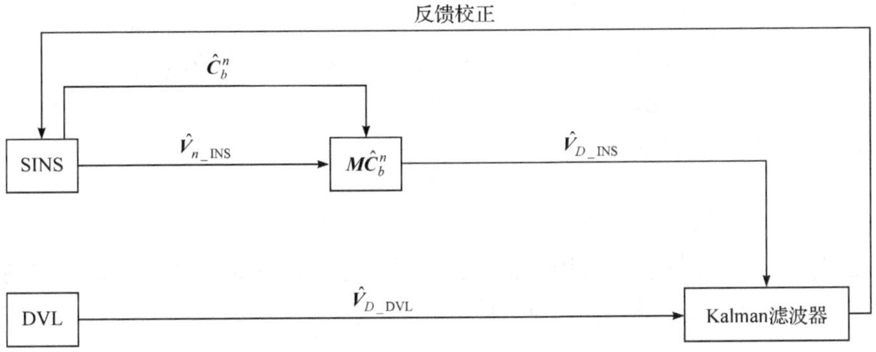

图 8.12　SINS/DVL 紧组合的原理图

图 8.12 中的 $\boldsymbol{M}$ 为常值矩阵，它的值根据 DVL 的波束安装角来唯一确定，见式(8.27)。在紧组合中，DVL 的波束量测误差模型仍然为真值、刻度因数误差、常值误差以及白噪声的叠加，即

$$\hat{\boldsymbol{V}}_{D\_\text{DVL}} = (1+\delta s_D)\boldsymbol{V}_D + \delta \boldsymbol{b}_D + \boldsymbol{\omega}_D \tag{8.43}$$

式中，$\delta \boldsymbol{b}_D = [\delta b_{D1} \quad \delta b_{D2} \quad \delta b_{D3} \quad \delta b_{D4}]^{\mathrm{T}}$ 为常值误差；δs_D 为刻度因数误差；$\boldsymbol{\omega}_D = [\omega_{D1} \quad \omega_{D2} \quad \omega_{D3} \quad \omega_{D4}]^{\mathrm{T}}$ 为零均值高斯白噪声误差。

$$\begin{aligned}\boldsymbol{X} = [&\delta L \quad \delta\lambda \quad \delta h \quad \delta V_E \quad \delta V_N \quad \delta V_U \quad \phi_x \quad \phi_y \quad \phi_z \\ &\nabla_x \quad \nabla_y \quad \nabla_z \quad \varepsilon_x \quad \varepsilon_y \quad \varepsilon_z \quad \delta b_{D1} \quad \delta b_{D2} \quad \delta b_{D3} \quad \delta b_{D4} \quad \delta s_D]^{\mathrm{T}}\end{aligned} \tag{8.44}$$

则 Kalman 滤波器的状态方程为

$$\dot{\boldsymbol{X}} = \boldsymbol{A}\boldsymbol{X} + \boldsymbol{\omega} \tag{8.45}$$

式中

$$\boldsymbol{A} = \begin{bmatrix} (\boldsymbol{A}_1)_{3\times3} & & (\boldsymbol{A}_2)_{3\times3} & & 0_{3\times9} & 0_{3\times5} \\ (\boldsymbol{A}_3)_{3\times3} & (\boldsymbol{A}_4)_{3\times3} & (\boldsymbol{A}_5)_{3\times3} & \boldsymbol{C}_b^n & 0_{3\times3} & 0_{3\times5} \\ (\boldsymbol{A}_6)_{3\times3} & (\boldsymbol{A}_7)_{3\times3} & (\boldsymbol{A}_8)_{3\times3} & 0_{3\times3} & -\boldsymbol{C}_b^n & 0_{3\times5} \\ & & 0_{11\times20} & & & \end{bmatrix}_{20\times20} \tag{8.46}$$

根据紧组合的原理图 8.12，可以计算出 $\hat{\boldsymbol{V}}_{D\_\text{INS}}$：

$$
\begin{aligned}
\hat{\boldsymbol{V}}_{D\_\mathrm{INS}} &= \boldsymbol{M}\hat{\boldsymbol{C}}_n^b\hat{\boldsymbol{V}}_{n\_\mathrm{INS}} = \boldsymbol{M}\boldsymbol{C}_n^b\left(\boldsymbol{I}_{3\times3}+[\boldsymbol{\phi}\times]\right)(\boldsymbol{V}_n+\delta\boldsymbol{V}_n) \\
&= \boldsymbol{M}\boldsymbol{C}_n^b\boldsymbol{V}_n+\boldsymbol{M}\boldsymbol{C}_n^b\delta\boldsymbol{V}_n+\boldsymbol{M}\boldsymbol{C}_n^b[\boldsymbol{\phi}\times]\boldsymbol{V}_n+\boldsymbol{M}\boldsymbol{C}_n^b[\boldsymbol{\phi}\times]\delta\boldsymbol{V}_n \\
&\approx \boldsymbol{M}\boldsymbol{C}_n^b\boldsymbol{V}_n+\boldsymbol{M}\boldsymbol{C}_n^b\delta\boldsymbol{V}_n+\boldsymbol{M}\boldsymbol{C}_n^b[\boldsymbol{\phi}\times]\boldsymbol{V}_n \\
&= \boldsymbol{V}_D+\boldsymbol{M}\boldsymbol{C}_n^b\delta\boldsymbol{V}_n-\boldsymbol{M}\boldsymbol{C}_n^b[\boldsymbol{V}_n\times\boldsymbol{\phi}]
\end{aligned}
\tag{8.47}
$$

由于$\boldsymbol{\phi}$和$\delta\boldsymbol{V}_n$都为小量，式(8.47)忽略了耦合项。那么卡尔曼滤波器的观测方程为

$$
\begin{aligned}
\boldsymbol{Z} &= \hat{\boldsymbol{V}}_{D\_\mathrm{INS}}-\hat{\boldsymbol{V}}_{D\_\mathrm{DVL}} \\
&= \boldsymbol{M}\boldsymbol{C}_n^b\delta\boldsymbol{V}_n-\boldsymbol{M}\boldsymbol{C}_n^b[\boldsymbol{V}_n\times]\boldsymbol{\phi}-\delta s_D\boldsymbol{V}_D-\delta\boldsymbol{b}_D-\boldsymbol{\omega}_D \\
&= \boldsymbol{H}\boldsymbol{X}+\boldsymbol{\omega}
\end{aligned}
\tag{8.48}
$$

式中，观测矩阵的具体形式为

$$
\boldsymbol{H}=\begin{bmatrix}0_{4\times3} & \boldsymbol{M}\boldsymbol{C}_n^b & -\boldsymbol{M}\boldsymbol{C}_n^b[\boldsymbol{V}_n\times] & 0_{4\times6} & -\boldsymbol{I}_{4\times4} & -\boldsymbol{V}_D\end{bmatrix}
\tag{8.49}
$$

由于大部分 AUV 装备了压力传感器(PS)，所以它可以获得较为精确的载体深度信息。SINS/DVL/PS 组合导航结构图如图 8.13 所示。

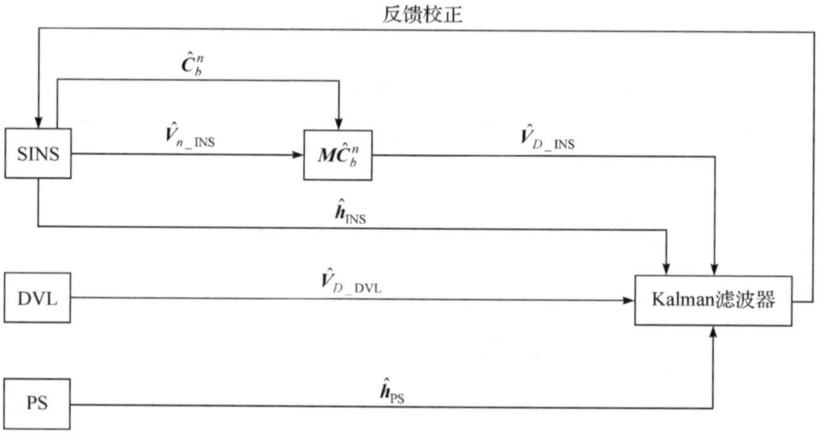

图 8.13 SINS/DVL/PS 组合导航结构图

将压力传感器测得的组合导航系统离海面的深度量测值建模成真值、常值误差δb_{PS}和白噪声误差ω_{PS}的叠加，具体如下：

$$
\hat{h}_{\mathrm{PS}}=h+\delta b_{\mathrm{PS}}+\omega_{\mathrm{PS}}
\tag{8.50}
$$

因此式(8.44)中的状态变量经过扩展后变成：

$$
\begin{aligned}
\boldsymbol{X}=\big[&\delta L \quad \delta\lambda \quad \delta h \quad \delta V_E \quad \delta V_N \quad \delta V_U \quad f_x \quad f_y \quad f_z \\
&\nabla_x \quad \nabla_y \quad \nabla_z \quad \varepsilon_x \quad \varepsilon_y \quad \varepsilon_z \quad \delta b_{D1} \quad \delta b_{D2} \quad \delta b_{D3} \quad \delta b_{D4} \quad \delta s_D \quad \delta b_{\mathrm{PS}}\big]^{\mathrm{T}}
\end{aligned}
\tag{8.51}
$$

卡尔曼滤波器的系统方程为

$$
\dot{\boldsymbol{X}}=\boldsymbol{A}\boldsymbol{X}+\boldsymbol{\omega}
\tag{8.52}
$$

卡尔曼滤波器的系统方程中的系统矩阵更改为

$$
\boldsymbol{A}=\begin{bmatrix} (\boldsymbol{A}_1)_{3\times3} & & (\boldsymbol{A}_2)_{3\times3} & & 0_{3\times9} & 0_{3\times6} \\ (\boldsymbol{A}_3)_{3\times3} & (\boldsymbol{A}_4)_{3\times3} & (\boldsymbol{A}_5)_{3\times3} & \boldsymbol{C}_b^n & 0_{3\times3} & 0_{3\times6} \\ (\boldsymbol{A}_6)_{3\times3} & (\boldsymbol{A}_7)_{3\times3} & (\boldsymbol{A}_8)_{3\times3} & 0_{3\times3} & -\boldsymbol{C}_b^n & 0_{3\times6} \\ & & 0_{12\times21} & & & \end{bmatrix}_{21\times21} \tag{8.53}
$$

卡尔曼滤波器的观测方程为

$$
\boldsymbol{Z}=\begin{bmatrix} \hat{V}_{D1\_\mathrm{INS}} \\ \hat{V}_{D2\_\mathrm{INS}} \\ \hat{V}_{D3\_\mathrm{INS}} \\ \hat{V}_{D4\_\mathrm{INS}} \\ \hat{h}_{\mathrm{INS}} \end{bmatrix}-\begin{bmatrix} \hat{V}_{D1\_\mathrm{DVL}} \\ \hat{V}_{D2\_\mathrm{DVL}} \\ \hat{V}_{D3\_\mathrm{DVL}} \\ \hat{V}_{D4\_\mathrm{DVL}} \\ \hat{h}_{\mathrm{PS}} \end{bmatrix}=\boldsymbol{HX}+\boldsymbol{\omega} \tag{8.54}
$$

观测矩阵更改为

$$
\boldsymbol{H}=\begin{bmatrix} 0_{4\times3} & \boldsymbol{MC}_n^b & -\boldsymbol{MC}_n^b[\boldsymbol{V}_n\times] & 0_{4\times6} & -\boldsymbol{I}_{4\times4} & -\boldsymbol{V}_D & 0_{4\times1} \\ 0_{1\times2} & 1 & & 0_{1\times17} & & & -1 \end{bmatrix} \tag{8.55}
$$

那么，经过式(8.52)和式(8.54)就可以对 SINS 和 DVL 的各项误差进行估计，以紧组合的方式达到导航的目的。

8.4　SINS/USBL 组合导航

USBL 的优点是体积小巧、方便 AUV 搭载；其缺点是定位精度有限。因此，一系列围绕提高 USBL 定位精度的工作得以展开。例如，从误差源出发，针对水下声速变化、声音传播模型不确定等问题提出了一系列的声线修正方法；针对水声基阵安装误差导致定位精度下降提出了一系列的标定方法。

8.4.1　USBL 的工作原理

USBL 的定位原理依赖于对斜距和入射角的求解。如果获得了目标应答器到基阵坐标原点的斜距 R，以及斜距与 x 轴和 y 轴的夹角 θ_{mx} 和 θ_{my}，即可确定出目标在基阵坐标系下的位置，再通过基阵坐标系与载体坐标系之间的转换关系，进而求解出目标的绝对位置，其中入射角 θ_{mx} 和 θ_{my} 通过波程差与相位差的关系进行求解。USBL 的定位原理示意图如图 8.14 所示。

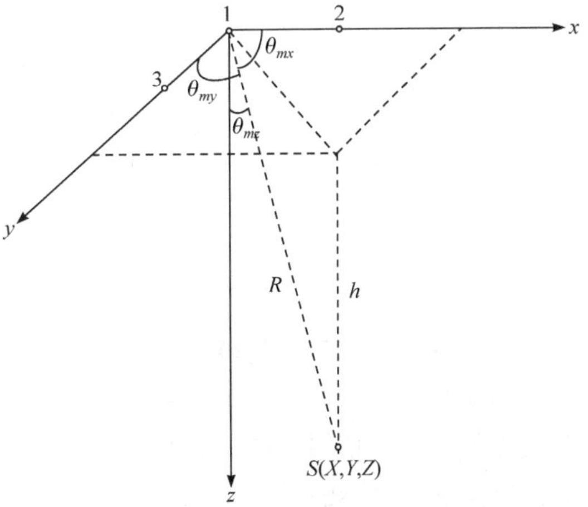

图 8.14　USBL 定位原理示意图

超短基线定位技术分为三元阵信标定位技术与四元阵信标定位技术。

1) 三元阵信标定位技术

传统的 USBL 声学基阵常使用长度小于发射信号波长$1/2$的三角阵列，三个水听器都处在两条彼此垂直的基线上，构成二维平面，而应答器所发射的信号在远点发射声线，与 x 轴和 y 轴之间的角度分别是 θ_{mx} 和 θ_{my}，应答器至基元的距离 R 可由声波传输时间求得，则有

$$R = \frac{1}{2} c T_{\mathrm{tr}} \tag{8.56}$$

$$R^2 = X_a^2 + Y_a^2 + h^2 \tag{8.57}$$

$$X_a^2 = R^2 \cos^2 \theta_{mx} \tag{8.58}$$

$$Y_a^2 = R^2 \cos^2 \theta_{my} \tag{8.59}$$

联立式(8.56)～式(8.59)，可以得到应答器在 x 轴和 y 轴的位置分量分别为

$$X_a = R \cos \theta_{mx} \tag{8.60}$$

$$Y_a = R \cos \theta_{my} \tag{8.61}$$

$$Z_a = h = R\sqrt{1 - \cos^2 \theta_{mx} - \cos^2 \theta_{my}} \tag{8.62}$$

由于基阵尺寸为几十厘米级，在远场下，可认为入射到各基元的声线信号是平面波形式。当声源信号频率为 f_0 时两个通道阵元接收到信号之间的相位差 ϕ 可由入射角 θ_m 描述：

$$\phi = \frac{2\pi d}{\lambda} \cos \theta_m \tag{8.63}$$

由式(8.60)～式(8.63)可得，当准确测得各路水听器间的相位差 ϕ 和应答器到声学基阵中心的斜距 R，就可以准确得到应答器相对于基阵的相对位置。

在三元阵列中，将到达1、2两路阵元的声信号的相位差记为 ϕ_{12}，1、3两路阵元接收信号的相位差记为 ϕ_{13}。远场情况下，认为入射到所有基元的声线平行，以平面波的形式发射，则采用角度/距离(angle/range)定位解算方式，即测相法，可通过如下几何关系得到目标三维位置坐标，得到 USBL 单独解算的结果：

$$X_a = R \cos \theta_{mx} = R \frac{\lambda \phi_{12}}{2\pi d} \tag{8.64}$$

$$Y_a = R \cos \theta_{my} = R \frac{\lambda \phi_{13}}{2\pi d} \tag{8.65}$$

$$Z_a = R \left(1 - \frac{\lambda^2 \phi_{12}^2}{4\pi^2 d^2} - \frac{\lambda^2 \phi_{13}^2}{4\pi^2 d^2} \right)^{1/2} \tag{8.66}$$

上述方法适用于应答器发射信号为窄带脉冲信号的形式，若声源信号用宽带信号描述，则采用测时法进行定位，即测量到达两路水听器信号间的时延差，从而得到相对坐标。设 x 轴两路阵元的声信号的时延差记为 τ_{mx}，y 轴两路阵元接收信号的时延差记为 τ_{my}，则三维坐标可由下面的空时关系得到：

$$X_a = R\cos\theta_{mx} = \frac{Rc\tau_{mx}}{d} \tag{8.67}$$

$$Y_a = R\cos\theta_{my} = \frac{Rc\tau_{my}}{d} \tag{8.68}$$

2) 四元阵信标定位技术

传统的三元基阵孔径一般较小，通常仅为 3～5cm，系统的定位精度受限。另一种传统阵型采用正交阵定位方法，“正交阵”是一个平面接收换能器阵。在平面阵上，垂直正交并且等间隔地布置 4 个特性完全一致的换能器接收基元，构成图 8.15 所示的平面正交阵。

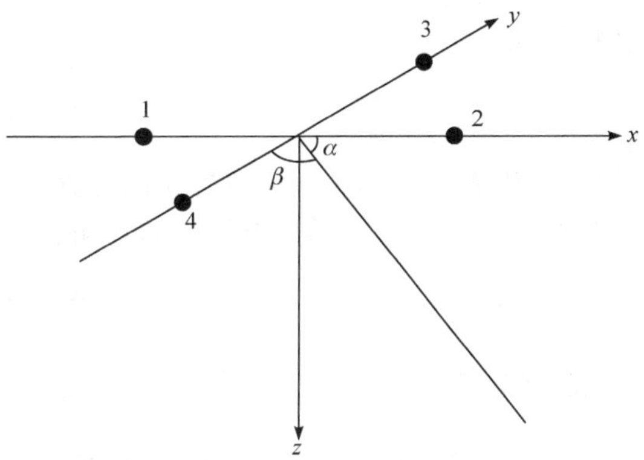

图 8.15　四元阵信标定位示意图

将换能器的 4 个接收基元记为1、2、3、4，它们到基阵中心的距离记为 r，以基阵中心作为原点建立 x-y 坐标系。应答器固定在水下载体上，依据三元阵定位原理，测量 1、2 收到信号的相位差可以求得 θ_x，测量 3、4 收到信号的相位差可以求得 θ_y，测量发射信号到接收基阵的传输时间 t 可以得到斜距 R，代入解算公式即可得到目标位置信息。

假设声基阵坐标系为 a 系，水面艇的船坐标系为 b 系，大地坐标系为 g 系，则水下航行器在 b 系下的位置 $\boldsymbol{P}_t^b$ 为

$$\boldsymbol{P}_t^b = \boldsymbol{P}_a^b + \boldsymbol{R}_a^b \boldsymbol{P}_t^a \tag{8.69}$$

式中，$\boldsymbol{P}_t^a$ 为目标在 a 系中的位置；$\boldsymbol{P}_a^b$ 为声基阵在船坐标系 b 系中的位置，也称为安装平移误差，可通过系统标定得到；$\boldsymbol{R}_a^b$ 为 a 系到 b 系之间的转换矩阵，即安装旋转偏差，也可通过系统标定得到。USBL 导航定位系统示意图如图 8.16 所示。

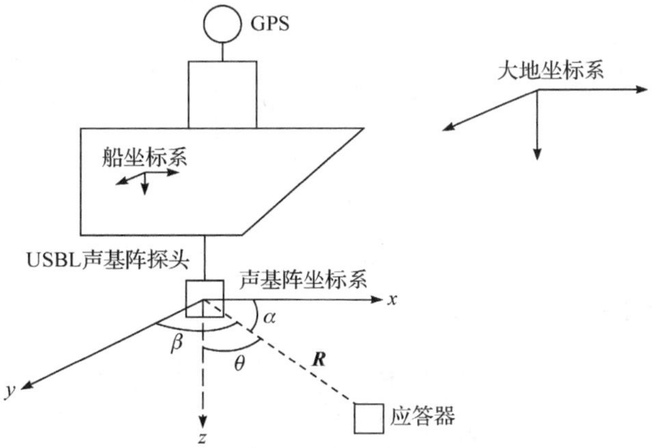

图 8.16　USBL 导航定位系统示意图

目标与声基阵坐标系原点 O 的距离为位置矢量 $\boldsymbol{R}$，则 $\boldsymbol{P}_t^a$ 可由式(8.70)获得：

$$\begin{cases} x_a = R\cos\alpha\sin\beta \\ y_a = R\cos\alpha\cos\beta \\ z_a = R\sin\alpha \end{cases} \tag{8.70}$$

水下航行器在大地坐标系中的位置可由其在船坐标系 b 系到大地坐标系 g 系进行坐标转换得到：

$$\boldsymbol{P}_t^g = \boldsymbol{P}_b^g + \boldsymbol{R}_b^g \boldsymbol{P}_t^b \tag{8.71}$$

式中，$\boldsymbol{P}_t^g$ 表示目标在大地坐标系的位置；$\boldsymbol{P}_b^g$ 表示水面艇在大地坐标系的位置；$\boldsymbol{R}_b^g$ 表示从船坐标系到大地坐标系的旋转矩阵。可得水下航行器在大地坐标系的位置：

$$\boldsymbol{P}_t^g = \boldsymbol{P}_b^g + \boldsymbol{R}_b^g \boldsymbol{P}_a^b + \boldsymbol{R}_b^g \boldsymbol{R}_a^b \boldsymbol{P}_t^a \tag{8.72}$$

8.4.2 SINS/USBL 组合导航系统的状态方程

建立 SINS/USBL 组合导航系统的状态方程之前，先选取东北天(E-N-U)地理坐标系为导航坐标系，选取光纤捷联惯导系统导航参数的误差量作为系统的状态量，即选取位置误差(δL、$\delta\lambda$、δh)、东北天方向上的速度误差(δV_E、δV_N、δV_U)、姿态误差角(ϕ_x、ϕ_y、ϕ_z)、沿载体坐标系 x、y、z 轴上的陀螺仪的随机漂移(ε_x、ε_y、ε_z)和加速度计的零偏(∇_x、∇_y、∇_z)作为状态量，建立状态向量如下：

$$\boldsymbol{X} = \begin{bmatrix} \delta L & \delta\lambda & \delta h & \delta V_E & \delta V_N & \delta V_U & \phi_x & \phi_y & \phi_z & \varepsilon_x & \varepsilon_y & \varepsilon_z & \nabla_x & \nabla_y & \nabla_z \end{bmatrix}^{\mathrm{T}} \tag{8.73}$$

SINS/USBL 组合导航系统的状态方程如下：

$$\dot{\boldsymbol{X}}(t) = \boldsymbol{F}(t)\boldsymbol{X}(t) + \boldsymbol{G}(t)\boldsymbol{W}(t) \tag{8.74}$$

系统噪声：

$$\boldsymbol{W}(t) = \begin{bmatrix} n_{ax} & n_{ay} & n_{az} & n_{\omega x} & n_{\omega y} & n_{\omega z} \end{bmatrix}^{\mathrm{T}} \tag{8.75}$$

噪声驱动矩阵：

$$\boldsymbol{G}(t) = \begin{bmatrix} 0_{3\times3} & 0_{3\times3} \\ \boldsymbol{C}_b^n & 0_{3\times3} \\ 0_{3\times3} & \boldsymbol{C}_b^n \\ 0_{6\times3} & 0_{6\times3} \end{bmatrix} \tag{8.76}$$

将 $\boldsymbol{F}(t)$ 改写为如下形式的分块矩阵：

$$\boldsymbol{F}(t) = \begin{bmatrix} \boldsymbol{F}_{11} & \boldsymbol{F}_{12} & 0 & 0 \\ \boldsymbol{F}_{21} & \boldsymbol{F}_{22} & \boldsymbol{F}_{23} & \boldsymbol{F}_{24} \\ \boldsymbol{F}_{31} & \boldsymbol{F}_{32} & \boldsymbol{F}_{33} & \boldsymbol{F}_{34} \\ 0 & 0 & 0 & \boldsymbol{F}_{44} \end{bmatrix} \tag{8.77}$$

式中

$$\boldsymbol{F}_{11}=\begin{bmatrix}0 & 0 & -\dfrac{V_N}{(R_M+h)^2}\\ \dfrac{V_E}{R_N+h}\tan L\sec L & 0 & -\dfrac{V_E}{(R_N+h)^2}\sec L\\ 0 & 0 & 0\end{bmatrix} \tag{8.78}$$

$$\boldsymbol{F}_{12}=\begin{bmatrix}0 & \dfrac{1}{R_M+h} & 0\\ \dfrac{\sec L}{R_N+h} & 0 & 0\\ 0 & 0 & 1\end{bmatrix} \tag{8.79}$$

$$\boldsymbol{F}_{21}=\begin{bmatrix}2\omega_{ie}\cos L V_N+\dfrac{V_E V_N}{R_N+h}\sec^2 L+2\omega_{ie}\sin L V_U & 0 & \dfrac{V_E V_U-V_E V_N\tan L}{(R_N+h)^2}\\ -\left(2\omega_{ie}\cos L V_E+\dfrac{V_E{}^2\tan L}{R_N+h}\right) & 0 & \dfrac{V_E^2\tan L}{(R_N+h)^2}+\dfrac{V_N V_U}{(R_M+h)^2}\\ -2\omega_{ie}V_E\sin L & 0 & -\left(\dfrac{V_E^2}{(R_N+h)^2}+\dfrac{V_N^2}{(R_M+h)^2}\right)\end{bmatrix} \tag{8.80}$$

$$\boldsymbol{F}_{22}=\begin{bmatrix}\dfrac{V_N}{R_N+h}\tan L-\dfrac{V_U}{R_N+h} & 2\omega_{ie}\sin L+\dfrac{V_E}{R_N+h}\cdot\tan L & -\left(2\omega_{ie}\cos L+\dfrac{V_E}{R_N+h}\right)\\ -\left(2\omega_{ie}\sin L+\dfrac{V_E\tan L}{R_N+h}\right) & -\dfrac{V_U}{R_M+h} & -\dfrac{V_N}{R_M+h}\\ 2\omega_{ie}\cos L+\dfrac{V_E}{R_N+h} & \dfrac{2V_N}{R_M+h} & 0\end{bmatrix} \tag{8.81}$$

$$\boldsymbol{F}_{23}=\begin{bmatrix}0 & -\phi_z & \phi_y\\ \phi_z & 0 & -\phi_x\\ -\phi_y & \phi_x & 0\end{bmatrix} \tag{8.82}$$

$$\boldsymbol{F}_{24}=\begin{bmatrix}0_{3\times 3} & \boldsymbol{C}_b^n\end{bmatrix} \tag{8.83}$$

$$\boldsymbol{F}_{31}=\begin{bmatrix}0 & 0 & \dfrac{V_N}{(R_M+h)^2}\\ -\omega_{ie}\sin L & 0 & -\dfrac{V_E}{(R_N+h)^2}\\ \omega_{ie}\cos L+\dfrac{V_E\sec^2 L}{R_N+h} & 0 & -\dfrac{V_E\tan L}{(R_N+h)^2}\end{bmatrix} \tag{8.84}$$

$$\boldsymbol{F}_{32}=\begin{bmatrix}0 & -\dfrac{1}{R_M+h} & 0\\ -\dfrac{1}{R_N+h} & 0 & 0\\ \dfrac{\tan L}{R_N+h} & 0 & 0\end{bmatrix} \tag{8.85}$$

$$\boldsymbol{F}_{33}=\begin{bmatrix}0 & \omega_{ie}\sin L+\dfrac{V_E\tan L}{R_N+h} & -\left(\omega_{ie}\cos L+\dfrac{V_E}{R_N+h}\right)\\ \omega_{ie}\sin L+\dfrac{V_E\tan L}{R_N+h} & 0 & -\dfrac{V_N}{R_M+h}\\ \omega_{ie}\cos L+\dfrac{V_E}{R_N+h} & -\dfrac{V_N}{R_M+h} & 0\end{bmatrix} \tag{8.86}$$

$$\boldsymbol{F}_{34}=\begin{bmatrix}\boldsymbol{C}_b^n & 0_{3\times3}\end{bmatrix} \tag{8.87}$$

$$\boldsymbol{F}_{44}=\mathrm{diag}\left(-\alpha \quad -\alpha \quad -\alpha \quad -\beta \quad -\beta \quad -\beta\right) \tag{8.88}$$

8.4.3　SINS/USBL 组合导航系统的量测方程

载体在地球坐标系中的位置坐标为 $\boldsymbol{p}=\begin{bmatrix}L & \lambda & h\end{bmatrix}^{\mathrm{T}}$，载体在地球直角坐标系下的位置坐标为 $(x,y,z)^{\mathrm{T}}$，两种坐标之间互相进行转换的方程如下：

$$\begin{aligned}x&=(R_N+h)\cos L\cos\lambda\\ y&=(R_N+h)\cos L\sin\lambda\\ z&=\left[R_N\left(1-e^2\right)+h\right]\sin L\end{aligned} \tag{8.89}$$

对式(8.89)两侧求全微分可得

$$\begin{aligned}\delta_x&=-(R_N+h)\sin L\cos\lambda\delta L-(R_N+h)\cos L\sin\lambda\delta\lambda+\cos L\cos\lambda\delta h\\ \delta_y&=-(R_N+h)\sin L\sin\lambda\delta L+(R_N+h)\cos L\cos\lambda\delta\lambda+\cos L\sin\lambda\delta h\\ \delta_z&=\left[R_N\left(1-e^2\right)+h\right]\cos L\delta L+\sin L\delta h\end{aligned} \tag{8.90}$$

转换成矩阵形式如下：

$$\begin{bmatrix}\delta_x\\ \delta_y\\ \delta_z\end{bmatrix}=\begin{bmatrix}-(R_N+h)\sin L\cos\lambda & -(R_N+h)\cos L\sin\lambda & \cos L\cos\lambda\\ -(R_N+h)\sin L\sin\lambda & (R_N+h)\cos L\cos\lambda & \cos L\sin\lambda\\ \left[R_N\left(1-e^2\right)+h\right]\cos L & 0 & \sin L\end{bmatrix}\begin{bmatrix}\delta L\\ \delta\lambda\\ \delta h\end{bmatrix}=A\begin{bmatrix}\delta L\\ \delta\lambda\\ \delta h\end{bmatrix} \tag{8.91}$$

可以得到载体坐标系下 USBL 估计出应答器的解算位置为

$$\boldsymbol{B}_r=\boldsymbol{R}^{\mathrm{T}}(\boldsymbol{s}-\boldsymbol{p})+\boldsymbol{n}_r \tag{8.92}$$

式中，$\boldsymbol{s}$ 为地球坐标系下应答器的位置信息，由于应答器是事先布置在海底的，所以把它当作已知量；$\boldsymbol{p}$ 为地球坐标系下载体的位置信息，理想情况下它和 SINS 解算出的位置信息一致；$\boldsymbol{n}_r$ 为超短基线系统的位置量测噪声。

式(8.92)的矩阵形式为

$$\begin{bmatrix} B_{rx} \\ B_{ry} \\ B_{rz} \end{bmatrix} = \left(\boldsymbol{C}_n^e \boldsymbol{C}_b^n\right)^{\mathrm{T}} \begin{bmatrix} s_x - p_x \\ s_y - p_y \\ s_z - p_z \end{bmatrix} + \begin{bmatrix} n_{rx} \\ n_{ry} \\ n_{rz} \end{bmatrix} \tag{8.93}$$

在光纤捷联惯导系统进行自身导航解算的过程中，理想的导航坐标系(n 系)与惯导实际解算出的导航坐标系(p 系)存在小角度的平台失准角，解算出的导航坐标系到理想导航坐标系的旋转矩阵可用该角度表示为

$$\boldsymbol{C}_p^n = \begin{bmatrix} 1 & -\phi_z & \phi_y \\ \phi_z & 1 & -\phi_x \\ -\phi_y & \phi_x & 1 \end{bmatrix} = \boldsymbol{I} + [\boldsymbol{\phi}\times] \tag{8.94}$$

式中，$\boldsymbol{I}$ 是 3×3 的单位矩阵；$\boldsymbol{\phi}\times$ 是由失准角 $\boldsymbol{\phi} = \begin{bmatrix} \phi_x & \phi_y & \phi_z \end{bmatrix}^{\mathrm{T}}$ 三轴分量组成的反对称矩阵。

SINS 可以解算出地球坐标系下载体的位置 $\hat{\boldsymbol{p}}$ 和旋转矩阵 $\hat{\boldsymbol{R}}$，具体如下：

$$\hat{\boldsymbol{p}} = \begin{bmatrix} \hat{p}_x & \hat{p}_y & \hat{p}_z \end{bmatrix}^{\mathrm{T}} \tag{8.95}$$

$$\hat{\boldsymbol{R}} = \boldsymbol{C}_p^e \boldsymbol{C}_b^p \tag{8.96}$$

所以，SINS 所估计出的载体坐标系下应答器的位置信息如下：

$$\boldsymbol{B}_{\hat{r}} = \hat{\boldsymbol{R}}^{\mathrm{T}}(\boldsymbol{s} - \hat{\boldsymbol{p}}) \tag{8.97}$$

式中，矩阵形式为

$$\begin{bmatrix} B_{\hat{r}x} \\ B_{\hat{r}y} \\ B_{\hat{r}z} \end{bmatrix} = \boldsymbol{C}_p^b \boldsymbol{C}_e^p \begin{bmatrix} s_x - \hat{p}_x \\ s_y - \hat{p}_y \\ s_z - \hat{p}_z \end{bmatrix} + \begin{bmatrix} n_{rx} \\ n_{ry} \\ n_{rz} \end{bmatrix} \tag{8.98}$$

由误差方程可知 $\delta\boldsymbol{p}$ 和 $\hat{\boldsymbol{R}}\boldsymbol{R}^{\mathrm{T}}$ 分别为

$$\delta\boldsymbol{p} = \hat{\boldsymbol{p}} - \boldsymbol{p} \tag{8.99}$$

$$\hat{\boldsymbol{R}}\boldsymbol{R}^{\mathrm{T}} = \boldsymbol{C}_p^n = \boldsymbol{I}_3 + [\boldsymbol{\phi}\times] \tag{8.100}$$

将式(8.99)、式(8.100)代入式(8.97)可以得到：

$$\begin{aligned} \boldsymbol{B}_r &= \hat{\boldsymbol{R}}^{\mathrm{T}}\left([\boldsymbol{\phi}\times] + \boldsymbol{I}_3\right)(\boldsymbol{s} + \delta\boldsymbol{p} - \hat{\boldsymbol{p}}) + \boldsymbol{n}_r \\ &= \hat{\boldsymbol{R}}^{\mathrm{T}}\left([\boldsymbol{\phi}\times] + \boldsymbol{I}_3\right)\hat{\boldsymbol{R}}\hat{\boldsymbol{R}}^{\mathrm{T}}\left[(\boldsymbol{s} - \hat{\boldsymbol{p}}) + \delta\boldsymbol{p}\right] + \boldsymbol{n}_r \\ &= \hat{\boldsymbol{R}}^{\mathrm{T}}\left([\boldsymbol{\phi}\times] + \boldsymbol{I}_3\right)\left(\hat{\boldsymbol{R}}\boldsymbol{B}_{\hat{r}} + \delta\boldsymbol{p}\right) + \boldsymbol{n}_r \\ &= \hat{\boldsymbol{R}}^{\mathrm{T}}[\boldsymbol{\phi}\times]\hat{\boldsymbol{R}}\boldsymbol{B}_{\hat{r}} + \hat{\boldsymbol{R}}^{\mathrm{T}}[\boldsymbol{\phi}\times]\delta\boldsymbol{p} + \boldsymbol{B}_{\hat{r}} + \hat{\boldsymbol{R}}^{\mathrm{T}}\delta\boldsymbol{p} + \boldsymbol{n}_r \end{aligned} \tag{8.101}$$

忽略 $[\boldsymbol{\phi}\times]\delta\boldsymbol{p}$ 二阶小量的影响，将式(8.101)改写成如下形式：

$$\boldsymbol{B}_r = \boldsymbol{B}_{\hat{r}} + \hat{\boldsymbol{R}}^{\mathrm{T}}\delta\boldsymbol{p} - [\boldsymbol{B}_{\hat{r}}\times]\hat{\boldsymbol{R}}^{\mathrm{T}}\boldsymbol{\phi} + \boldsymbol{n}_r \tag{8.102}$$

将式(8.97)、式(8.102)做差，得到 USBL 和 SINS 解算的位置误差如下：

$$\delta \boldsymbol{r} = \boldsymbol{B}_r - \boldsymbol{B}_{\hat{r}} = \hat{\boldsymbol{R}}^{\mathrm{T}} \delta \boldsymbol{p} - [\boldsymbol{B}_{\hat{r}} \times] \hat{\boldsymbol{R}}^{\mathrm{T}} \boldsymbol{\phi} + \boldsymbol{n}_r \tag{8.103}$$

根据式(8.91)将地球直角坐标系中的 x、y、z 转换为经纬度坐标，写成矩阵形式为

$$\begin{bmatrix} \delta r_x \\ \delta r_y \\ \delta r_z \end{bmatrix} = \boldsymbol{C}_p^b \boldsymbol{C}_c^p \boldsymbol{A} \begin{bmatrix} \delta L \\ \delta \lambda \\ \delta h \end{bmatrix} - \begin{bmatrix} 0 & -B_{\hat{r}z} & B_{\hat{r}y} \\ B_{\hat{r}z} & 0 & -B_{\hat{r}x} \\ -B_{\hat{r}y} & B_{\hat{r}x} & 0 \end{bmatrix} \boldsymbol{C}_p^b \boldsymbol{C}_e^p \begin{bmatrix} \varphi_E \\ \varphi_N \\ \varphi_U \end{bmatrix} + \begin{bmatrix} n_{rx} \\ n_{ry} \\ n_{rz} \end{bmatrix} \tag{8.104}$$

选取位置误差为观测量，那么有

$$\boldsymbol{Z}(t) = \begin{bmatrix} \boldsymbol{C}_p^b \boldsymbol{C}_e^p \boldsymbol{A} & -[\boldsymbol{B}_{\hat{r}} \times] \hat{\boldsymbol{R}}^{\mathrm{T}} \end{bmatrix} \begin{bmatrix} \delta \boldsymbol{p} \\ \boldsymbol{\phi} \end{bmatrix} + \boldsymbol{n}_r \tag{8.105}$$

那么量测方程为

$$\boldsymbol{Z}(t) = \boldsymbol{H}(t) \boldsymbol{X}(t) + \boldsymbol{V}(t) \tag{8.106}$$

量测矩阵为

$$\boldsymbol{H}(t) = \begin{bmatrix} \boldsymbol{C}_p^b \boldsymbol{C}_e^p \boldsymbol{A} & 0_{3\times3} & -[\boldsymbol{B}_{\hat{r}} \times] \hat{\boldsymbol{R}}^{\mathrm{T}} & 0_{3\times6} \end{bmatrix} \tag{8.107}$$

式中

$$\begin{gathered} \hat{\boldsymbol{R}}^{\mathrm{T}} = \boldsymbol{C}_p^b \boldsymbol{C}_e^p \\ -[\boldsymbol{B}_{\hat{r}} \times] \hat{\boldsymbol{R}}^{\mathrm{T}} = -\begin{bmatrix} 0 & -B_{\hat{r}z} & B_{\hat{r}y} \\ B_{\hat{r}z} & 0 & -B_{\hat{r}x} \\ -B_{\hat{r}y} & B_{\hat{r}x} & 0 \end{bmatrix} \boldsymbol{C}_p^b \boldsymbol{C}_e^p \end{gathered} \tag{8.108}$$

量测噪声符合零均值的高斯分布，具体形式如下：

$$\boldsymbol{v}(t) = \begin{bmatrix} n_{rx} \\ n_{ry} \\ n_{rz} \end{bmatrix} \tag{8.109}$$

那么根据式(8.74)和式(8.106)就可以进行 SINS/USBL 的组合导航。

第 9 章　水下机器人的控制系统

微课

水下机器人作为一种能够替代人类在水下完成某些作业任务的智能化装备，正在被越来越广泛地应用于海洋领域。水下机器人的控制规划系统是机器人能够正常工作的关键，优秀的控制规划系统可以提高水下机器人的工作效率和精度。本章将从有缆型和无缆型水下机器人控制系统的架构、全局和局部规划方案，以及一个较为复杂的控制实例来展开，对水下机器人在作业过程中的控制规划系统进行深入研究。

9.1　无缆型水下机器人的控制系统

1. 自主水下机器人控制系统架构

各种研究表明，对于自主水下机器人(AUV)，可以将其控制系统分为任务层、规划层、执行层的三层级联控制系统，对于只涉及轨迹跟踪的 AUV 控制行为，仅需要保留规划层与执行层。规划层通过目标的运动轨迹以及 AUV 的本身运动特性，并且结合目标的速度、角速度，给出 AUV 跟踪目标航线所需的期望航向角、期望俯仰角、期望速度。执行层根据跟踪规划层给出的期望航向角、期望俯仰角、期望速度计算得出控制信息如纵向推力、舵的角度，然后通过调节螺旋桨与舵使 AUV 达到期望位置，从而完成跟踪任务。AUV 的控制系统架构如图 9.1 所示。

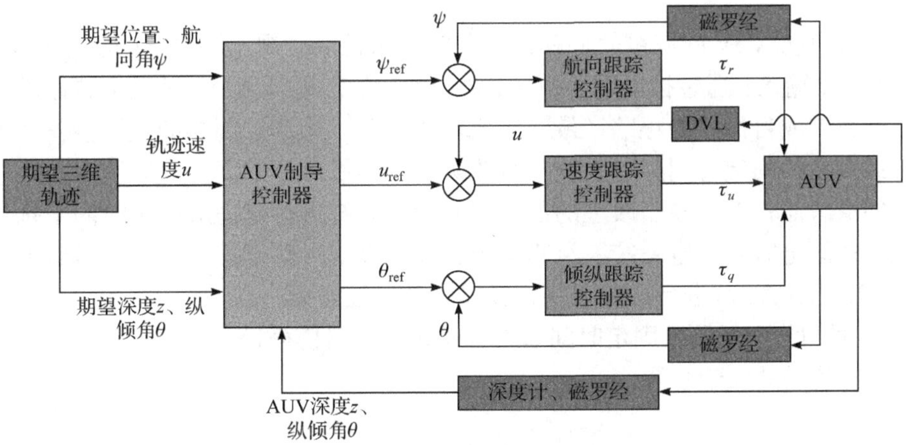

图 9.1　自主水下机器人的控制系统架构

2. 全局路径规划方法

全局路径规划是指在环境信息已知的情况下对水下机器人的路径进行规划。全局路径规划对于规划算法的实时性要求不高，主要是运用一些搜索算法或优化算法对路径进行搜索。这些搜索方法主要包括基于环境建模的图搜索算法和基于机器学习的算法等。

传统的基于几何图搜索的算法具有计算速度快、鲁棒性强以及构造简单的优点，但是随着规划问题的复杂化和特殊化，它会显现出各种各样的缺点，并且局部收敛一直是传统的路径规划算法的一大难题。基于人工智能的规划算法主要包括基于进化算法的规划算法以及基于强化学习的规划算法。基于人工智能的规划算法搜索性能强大、具有较高的实时性，并且能够应对复杂、多层次、多任务的水下作业任务，是当今机器人路径规划技术的前沿方向。

3. 局部路径规划方法

水下机器人的局部路径规划是在环境信息完全未知或有部分可知的情况下，侧重于考虑水下机器人当前的局部环境信息，让水下机器人具有良好的避障能力，通过传感器对水下机器人的工作环境进行探测，以获取障碍物的位置和几何性质等信息，这种规划需要搜集环境数据，并且对该环境模型的动态更新能够随时进行校正。局部路径规划方法将对环境的建模与搜索融为一体，要求水下机器人系统具有高速的信息处理能力和计算能力，对环境误差和噪声有较高的鲁棒性，能对规划结果进行实时反馈和校正，对于规划算法的实时性、稳定性要求较高，并且要适应未知障碍物情况。

常用的水下机器人局部路径规划算法包括动态窗口法(dynamic window approach，DWA)、快速扩展随机树(rapidly exploring random tree，RRT)算法、人工势场(artificial potential field，APF)算法等，用于规划水下机器人在局部环境中的最优路径。

局部路径规划和全局路径规划并没有本质上的区别，很多适用于全局路径规划的方法经过改进也可以用于局部路径规划，而适用于局部路径规划的方法同样经过改进后也可适用于全局路径规划。两者协同工作，水下机器人可更好地规划从起始点到终点的行走路径。

4. 轨迹跟踪控制

在进行欠驱动 AUV 的三维轨迹跟踪任务时，执行层对规划层给出的状态 (u,θ,ψ) 进行跟踪，得到控制输入，通过控制输入对 AUV 的运动状态进行调节，从而完成跟踪控制任务实现对三维轨迹或目标点的跟踪，最终完成对接任务。运动控制器的设计步骤如下：首先对过去已经存在的固定时间控制系统进行改进，利用修改后的固定时间稳定系统设计一个非奇异终端滑膜面；然后基于改进的固定时间稳定系统进行自适应固定时间干扰观测器的设计；最后在固定时间稳定系统、滑膜面与自适应固定时间干扰观测器的基础上设计运动控制器，对状态 (u,θ,ψ) 进行准确跟踪，具体设计过程如下。

1) 固定时间稳定系统及固定时间非奇异快速终端滑模面设计

考虑具有扰动的二阶系统：

$$\begin{cases}\dot{e}_1 = e_2 \\ \dot{e}_2 = F(e) + B(e)u + D\end{cases} \tag{9.1}$$

式中，e_1、e_2 为系统状态；$F(e)$ 与 $B(e)$ 为连续地关于 e 的非线性函数；u 为控制输入；D 为外界干扰。

假设一个下面的动态系统：

$$\dot{y} = f(y) \tag{9.2}$$

式中，非线性函数 f 是关于 y 连续的，初始状态 $y(0)=y_0$，假设(9.2)的原点是一个平衡点，可以根据以上规定初步得到固定时间系统的定义与相关引理。

定义 1：如果系统(9.2)是全局有限时间稳定的，则该系统任意解 $y(t,y_0)$ 在某个有限时间内达到平衡，则称系统是全局有限时间稳定的，即 $\forall t \geqslant T(y_0), y(t)=0$。

定义 2：如果系统(9.2)是全局渐近稳定的，且沉降时间函数 $T(y_0)$ 是有界的，则称系统是全局固定时间稳定的，存在 $T_{\max}>0$ 时，$T(y_0)<T_{\max}$。

引理 1：考虑一个非线性系统：

$$
\begin{aligned}
&\dot{e}_1(t)=-(k_1|e_1(t)|^{\gamma(\alpha,\beta,e_1(t))}+k_2|e_1(t)|^{\beta})\operatorname{sign}(e_1(t)) \\
&\gamma(\alpha,\beta,e_1(t))=\alpha/2+\beta/2+(\alpha/2-\beta/2)\operatorname{sign}(|e_1(t)|-1)
\end{aligned}
\tag{9.3}
$$

式中，$k>0,\alpha>0,1>\beta>0$，该系统是固定时间稳定的，假设 $e(0)=e_0>0$，其收敛时间 T_e 可以表示为

$$
\begin{aligned}
T_e&=-\frac{1}{k_1}\frac{1}{\alpha-1}\mathrm{e}^{-\alpha+1}\Bigg|+\frac{1}{k_2}\frac{1}{1-\beta}\mathrm{e}^{-\beta+1}\Bigg|_1^{e(0)}+\frac{1}{k_1+k_2}\frac{1}{1-\beta}\mathrm{e}^{-\beta+1}\Bigg|_0^1 \\
&<\frac{1}{k_2}\frac{1}{\alpha-1}\ln\left(1+\frac{k_2}{k_1}\right)+\frac{1}{k_1+k_2}\frac{1}{1-\beta}
\end{aligned}
\tag{9.4}
$$

即 $T_e \leqslant T_{\max}(\alpha,\beta,k)$，则这个系统为固定时间稳定系统。

引理 2：考虑一个非线性系统：

$$
\begin{aligned}
&\dot{e}(t)=-k_1|e(t)|^{\gamma(\alpha,e(t))}\operatorname{sign}(e(t))-k_2|e(t)|^{\partial(\alpha,\beta,e(t))}\operatorname{sign}(e(t)) \\
&\gamma(\alpha,e(t))=(\alpha+1)/2+(\alpha-1)/2\operatorname{sign}(|e(t)|-1) \\
&\partial(\beta,e(t))=\beta/2+1/2\beta+(1/2\beta-\beta/2)\operatorname{sign}(|e(t)|-1)
\end{aligned}
\tag{9.5}
$$

式中，$k>0,\alpha>1,1>\beta>0$，根据定义 1、定义 2，系统是固定时间稳定的，收敛时间 T 为

$$
\begin{aligned}
T<T_e&=\frac{1}{\alpha-1}\int_0^1\frac{1}{\alpha+\beta z_1^{\delta}}\mathrm{d}z+\int_0^1\frac{1}{-(k_1|e(t)|+k_2|e(t)|^{\beta})}\mathrm{d}e \\
&\leqslant\frac{1}{k_2(\alpha-1)}\ln\left(1+\frac{k_2}{k_1}\right)+\frac{1}{k_2(1-\beta)}\ln\left(1+\frac{k_1}{k_2}\right)
\end{aligned}
\tag{9.6}
$$

证明：为了得到收敛时间的上界，讨论以下两种情况。

情况 1：当 $e(t)>1$ 时，非线性系统可以改写为

$$
\dot{e}(t)=-k_1\operatorname{sig}^{\alpha}(e(t))-k_2\operatorname{sig}^{\frac{1}{\beta}}(e(t))
\tag{9.7}
$$

令 $z=|e(t)|^{1-\alpha}$，则 $\dot{z}=(1-\alpha)|e(t)|^{-\alpha}\dot{e}(t)*\operatorname{sign}(e(t))$；令 $\delta=\dfrac{1-\alpha\beta}{\beta-\alpha\beta}<1$，则 $\dfrac{1}{1-\alpha}\dot{z}=-k_1-k_2z^{\delta}$，因此当 $e(t)>1$ 时的稳定时间 T_1 可以由式(9.8)得到：

$$
T_1=\frac{1}{\alpha-1}\int_0^1\frac{1}{\alpha+\beta z_1^{\delta}}\mathrm{d}z\leqslant\frac{1}{k_2(\alpha-1)}\ln\left(1+\frac{k_2}{k_1}\right)
\tag{9.8}
$$

情况 2：当$0<e(t)<1$，非线性系统可以改写为

$$\dot{e}(t)=-k_1e(t)-k_2\text{sig}^{\beta}(e(t)) \tag{9.9}$$

收敛时间T_2可以由式(9.10)得到：

$$T_2=\int_1^{e(0)}\frac{1}{-(k_1|e(t)|+k_2|e(t)|^{\beta})}\text{d}e\leqslant\frac{1}{k_2(1-\beta)}\ln\left(1+\frac{k_1}{k_2}\right) \tag{9.10}$$

根据情况 1 和情况 2 可以得到非线性系统的收敛时间T为

$$\begin{aligned}T_e=T_1+T_2&=\frac{1}{\alpha-1}\int_0^1\frac{1}{\alpha+\beta z_1^{\delta}}\text{d}z+\int_1^{e(0)}\frac{1}{-(k_1|e(t)|+k_2|e(t)|^{\beta})}\text{d}e\\&\leqslant\frac{1}{k_2(\alpha-1)}\ln\left(1+\frac{k_2}{k_1}\right)+\frac{1}{k_2(1-\beta)}\ln\left(1+\frac{k_1}{k_2}\right)\end{aligned} \tag{9.11}$$

证明完毕。

引理 2 为在引理 1 的基础上设计的固定时间稳定系统，当$k_1=k_2$时，设计的固定时间稳定系统的收敛时间明显小于引理 1，收敛速度具有很大提升，如图 9.2 所示。

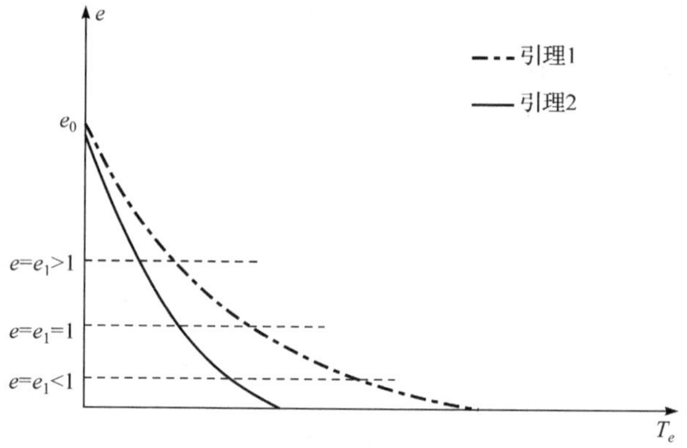

图 9.2　引理 1 与引理 2 的收敛示意图

从图 9.2 可知，引理 1 与引理 2 的轨道都是单调递减的，从引理 1 与系统方程可以得到，当$e=e_1>1$时，$\dot{e}_1=-(k_1e_1^{\alpha}+k_2e_1^{\beta})$，$\dot{e}=-(k_1e^{\alpha}+k_2e^{1/\beta})$，可以得到$\dot{e}_1>\dot{e}$，即如图 9.2 所示引理 2 系统的斜率绝对值大于引理 1，可以得到提出的引理 2 系统在$e=e_1>1$时的收敛速度大于引理 1 系统，其收敛时间与引理 1 系统相比具有优越性。当$e=e_1<1$时，$\dot{e}_1=-(k_1e_1^{\beta}+k_2e_1^{\beta})$，$\dot{e}=-(k_1e^{\beta}+k_2e^{\beta})$，可以得到$\dot{e}_1>\dot{e}$，即如图 9.2 所示引理 2 系统在$e=e_1<1$时的斜率绝对值大于引理 1，可以得知其收敛速度与时间都优于引理 1 系统。综上可知，提出的固定时间稳定系统相对于原始系统具有很大的优越性以及先进性。

根据引理 2，一个新的固定时间终端滑模面可以设计为

$$S=k_3e_1^{\gamma(\alpha,e_1)}+k_4e_1^{\partial(\beta,e_1)}+e_2 \tag{9.12}$$

式中

$$\gamma(\alpha,e(t)) = (\alpha+1)/2 + (\alpha-1)/2\mathrm{sign}(|e_1|-1)$$
$$\partial(\beta,e(t)) = \beta/2 + 1/(2\beta) + (1/(2\beta) - \beta/2)\mathrm{sign}(|e_1|-1) \tag{9.13}$$

将式(9.12)的固定时间终端滑模面对时间进行求导，可以得到：

$$\dot{S} = k_3\gamma|e_1|^{\gamma-1}e_2 + k_4\partial|e_1|^{\partial-1} + \dot{e}_2 \tag{9.14}$$

由于从式(9.14)可以得到，当$e_1 = 0$时，$\partial - 1 < 0$，即该滑膜面会产生非奇异问题。

为了避免非奇异问题，对$e_1 \leqslant 1$的滑膜面进行修改，定义一个函数为

$$w(e_1) = \begin{cases} |e_1|^{\varphi}\mathrm{sign}(e_1), & e_1 > \delta \\ a\sin e_1 + b|e_1|^{\theta}\mathrm{sign}(e_1), & e_1 \leqslant \delta \end{cases} \tag{9.15}$$

式中，$a = \dfrac{\beta * \delta^{\beta} - \theta * \delta^{\beta}}{\delta * \cos\delta - \theta * \sin\delta}; b = \dfrac{\beta * \delta^{\beta-1} - a\cos\delta}{\theta\delta^{\theta-1}}$；$1 < \theta < 2; 0 < \delta < 1$。

将式(9.15)代入式(9.14)可以得到：

$$S = \begin{cases} k_3|e_1|^{\alpha}\mathrm{sign}(e_1) + k_4|e_1|^{1/\beta}\mathrm{sign}(e_1) + e_2, & |e_1| > 1 \\ k_3e_1 + k_4|e_1|^{\beta}\mathrm{sign}(e_1) + e_2, & 1 \geqslant |e_1| > \delta \\ k_3e_1 + e_2 + k_4(a\sin e_1 + b * |e_1|^{\theta}\mathrm{sign}(e_1)), & |e_1| < \delta \end{cases} \tag{9.16}$$

对式(9.16)求导可以得到不存在$e_1 = 0$时出现非奇异问题。

所以可以得到最终的非奇异固定时间终端滑膜面如式(9.16)所示，其分为三个部分，可以实现在远离平衡点与接近平衡点的快速收敛，当$e_1 < \delta$时，为了避免非奇异问题采用了一般的滑膜面。

2) 基于自适应干扰观测器的非奇异固定时间终端滑模面控制器设计

基于前面设计的自适应固定时间干扰观测器以及给出的 AUV 的运动学与动力学方程，进行机器人的艏向角、纵倾角以及纵向速度的跟踪控制器设计，并与改进前的固定时间稳定系统进行收敛速度的比较分析。其结构如图 9.3 所示，最后进行固定时间收敛以及稳定性分析。

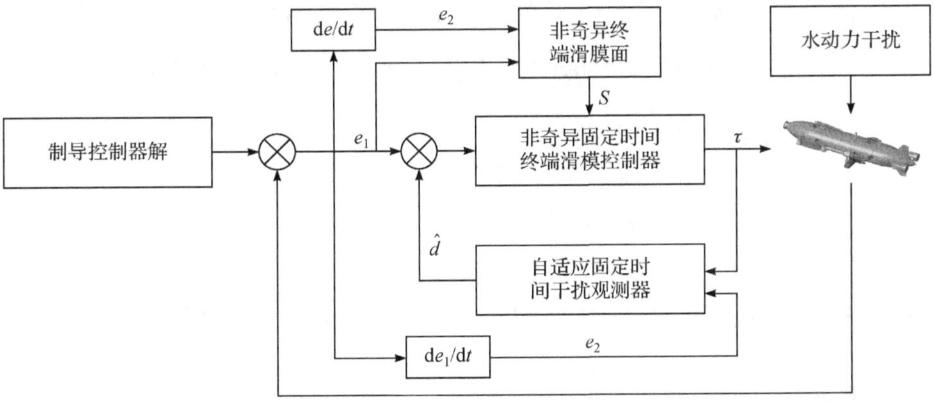

图 9.3　基于自适应固定时间干扰观测器的非奇异固定时间终端滑模控制器结构

(1) 纵向速度控制器设计。

速度控制实际可以转换为位置变化率的控制，令 AUV 在水平面运动的实际速度为

$u=(u,v,r)$，期望的纵向速度为u_{ref}，可以得到机器人的纵向位置状态偏差与偏差变化率为

$$\begin{cases} e_1 = x_{\text{ref}} - x = \int (u_{\text{ref}} - u)\,\mathrm{d}t \\ \dot{e}_1 = e_2 = \dot{x}_{\text{ref}} - \dot{x} = \int (\dot{u}_{\text{ref}} - \dot{u})\,\mathrm{d}t \end{cases} \tag{9.17}$$

根据水平面动力学方程式，可以得到：

$$\begin{aligned} \dot{u} = (&X_{qq}q^2 + X_{rr}r^2 + (X_{vr}+m)vr + (X_{wq}-m)wq \\ &+ X_{vv}v^2 + X_{uu}u^2 + X_{ww}w^2 + \tau_u + d_u)/(m - X_{\dot{u}}) \end{aligned} \tag{9.18}$$

根据式(9.17)和式(9.18)可以得到速度的误差状态方程为

$$\begin{cases} \dot{e}_1 = e_2 = u_{\text{ref}} - u \\ \dot{e}_2 = \dot{u}_{\text{ref}} - \dot{u} = \dot{u}_{\text{ref}} - ((X_{qq}q^2 + X_{rr}r^2 + (X_{vr}+m)vr + (X_{wq}-m)wq \\ \qquad + X_{vv}v^2 + X_{uu}u^2 + X_{ww}w^2 + \tau_u + d_u)/(m - X_{\dot{u}})) \end{cases} \tag{9.19}$$

根据式(9.16)设计的滑膜面以及误差状态方程，所提出的滑膜面的时间导数可以由式(9.20)给出：

$$\dot{S} = \begin{cases} k_3\alpha_1 |e_1|^{\alpha_1 - 1} e_2 + k_4(1/\beta_1)|e_1|^{1/\beta_1 - 1} e_2 + \dot{e}_2, & |e_1| > 1 \\ k_3 e_2 + k_4\beta_1 |e_1|^{\beta_1 - 1} e_2 + \dot{e}_2, & 1 \geqslant |e_1| > \delta \\ k_3 e_2 + \dot{e}_2 + k_4(a\cos e_1 e_2 + b * \theta |e_1|^{\theta - 1} e_2), & |e_1| < \delta \end{cases} \tag{9.20}$$

为了使 AUV 的实际速度能够快速地达到期望速度，采用引理 2 实际的固定时间稳定系统构建固定时间到达律为

$$\begin{cases} \dot{S} = -k_1 |S|^{\gamma_2(\alpha_2, S)} \operatorname{sign}(S) - k_2 |S|^{\partial_2(\beta_2, S)} \operatorname{sign}(S) \\ \gamma_2(\alpha, S) = (\alpha_2 + 1)/2 + (\alpha_2 - 1)/2\operatorname{sign}(|S| - 1) \\ \partial_2(\beta, S) = \beta_2/2 + 1/(2\beta_2) + (1/(2\beta_2) - \beta_2/2)\operatorname{sign}(|S| - 1) \end{cases} \tag{9.21}$$

基于前面设计的自适应干扰观测器，将式(9.20)代入式(9.21)可以得到一种新的基于自适应干扰观测器的固定时间非奇异快速终端滑模控制器：

$$\tau_u = \begin{cases} -M_1(k_1|S|^{\gamma_2}\operatorname{sign}(S) + k_2|S|^{\partial_2}\operatorname{sign}(S) - k_3 e_1^{\gamma_1 - 1} * \gamma_1 * e_2 \\ -k_4 e_1^{\partial_1 - 1} * e_2 * \partial_1) - N_1, & e_1 > \delta \\ -M_1(k_1|S|^{\gamma_2}\operatorname{sign}(S) + k_2|S|^{\partial_2}\operatorname{sign}(S) - k_3 e_2 \\ -k_4(a\cos e_1 e_2 - b * \theta e_1^{\theta - 1}\operatorname{sign}(e_1)) - N_1, & e_1 \leqslant \delta \end{cases} \tag{9.22}$$

式中

$$N_1 = X_{qq}q^2 + X_{rr}r^2 + (X_{vr}+m)vr + (X_{wq}-m)wq + X_{vv}v^2 + X_{uu}u^2 + X_{ww}w^2 + \hat{d}_u$$

$$M_1 = m - X_{\dot{u}}$$

(2) 艏向控制器设计。

AUV 在水下对接过程中依靠垂直舵来改变前进方向即改变艏向，艏向的控制需要考虑纵向运动、横向运动以及艏摇运动，即其水平面运动的速度状态向量为$\boldsymbol{v}=(u,v,r)$，然后根据摇艏运动方程为

$$\dot{r}=\frac{N_2+\tau_r+d_r}{M_2} \tag{9.23}$$

式中

$$\begin{aligned}N_2&=N_{r|r|}r|r|+N_{qr}qr+N_{\dot{v}}\dot{v}+N_{wr}wr+N_{vq}vq\\&+N_rur+N_{|v|r}\sqrt{(v^2+w^2)}r+N_{uu}u^2+N_{vw}vw\\&+N_{uv}uv+N_{v|v|}v\sqrt{(v^2+w^2)}-I_{zy}\dot{q}+(I_{xy}q+I_{xz}r)q\end{aligned} \tag{9.24}$$

$$M_2=I_z-N_{\dot{r}} \tag{9.25}$$

然后，令 AUV 在实际航行过程中的艏向角为ψ，对接过程中的期望航向角为ψ_{ref}，跟踪误差为$e_1=\psi_{\text{ref}}-\psi$，误差变化率为$e_2=\dot{\psi}_{\text{ref}}-\dot{\psi}$，结合跟踪误差状态方程可以表示为

$$\begin{cases}\dot{e}_1=e_2=\dot{\psi}_{\text{ref}}-\dot{\psi}=r_{\text{ref}}-r\\\dot{e}_2=-\dot{r}=-\left(\dfrac{N_2}{M_2}r+\dfrac{1}{M_2}\tau_r+\dfrac{1}{M_2}d_r\right)\end{cases} \tag{9.26}$$

与速度控制器设计方法一致，航向控制器的控制律为

$$\tau_r=\begin{cases}-M_2(k_1|S|^{\gamma_2}\operatorname{sign}(S)+k_2|S|^{\partial_2}\operatorname{sign}(S)-k_3e_1^{\gamma_1-1}*\gamma_2*e_2\\\qquad -k_4e_1^{\partial_1-1}*e_2*\partial_1)-(N_2+\hat{d}_r), & e_1>\delta\\-M_2(k_1|S|^{\gamma_2}\operatorname{sign}(S)+k_2|S|^{\partial_2}\operatorname{sign}(S)-k_3e_2-k_4(a\cos e_1e_2\\\qquad -b*\theta e_1^{\theta-1}\operatorname{sign}(e_1)))-(N_2+\hat{d}_r), & e_1\leqslant\delta\end{cases} \tag{9.27}$$

(3) 纵倾控制器设计。

AUV 在水下对接过程中依靠水平舵改变纵倾角θ的同时来改变深度z，垂直面的控制考虑的是纵向速度、俯仰运动以及升沉运动，即垂直面速度$v=(u,w,q)$，通过动力学方程可以得到纵倾运动方程为

$$\dot{q}=\frac{N_3+\tau_q+d_q}{M_3} \tag{9.28}$$

式中

$$\begin{aligned}N_3&=M_{q|q|}q|q|+(M_{rr}-I_{xz})r^2+M_{\dot{w}}\dot{w}+M_{vr}vr+M_{uq}uq\\&+M_{|w|q}\sqrt{(v^2+w^2)}q+M_{uu}u^2+M_{vv}v^2+M_{uv}uv+M_{uw}uw\\&+M_{u|w|}u|w|+Z_{ww}w\sqrt{(v^2+w^2)}+Z_{w|w|}|w|\sqrt{(v^2+w^2)}-I_{yz}\dot{r}\\&-I_{xy}qr-(z_G-z_B)W\sin\theta\end{aligned} \tag{9.29}$$

$$M_3=I_{yy}-M_{\dot{q}} \tag{9.30}$$

令对接过程中的期望纵倾角为θ_{ref}，跟踪误差为$e_1=\theta_{\text{ref}}-\theta$，误差变化率为$e_2=\dot{\theta}_{\text{ref}}-\dot{\theta}$，结合纵倾动力学方程，跟踪误差状态方程可以表示为

$$\begin{cases}\dot{e}_1=e_2=\dot{\theta}_{\text{ref}}-\dot{\theta}=q_{\text{ref}}-q\\\dot{e}_2=-\dot{q}=-\left(\dfrac{N_3}{M_3}+\dfrac{1}{M_3}\tau_q+\dfrac{1}{M_3}d_q\right)\end{cases} \tag{9.31}$$

与速度控制器设计方法一致，根据误差状态方程纵倾控制律设计为

$$\tau_q = \begin{cases} -M_3(k_1|S|^{\gamma_2}\operatorname{sign}(S) + k_2|S|^{\partial_2}\operatorname{sign}(S) - k_3 e_1^{\gamma_1 - 1} * \gamma_1 * e_2 \\ \qquad - k_4 e_1^{\partial_1 - 1} * e_2 * \partial_1) - (N_3 + \hat{d}_q), & e_1 > \delta \\ -M_3(k_1|S|^{\gamma_2}\operatorname{sign}(S) + k_2|S|^{\partial_2}\operatorname{sign}(S) - k_3 e_2 - k_4(a\cos e_1 e_2 \\ \qquad - b * \theta e_1^{\theta - 1}\operatorname{sign}(e_1))) - (N_3 + \hat{d}_q), & e_1 \leqslant \delta \end{cases} \tag{9.32}$$

9.2　有缆型水下机器人的控制系统

本节侧重于研究有缆型水下机器人的控制系统硬件架构和控制算法设计，重点介绍当前主流的设计理念和实用算法设计方式。

1. 有缆型水下机器人控制系统架构

首先传统常见的 ROV 的控制信号传递流程图如图 9.4 所示。

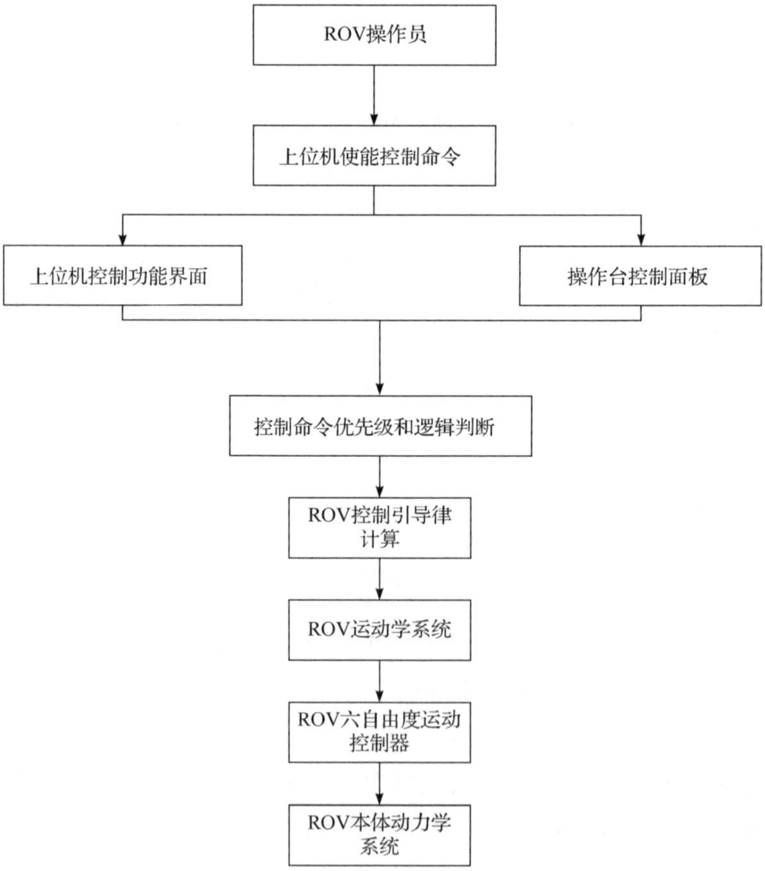

图 9.4　控制信号传递流程图

通过流程图 9.4 可以看出，上位机控制部分具有两部分：ROV 操作员使用上位机和 ROV。

ROV 操作员所使用的上位机通常包含以下部分：操作员使用的控制台，可以实现 ROV 的各种控制和视觉功能；电源的使能接口、摄像头的远近焦调节功能；ROV 的云台控制功能；推进器控制功能，包括使得 ROV 进退、横移、升沉和转艏；自动控制功能选择界面，包括保持航向、深度和高度；控制水下机器人各部分器件的电源开关；以及发生各种问题的紧急暂停按钮。

值得一提的是，自动控制功能中的定深和定高控制在功能上是互相影响的，不能同时进行，因为二者在原理上互斥。

控制功能如表 9.1 所示。

表 9.1　ROV 的自动控制功能

序号	功能	目的	传感器
1	保持	保持当前位姿	罗经或 DVL
2	定高	保持特定高度	高度计
3	定深	保持特定深度	深度计
4	半自动航向	保持航向(可调)	罗经
5	自动航向	保持固定航向	罗经

以上不同的控制模式或者功能可以通过 ROV 的操作员利用上位机进行设置。

(1) 保持：机器人将会根据当前位置进行保持形式的控制。

(2) 定高：机器人将会根据设定好的高度进行垂向调整，使其保持固定的高度。

(3) 定深：机器人将会根据设定好的深度进行垂向调整，使其保持固定的深度。

(4) 半自动航向：机器人会根据设定好的航向进行移动，但其依然可以受到上位机的遥控操纵，可在移动过程中进行改变。

(5) 自动航向：机器人会根据设定好的航行进行移动，与半自动航向不同的是，其在运动过程中不受上位机进行方向的遥控，会保持固定的航向进行移动。

2. 有缆型水下机器人的动力定位控制技术

有缆型水下机器人的动力定位控制系统是整体的驾驶系统和主控选择，其性能的好坏将会直接影响到水下有缆型机器人能否按照想法来完成作业使命。从控制算法角度来说，动力定位控制技术主要包括两部分：ROV 的动力学模型和闭环控制算法设计。

水下机器人的六自由度刚体模型已在相关文献或书籍中给出较为详细的分析过程，这里针对控制所需要的模型结果给出：

$$\boldsymbol{M}\dot{\boldsymbol{v}} + \boldsymbol{C}(\boldsymbol{v})\boldsymbol{v} + \boldsymbol{D}(\boldsymbol{v}) + \boldsymbol{G}(\boldsymbol{v}) = \boldsymbol{\tau}_v \tag{9.33}$$

式中，$\boldsymbol{M}$ 为水下机器人惯性矩阵；$\boldsymbol{C}(\boldsymbol{v})$ 为科里奥利力与向心力矩阵；$\boldsymbol{D}(\boldsymbol{v})$ 为阻尼矩阵；$\boldsymbol{G}(\boldsymbol{v})$ 为重力与浮力矩阵；$\boldsymbol{\tau}_v$ 为控制力/力矩向量。

控制算法的设计就是根据以上数学模型进行研究，通过设计合理的控制律来保障机器人能够根据需要和当前的实时位姿、外部实时环境得到当前推进器的输出。不同的控制律设计还会带来不同的设计效果，因此需要根据任务进行详细分析。

闭环控制算法设计作为本节的重点介绍部分，这里给出几种比较具有代表性且在工程中较为常见的控制算法设计理论，并进行着重分析。

1) 数字 PID

PID 控制器作为一种发展于 20 世纪 70 年代的控制思想，早已经过多年的发展和研究形成了一套完备的控制算法，表 9.2 给出不同形式的 PID 表达式。

表 9.2　PID 控制器的各种形式

算法	表达式	说明
时域	$u(t)=K_p\left[e(t)+\frac{1}{T_i}\int_0^t e(t)\mathrm{d}t+T_d\frac{\mathrm{d}e(t)}{\mathrm{d}t}\right]$	$u(t)$ 为调节器输出； $e(t)$ 为设定值和被控量之差； K_p 为调节器的放大系数； T_i 为调节器的时间积分常数； T_d 为调节器的微分时间常数
拉氏	$\frac{U(s)}{E(s)}=D(s)=K_p\left(1+\frac{1}{T_i s}+T_d s\right)$	
差分	$u(k)=u(k-1)+K_p[e(k)-e(k-1)]+K_i e(k)$ $+K_p[e(k)-2e(k-1)+e(k-2)]$	
Z 域	$G(z)=K_p+K_i\frac{1}{1-z^{-1}}+K_d(1-z^{-1})$	$K_i=\frac{K_p T}{T_d}$，$K_d=\frac{K_p T_d}{T}$
增量	$\Delta u(k)=K_p\Delta e(k)+K_i e(k)$ $+K_d[\Delta e(k)-\Delta e(k-1)]$	$\Delta e(k)=e(k)-e(k-1)$

但是有缆型水下机器人作为一种在水下环境中工作的机器人，具有强非线性的动力学性能，针对这种情况设计控制算法的时候，为了获得更好的控制效果和作业能力，往往不能采用全程单一算法的方式进行设计，因此，很多时候会针对不同的工作情况和工作环境使用不同参数组的控制算法进行机器人作业。PID 作为较为基础的控制算法，虽然参数简单较为容易设计，但同时也难以具备处理各种复杂环境和突变情况的能力，因此，在实际使用中往往会采用分段设计的形式进行 PID 控制器的设计。基于这种设计思想往往有两种实际操作方式，第一种是根据作业时间进行分段的方式切换控制参数组的设计，通过在有缆型水下机器人不同作业时间下，判断其作业情况，进而选取时间点进行控制参数的切换。另一种则是根据机器人不同的运行位姿进行切换，通过自身携带的各类传感器返回系统的各种状态，根据状态的变化设定切换点，进而切换不同 PID 参数组，通过预先设定的多种 PID 参数组用以处理各种不同的水下作业情况。

2) S 面控制

S 面控制又称为滑模控制，是一种非线性的控制策略，也是鲁棒控制器中的一类控制算法，也是水下机器人常用的工程实际控制算法。

滑模控制的原理图如图 9.5 所示。

根据图 9.5，本节假定一个系统的状态方程可以用如下形式表述：

$$x^{(n)}(t)=f(x,t)+u(t) \tag{9.34}$$

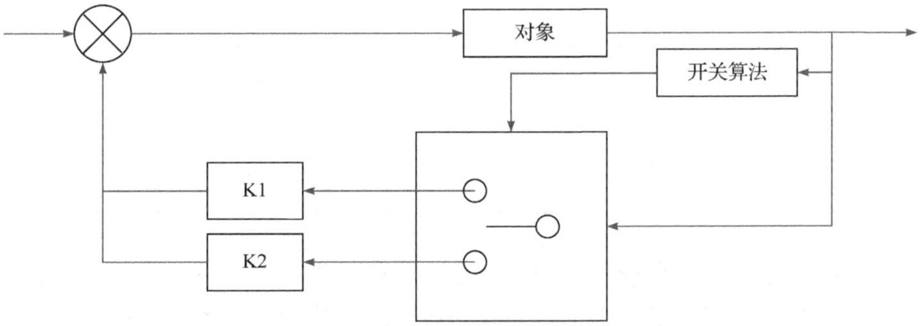

图 9.5　滑模控制的原理图

式中，$x^{(n)}(t)$ 为系统的状态变量；$f(x,t)$ 为系统的动力学描述，一般情况下是关于系统状态变量的时变非线性函数；$u(t)$ 为系统控制量。

对于有缆型水下机器人的定位问题就是让系统状态变量能够满足期望，也就是等于预先设定值，那么就会有所谓的期望状态：

$$x_d^{(n)}(t)=[x_d,\dot{x}_d,\cdots,x_d^{(n-1)}] \tag{9.35}$$

那么从控制的角度出发，就会有期望误差如下：

$$\tilde{x}=x^{(n)}(t)-x_d^{(n)}(t) \tag{9.36}$$

因此在此基础上即可定义时变的空间滑动曲面：

$$S(\tilde{x},t)=\left(\frac{\mathrm{d}}{\mathrm{d}t}+\lambda\right)^{n-1}\tilde{x} \tag{9.37}$$

式中，λ 为一个正整数。如果在 $t=0$ 时刻系统状态与期望跟踪状态相等，即

$$x(t)\big|_{t=0}=x_d(t)\big|_{t=0} \tag{9.38}$$

也就是 $\tilde{x}(t)\big|_{t=0}=0$。那么原本定位控制就会变成选择一种控制 $u(t)$ 使得系统状态能够停留在 $S(\tilde{x},t)=0$ 上。因为滑模面满足 $S(\tilde{x},t)=0$ 的唯一解就是 $\tilde{x}\equiv 0$，这种方式就把问题简化成使得一个滑模面满足条件即可，进而使得控制问题得到了简化。

在以上这些已经大量用于工程实际的成熟算法之上，经过这些年前人的深入研究，近年来出现许多可以针对各类复杂情况进行处理，或是具备各种特殊性能的先进控制理论。下面举出两种比较有代表性的控制算法。

3) 终端滑模控制

终端滑模由传统滑模控制发展而来，其特点就在于滑模面的设计方式有其特殊性，表 9.3 给出几种具有代表性的设计理念。

表 9.3　终端滑模控制器的各种形式

控制分类	代表性公式	收敛时间
有限时间	$\dot{V}\leqslant-\alpha V^p$，$\alpha>0,p\in(0,1)$	$T\leqslant\dfrac{V_0^{1-p}}{\alpha(1-p)}$
固定时间	$\dot{V}\leqslant-\beta V\mp\alpha V^p$，$\alpha,\beta>0,p\in(0,1)$	$T=\dfrac{1}{\pm\beta(1-p)}\ln\dfrac{\alpha\pm\beta V_0^{1-p}}{\alpha}$

续表

控制分类	代表性公式	收敛时间
规定时间	$\dot{V} \leqslant -2k\mu V + R^+ , \quad 0 \leqslant R^+ < +\infty$ $\mu = \dfrac{T}{T-t} , \quad \mu = \begin{cases} 1, & t = 0 \\ +\infty, & t \to T \end{cases}$	$T = T$

有限时间和固定时间具有较为类似的特点：都能够根据设计参数和初始值让系统在一定时间内实现状态沉降和稳定，固定时间在系统状态沉降速度上大于有限时间控制设计，但缺点也比较明显，其性能收敛时间不明朗，而且会受到初始状态的影响。

规定时间是近几年在有限时间和固定时间的基础上发展而来的，通过设计特定的时间函数，系统状态的收敛时间可以预先设定，而且可以较为直观地展示系统收敛时间，收敛时间不受初始状态和期望的影响，只由设计者提前设计的参数决定。但其具有较为明确的缺点，就是如果设定时间过小或者初始状态误差过大，会导致控制输出达到一个难以实现的水平，往往在使用此类算法的时候都会受限于机器的物理条件，因此在机器人上的实用性并不高。

4) 模型预测控制

模型预测控制是近些年比较先进的控制算法，它是一种离散形式的控制算法，其采用根据历史状态和预测多步时间之后的状态来指定控制输出，形成预测功能。它的当前控制动作是在每一个采样瞬间通过求解一个有限时域开环最优控制问题而获得。过程的当前状态作为最优控制问题的初始状态，解得的最优控制序列只实施第一个控制作用。这是它与那些使用预先计算控制律的算法的最大不同。模型预测控制本质上是求解一个开环最优控制问题。它的思想与具体的模型无关，但是实现则与模型有关。模型预测控制在设计的时候，往往具有目标函数和代价函数的设计。

模型预测控制通过测定周围状态，并设计目标函数和代价函数，其中还有根据实际作业需求设计的权重参数，通过在线计算，得到一组控制输出使得其满足设计条件，实现一种最优解，因此其本质上也可以理解为一种规划，规划控制器的输出使得整体系统满足控制任务需求。

近些年随着人工智能的热度上升，控制也发展了许多具备一定自我学习能力和记忆能力的算法，在下面举出其中比较有名的神经网络。

5) 人工神经网络

人工神经网络是一种仿生学的计算技术。这里展示一种简单的神经元模型，以及一种多层传播的神经网络模型，如图 9.6 和图 9.7 所示。

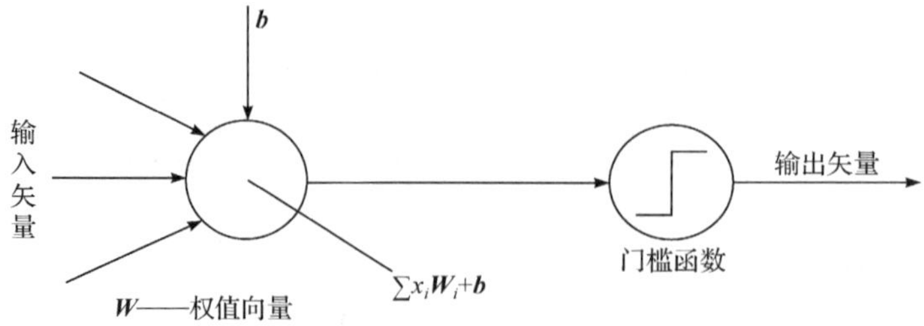

图 9.6　神经元模型

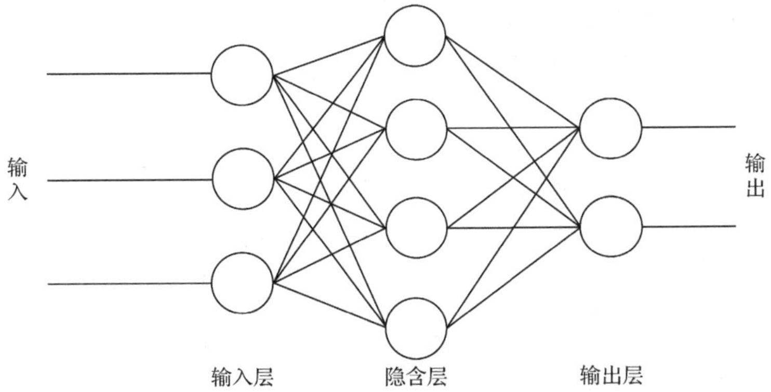

图 9.7 神经网络模型

神经网络就是利用大量神经元形成的网络。在机器人领域使用较多的就是径向基函数神经网络，其实质是使网络的输出和期望的输出进行比较，然后根据两者之间的差来调整网络权值，最终使误差的平方变小，这种学习方法需要有足够的样本和充足的调整权值的时间。

通常使用的监督学习法是误差反向传播(back propagation，BP)学习法，BP 神经网络结构如图 9.8 所示，其误差的计算从输出层向输入层方向进行。

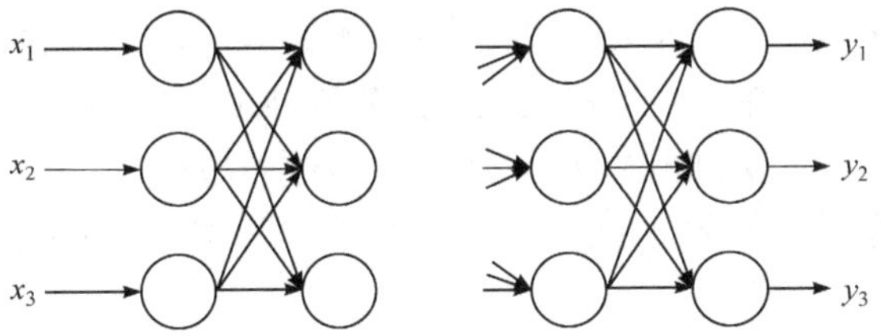

图 9.8 BP 神经网络结构图

通过不断地修正权值来改变神经网络的输出，最终使其和期望的输出一致即可。

3. 基于外干扰的控制技术

针对有缆型水下机器人往往会在环境干扰较大的水下进行作业这一情形，其会在水下受到来自洋流、风浪，以及因自身数学建模不完善而导致的误差。这会对机器人整体产生很大的影响，因此在实际中都会专门设计算法来对干扰进行处理，常见的处理外界干扰的方式有性能约束控制、RBF 神经网络、自适应控制等。

1) 性能约束控制

干扰作为一种外部不可控的变量，自然也无法预测其会对本体造成哪些影响，因此干扰往往会导致机器人本体和期望状态产生偏离，具有一些较大的状态差值。在一些特殊环境和期望状态如果偏离较大的情况下，会出现许多难以预测的情况，甚至是周围较近距离存在岩石等障碍物，会发生机器人和障碍物的碰撞，会导致机器人的损坏以及作业任务的失败，因此需要对机器人的状态进行强约束，使其在安全范围内进行调整。

性能约束往往根据系统误差来设定控制变量输出，当系统状态在事先指定的范围内时，性能约束并没有太大的效果，当系统状态接近事先制定的安全范围边界时，性能约束就会开始工作，令控制输出较大，使得整体系统的状态能够快速恢复常规水平，远离性能边界，以保障机器人在有些特殊情况下的安全性。

这里给出性能约束的简单示意图，如图 9.9 所示。

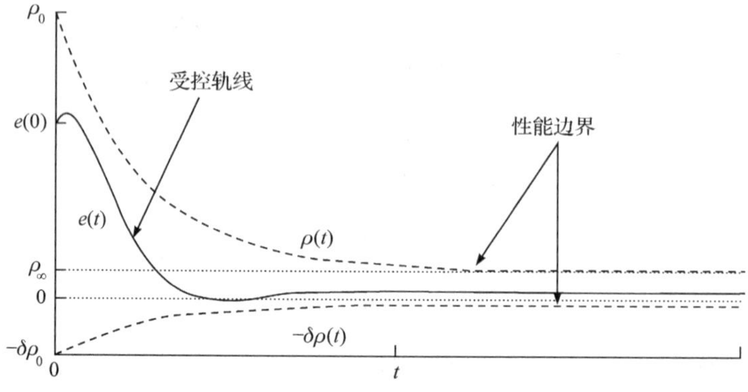

图 9.9　性能约束控制的简单示意图

通过图 9.9 可以看出，性能约束设计的理念就是设计性能边界，通过时刻检测机器人的状态数值，对机器人的状态数值进行严格限制，使其在一定范围内进行变化和调整。

2) RBF 神经网络

神经网络不仅具备一定的自学习能力，同时还具有一定的记忆能力，因此针对固定海域范围内的外界干扰往往会在一定范围内变化。针对这种时变但变化幅度较低的外界干扰，可以采用神经网络拟合其所受到的外界干扰力，通过一段时间的逼近和调整，使神经网络的输出基本可以较好地拟合外界干扰。这里举出常用来处理外界干扰的径向基函数(radial basis function，RBF)神经网络算法。

RBF 神经网络属于前向神经网络类型，它能够以任意精度逼近任意连续函数，因此对于连续时变的外部干扰，采用 RBF 神经网络进行拟合非常合适。

其中最具有代表性的高斯基函数如下：

$$h(x)=\exp\left(-\frac{(x-c)^2}{r^2}\right) \tag{9.39}$$

通过上述高斯基函数设计的神经网络公式如下：

$$y_j=\sum_{i=1}^{h}W_{ij}\exp\left(-\frac{1}{2\sigma^2}\left\|x_p-c_i\right\|^2\right),\quad j=1,2,3,\cdots,n \tag{9.40}$$

RBF 神经网络的结构与多层前向网络类似，它是一种三层前向网络。输入层由信号源节点组成；第二层为隐含层，隐单元数视所描述问题的需要而定，隐单元的变换函数是径向基函数，它是对中心点径向对称且衰减的非负非线性函数；第三层为输出层，它对输入模式的作用作出响应。从输入层空间到隐含层空间的变换是非线性的，而从隐含层空间到输出层空间的变换是线性的。

RBF 神经网络的基本思想是：用 RBF 作为隐单元的“基”构成隐含层空间，这样就可将输入矢量直接(即不需要通过权连接)映射到隐空间。根据 Cover 定理，低维空间不可分的数据到了高维空间会更有可能变得可分。换句话来说，RBF 神经网络的隐含层的功能就是将低维空间的输入通过非线性函数映射到一个高维空间。然后在这个高维空间进行曲线的拟合。它等价于在一个隐含的高维空间寻找一个能最佳拟合训练数据的表面。这点与普通的多层感知器(multilayer perceptron，MLP)是不同的。

当 RBF 的中心点确定以后，这种映射关系也就确定了。而隐含层空间到输出层空间的映射是线性的，即网络的输出是隐单元输出的线性加权和，此处的权值即为网络可调参数。由此可见，从总体上看，网络由输入到输出的映射是非线性的，而网络输出对可调参数而言却又是线性的。这样网络的权值就可由线性方程组直接解出，从而大大加快学习速度并避免局部极小问题。

从另一个方面也可以这样理解，多层感知器(包括 BP 神经网络)的隐节点基函数采用线性函数，激活函数则采用 Sigmoid 函数或硬极限函数。而 RBF 神经网络的隐节点的基函数采用距离函数(如欧氏距离)，并使用径向基函数(如 Gaussian 函数)作为激活函数。径向基函数关于 n 维空间的一个中心点具有径向对称性，而且神经元的输入离该中心点越远，神经元的激活程度就越低，隐节点的这一特性常称为“局部特性”。

3) 自适应控制

自适应控制的研究对象是具有一定程度不确定性的系统，这里“不确定性”是指描述被控对象及其环境的数学模型不是完全确定的，其中包含一些未知因素和随机因素。

任何一个实际系统都具有不同程度的不确定性，这些不确定性有时突出在系统内部，有时突出在系统外部。从系统内部来讲，描述被控对象的数学模型的结构和参数，设计者事先并不一定能准确知道。作为外部环境对系统的影响，可以等效地用许多扰动来表示。这些扰动通常是不可预测的。此外，还有一些测量时产生的不确定因素进入系统。面对这些客观存在的各式各样的不确定性，如何设计适当的控制作用，使得某一指定的性能指标达到并保持最优或者近似最优，这就是自适应控制所要研究解决的问题。

自适应控制与常规的反馈控制和最优控制一样，也是一种基于数学模型的控制方法，所不同的只是自适应控制所依据的关于模型和扰动的先验知识比较少，需要在系统的运行过程中不断提取有关模型的信息，使模型逐步完善。具体地说，可以依据对象的输入输出数据，不断地辨识模型参数，这个过程称为系统的在线辨识。随着生产过程的不断进行，通过在线辨识，模型会变得越来越准确，越来越接近于实际。既然模型在不断地改进，显然，基于这种模型综合出来的控制作用也将随之不断地改进。在这个意义下，控制系统具有一定的适应能力。例如，当系统在设计阶段时，由于对象特性的初始信息比较缺乏，系统在刚开始投入运行时性能可能不理想，但是只要经过一段时间的运行，通过在线辨识和控制以后，控制系统逐渐适应，最终将自身调整到一个满意的工作状态。再如，某些控制对象，其特性可能在运行过程中要发生较大的变化，但通过在线辨识和改变控制器参数，系统也能逐渐适应。

常规的反馈控制系统对于系统内部特性的变化和外部扰动的影响都具有一定的抑制能力，但是由于控制器参数是固定的，所以当系统内部特性变化或者外部扰动的变化幅度很大时，系统的性能常常会大幅度下降，甚至是不稳定。所以对那些对象特性或扰动特性变化范围很大，同时又要求经常保持高性能指标的一类系统，采取自适应控制是合适的。但是同时也应当指出，自适应控制比常规反馈控制要复杂得多，成本也高得多，因此只是在用常规反馈达不到所期望的性能时，才会考虑采用。

4. 机器人本体与手臂的协同控制技术

这里给出有缆型水下机器人最为常见的一种设计理念的实例：机械臂-本体水下机器人系统轨迹跟踪控制。这种设计方式的控制在本节进行详细介绍。

1) 水下六自由度刚体的动力学数学模型

根据在水下流体介质中受外力和力矩作用的六自由度刚体和机械手系统的一般牛顿-欧拉运动方程可推导系统在机体固定框架内的动力学模型，可以写成：

$$\boldsymbol{M}_{\mathrm{RB}}(\boldsymbol{q})\dot{\boldsymbol{v}}+\boldsymbol{C}_{\mathrm{RB}}(\boldsymbol{q},\boldsymbol{v})\boldsymbol{v}+\boldsymbol{M}_{A}\dot{\boldsymbol{v}}_{r}+\boldsymbol{C}_{A}(\boldsymbol{q},\boldsymbol{v}_{r})\dot{\boldsymbol{v}}_{r}+\boldsymbol{D}(\boldsymbol{q},\boldsymbol{v}_{r})\boldsymbol{v}_{r}+\boldsymbol{g}(\boldsymbol{q})+\boldsymbol{\tau}_{\mathrm{Mmon}}=\boldsymbol{\tau}_{\mathrm{ctrl}} \tag{9.41}$$

式中，$\boldsymbol{v}$ 表示系统的速度值；$\boldsymbol{v}_r$ 表示系统在水下运动过程中其相对于周围水流的速度值；$\boldsymbol{M}_{\mathrm{RB}}(\boldsymbol{q})$ 表示质量惯性矩阵；$\boldsymbol{C}_{\mathrm{RB}}$ 表示科里奥利矩阵；$\boldsymbol{M}_{\mathrm{RB}}(\boldsymbol{q})\dot{\boldsymbol{v}}+\boldsymbol{C}_{\mathrm{RB}}(\boldsymbol{q},\boldsymbol{v})\boldsymbol{v}$ 表示刚体动能力矢量；$\boldsymbol{M}_A$ 表示附加质量惯性矩阵；$\boldsymbol{C}_A(\boldsymbol{q},\boldsymbol{v}_r)$ 表示附加质量的科里奥利矩阵；$\boldsymbol{D}(\boldsymbol{q},\boldsymbol{v}_r)$ 表示在运动过程中水阻力作用在系统上的力矢量；$\boldsymbol{g}(\boldsymbol{q})$ 表示重力和浮力的变化作用在系统上的力矢量；$\boldsymbol{\tau}_{\mathrm{ctrl}}$ 表示控制力；$\boldsymbol{\tau}_{\mathrm{Mmon}}$ 表示艇体与机械臂之间的相互耦合作用。

质量惯性矩阵 $\boldsymbol{M}_{\mathrm{RB}}(\boldsymbol{q})$ 与科里奥利矩阵 $\boldsymbol{C}_{\mathrm{RB}}$ 的定义如式(9.42)和式(9.43)所示，由质量、重心的位置、惯性矩，以及系统的运动速度组成。

$$\boldsymbol{M}_{\mathrm{RB}}=\boldsymbol{M}_{\mathrm{RB}}^{\mathrm{T}}=\begin{bmatrix} m & 0 & 0 & 0 & mz_G & -my_G \\ 0 & m & 0 & -mz_G & 0 & mx_G \\ 0 & 0 & m & my_G & -mx_G & 0 \\ 0 & -mz_G & my_G & I_x & -I_{xy} & -I_{xz} \\ mz_G & 0 & -mx_G & -I_{yx} & I_y & -I_{yz} \\ -my_G & mx_G & 0 & -I_{zx} & -I_{zy} & I_z \end{bmatrix}=\begin{bmatrix} \boldsymbol{M}_{11} & \boldsymbol{M}_{12} \\ \boldsymbol{M}_{21} & \boldsymbol{M}_{22} \end{bmatrix} \tag{9.42}$$

$$\boldsymbol{C}_{\mathrm{RB}}(\boldsymbol{v})=\begin{bmatrix} 0_{3\times3} & -\boldsymbol{S}(\boldsymbol{M}_{11}\boldsymbol{v}_1+\boldsymbol{M}_{12}\boldsymbol{v}_2) \\ -\boldsymbol{S}(\boldsymbol{M}_{11}\boldsymbol{v}_1+\boldsymbol{M}_{12}\boldsymbol{v}_2) & -\boldsymbol{S}(\boldsymbol{M}_{21}\boldsymbol{v}_1+\boldsymbol{M}_{22}\boldsymbol{v}_2) \end{bmatrix} \tag{9.43}$$

式中，$\boldsymbol{S}([a,b,c]^{\mathrm{T}})=\begin{bmatrix} 0 & -c & b \\ c & 0 & -a \\ -b & a & 0 \end{bmatrix}$。

流体动力学理论是相当复杂的，因此为水动力效应建立一个可靠的模型是相当困难的。系统在水下航行的过程中，需要考虑由系统运动所引起的周围流体的附加质量的影响，系统的运动所引起的周围流体的运动需要由系统本身提供，系统对流体所产生的力就是附加质量的作用。附加质量惯性矩阵 $\boldsymbol{M}_A$、附加质量的科里奥利矩阵 $\boldsymbol{C}_A(\boldsymbol{q},\boldsymbol{v}_r)$ 如式(9.44)和式(9.45)所示：

$$\boldsymbol{M}_A=\boldsymbol{M}_A^{\mathrm{T}}=\begin{bmatrix} X_{\dot{u}} & X_{\dot{v}} & X_{\dot{w}} & X_{\dot{p}} & X_{\dot{q}} & X_{\dot{r}} \\ Y_{\dot{u}} & Y_{\dot{v}} & Y_{\dot{w}} & Y_{\dot{p}} & Y_{\dot{q}} & Y_{\dot{r}} \\ Z_{\dot{u}} & Z_{\dot{v}} & Z_{\dot{w}} & Z_{\dot{p}} & Z_{\dot{q}} & Z_{\dot{r}} \\ K_{\dot{u}} & K_{\dot{v}} & K_{\dot{w}} & K_{\dot{p}} & K_{\dot{q}} & K_{\dot{r}} \\ M_{\dot{u}} & M_{\dot{v}} & M_{\dot{w}} & M_{\dot{p}} & M_{\dot{q}} & M_{\dot{r}} \\ N_{\dot{u}} & N_{\dot{v}} & N_{\dot{w}} & N_{\dot{p}} & N_{\dot{q}} & N_{\dot{r}} \end{bmatrix} \tag{9.44}$$

$$C_A(\boldsymbol{q},\boldsymbol{v})=\begin{bmatrix} 0 & 0 & 0 & 0 & -a_3 & a_2 \\ 0 & 0 & 0 & a_3 & 0 & -a_1 \\ 0 & 0 & 0 & -a_2 & a_1 & 0 \\ 0 & -a_2 & a_1 & 0 & -b_3 & b_2 \\ a_3 & 0 & -a_1 & b_3 & 0 & -b_1 \\ -a_2 & a_1 & 0 & -b_2 & b_1 & 0 \end{bmatrix} \tag{9.45}$$

式中，a_1、a_2、a_3、b_1、b_2、b_3 的定义如下：

$$\begin{aligned} a_1 &= X_{\dot{u}}u + X_{\dot{u}}v + X_{\dot{u}}w + X_{\dot{p}}p + X_{\dot{q}}q + X_{\dot{r}}r \\ a_2 &= X_{\dot{v}}u + Y_{\dot{v}}v + Y_{\dot{v}}w + Y_{\dot{p}}p + Y_{\dot{q}}q + Y_{\dot{r}}r \\ a_3 &= X_{\dot{w}}u + Y_{\dot{w}}v + Z_{\dot{w}}w + Z_{\dot{p}}p + Z_{\dot{q}}q + Z_{\dot{r}}r \\ b_1 &= X_{\dot{p}}u + Y_{\dot{p}}v + Z_{\dot{p}}w + K_{\dot{p}}p + K_{\dot{q}}q + K_{\dot{r}}r \\ b_2 &= X_{\dot{q}}u + Y_{\dot{q}}v + Z_{\dot{q}}w + K_{\dot{p}}p + M_{\dot{q}}q + M_{\dot{r}}r \\ b_3 &= X_{\dot{r}}u + Y_{\dot{r}}v + Z_{\dot{r}}w + K_{\dot{r}}p + M_{\dot{r}}q + M_{\dot{r}}r \end{aligned} \tag{9.46}$$

系统在水下运动过程中，流体的黏性将会导致耗散阻力与升力作用在系统上，一般情况下 UVMS 在建立数学模型时，将只考虑线性和二次阻尼项，所以水阻力作用在系统上的力矢量 $\boldsymbol{D}(\boldsymbol{q},\boldsymbol{v}_r)$ 可以表示为

$$\begin{aligned} \boldsymbol{D}(\boldsymbol{q},\boldsymbol{v}_r) = &-\operatorname{diag}\left\{X_u \quad Y_v \quad Z_w \quad K_p \quad M_q \quad N_r\right\} \\ &-\operatorname{diag}\left\{X_{u|u|}|u| \quad Y_{v|v|}|v| \quad Z_{w|w|}|w| \quad K_{p|p|}|p| \quad M_{q|q|}|q| \quad N_{r|r|}|r|\right\} \end{aligned} \tag{9.47}$$

当机器人在水下执行任务时，不可避免地受到重力和浮力的影响。重力对质心的作用 $f_G(\boldsymbol{R}_B^I)$ 和浮力对质心的作用 $f_B(\boldsymbol{R}_B^I)$ 可分别表示为

$$f_G(\boldsymbol{R}_B^I) = \boldsymbol{R}_I^B\begin{bmatrix} 0 \\ 0 \\ W \end{bmatrix} \tag{9.48}$$

$$f_B(\boldsymbol{R}_B^I) = -\boldsymbol{R}_I^B\begin{bmatrix} 0 \\ 0 \\ B \end{bmatrix} \tag{9.49}$$

将以上式(9.48)和式(9.49)整理，得到重力和浮力的变化作用在系统上的力矢量 $\boldsymbol{g}_{\mathrm{RB}}(\boldsymbol{R}_B^I)$ 如下：

$$\boldsymbol{g}_{\mathrm{RB}}(\boldsymbol{R}_B^I) = \begin{bmatrix} f_G(\boldsymbol{R}_B^I) + f_B(\boldsymbol{R}_B^I) \\ \boldsymbol{r}_G^B \times f_G(\boldsymbol{R}_B^I) + \boldsymbol{r}_B^B \times f_B(\boldsymbol{R}_B^I) \end{bmatrix} \tag{9.50}$$

式中，$\boldsymbol{r}_G^B$ 表示重心的位置 $[x_G \quad y_G \quad z_G]^{\mathrm{T}}$；$\boldsymbol{r}_B^B$ 表示浮心的位置 $[x_B \quad y_B \quad z_B]^{\mathrm{T}}$，将展开式代入式(9.50)得到 $\boldsymbol{g}(\boldsymbol{q})$，即

$$
\boldsymbol{g}(\boldsymbol{q})=\begin{bmatrix} (W-B)\sin\theta \\ -(W-B)\cos\theta\sin\varphi \\ -(W-B)\cos\theta\cos\varphi \\ -(y_G W-y_B B)\cos\theta\cos\varphi+(z_G W-x_B B)\cos\theta\sin\varphi \\ (z_G W-z_B B)\sin\theta+(x_G W-x_B B)\cos\theta\cos\varphi \\ -(x_G W-x_B B)\cos\theta\cos\varphi-(y_G W-y_B B)\sin\theta \end{bmatrix} \tag{9.51}
$$

推进器为系统运动提供作用力，但由于推进器在运行过程中只产生单向推进力 $\boldsymbol{u}_v$，因此 UVMS 执行目标抓取任务时，不仅需要单自由度运动，通常还需要多个自由度运动的配合以期望产生控制力 $\boldsymbol{\tau}_{\text{ctrl}}$，因此 UVMS 通常采用多个推进器以矢量方式布置。本节所研究的 UVMS 推进器位置实物布置图和数学模型图如图 9.10 所示。

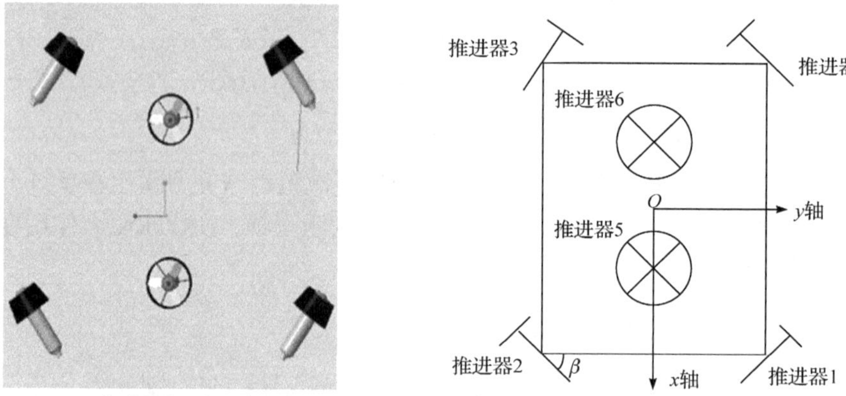

(a) 推进器位置实物布置　　(b) 推进器位置数学模型

图 9.10　推进器位置布置和数学模型

水平推进器 1、2、3、4 和前后推进器 5、6 按照图 9.10 布置时将产生前后、左右、升沉、纵摇以及回转方向的控制力 $\boldsymbol{\tau}_{\text{ctrl}}=[X\quad Y\quad Z\quad M\quad N]^{\text{T}}$，控制力 $\boldsymbol{\tau}_{\text{ctrl}}$ 与推进器的推力 $\boldsymbol{u}_v$ 可以表示为

$$
\boldsymbol{\tau}_{\text{ctrl}}=\boldsymbol{B}_v\boldsymbol{u}_v \tag{9.52}
$$

式中，$\boldsymbol{B}_v$ 为推进器控制矩阵，其具体形式如下：

$$
\boldsymbol{B}_v=\begin{bmatrix} \sin\beta & \sin\beta & \sin\beta & \sin\beta & 0 & 0 \\ \cos\beta & -\cos\beta & -\cos\beta & \cos\beta & 0 & 0 \\ 0 & 0 & 0 & 0 & 1 & 1 \\ 0 & 0 & 0 & 0 & -x_5 & x_6 \\ y_1 & -y_2 & y_3 & -y_4 & 0 & 0 \end{bmatrix} \tag{9.53}
$$

其中，y_1、y_2、y_3、y_4、x_5、x_6 的值为坐标原点到推进器位置的值。

当利用控制算法求出所求的控制力后，需要求出各个推进器所提供的推进力，转换关系为

$$
\begin{aligned} \boldsymbol{B}_v^{+} &= \boldsymbol{B}_v^{\text{T}}(\boldsymbol{B}_v\boldsymbol{B}_v)^{-1} \\ \boldsymbol{u}_v &= \boldsymbol{B}_v^{+}\boldsymbol{\tau}_{\text{ctrl}} \end{aligned} \tag{9.54}
$$

式中，$\boldsymbol{B}_v^+$ 为推进器控制矩阵的伪逆。

2) 机械臂动力学建模过程

在前面建立了机器人本体的动力学模型，将机械臂与机器人之间的耦合力定义为 $\boldsymbol{\tau}_{\text{Mmon}}$，本节将对其做出具体说明。首先对机械臂单个连杆采用牛顿-欧拉法建立动力学模型，单连杆惯性力和力矩为

$$
\begin{aligned}
\boldsymbol{F}_i^i &= \boldsymbol{M}_i[\alpha_i^i + \dot{\omega}_i^i \times \boldsymbol{r}_{i,c}^i + \omega_i^i \times (\omega_i^i \times \boldsymbol{r}_{i,c}^i)] \\
\boldsymbol{T}_i^i &= \boldsymbol{I}_i^i \dot{\omega}_i^i + \omega_i^i \times (\boldsymbol{I}_i^i \omega_i^i)
\end{aligned}
\tag{9.55}
$$

式中，$\boldsymbol{M}_i$ 为位于质心的连杆 i 的质量和附加质量矩阵；$\boldsymbol{I}_i^i$ 为质量和附加质量的惯性矩阵；$\boldsymbol{r}_{i,c}^i$ 为在框架 i 中从框架 i 向连杆 i 的转换矩阵；$\dot{\omega}_i^i, \omega_i^i$ 为连杆 i 的角加速度和角速度；α_i^i 为连杆 i 的线加速度。

为了进行角动量守恒的动力学分析，通过牛顿-欧拉递归算法给出了各连杆的速度和加速度的正向计算公式，由连杆 i 向连杆 $i+1$ 向外进行推算。

$$
\begin{cases}
\dot{\omega}_{i+1} = \dot{\omega}_i + z_i \ddot{\theta}_{i+1} + \omega_i \times z_i \dot{\theta}_{i+1} \\
{}^{i+1}\dot{\omega}_{i+1} = {}^{i+1}R_i ({}^i\dot{\omega}_i + {}^i z_i \ddot{\theta}_{i+1} + {}^i\omega_i \times {}^i z_i \dot{\theta}_{i+1}) \\
\dot{v}_{i+1} = \dot{v}_i + \dot{\omega}_{i+1} \times r_{i+1} + \omega_{i+1} \times (\dot{\omega}_{i+1} \times r_{i+1}) \\
{}^{i+1}\dot{v}_{i+1} = {}^{i+1}R_i {}^i\dot{v}_i + {}^{i+1}\dot{\omega}_{i+1} \times {}^{i+1}r_{i+1} + {}^{i+1}\omega_{i+1} \times ({}^{i+1}\dot{\omega}_{i+1} \times {}^{i+1}r_{i+1}) \\
\dot{v}_{ci+1} = \dot{v}_i + \dot{\omega}_{i+1} \times r_{ci+1} + \omega_{i+1} \times (\omega_{i+1} \times r_{ci+1}) \\
{}^{i+1}\dot{v}_{i+1} = {}^i\dot{v}_i + {}^{i+1}\dot{\omega}_{i+1} \times {}^{i+1}r_{ci+1} + {}^{i+1}\omega_{i+1} \times ({}^{i+1}\omega_{i+1} \times {}^{i+1}r_{ci+1})
\end{cases}
\tag{9.56}
$$

机械臂单个连杆 i 的受力分布如图 9.11 所示，由力平衡原理得到作用在连杆 i 的力和力矩满足式(9.57)，力和力矩将采取逆向计算过程，由连杆 $i+1$ 向连杆 i 进行内推。由于关节 1 的布置方式，认为关节 1 受到的力/力矩为基座受到的力/力矩。

$$
\begin{aligned}
&\boldsymbol{f}_i^i = \boldsymbol{R}_{i+1}^i \boldsymbol{f}_{i+1}^{i+1} + \boldsymbol{F}_i^i - m_i g^i + \rho \nabla_i g^i + \boldsymbol{p}_i \\
&\boldsymbol{\mu}_i^i = \boldsymbol{R}_{i+1}^i \boldsymbol{\mu}_{i+1}^{i+1} + \boldsymbol{R}_{i+1}^i \boldsymbol{r}_{i-1,i}^{i+1} \times \boldsymbol{R}_{i+1}^i \boldsymbol{f}_{i+1}^{i+1} + \boldsymbol{r}_{i-1,c}^i \times \boldsymbol{F}_i^i + \boldsymbol{T}_i^i + \boldsymbol{r}_{i-1,c}^i \times (-m_i g^i + p_i) + r_{i-1,b}^i \times \rho \nabla_i g^i
\end{aligned}
\tag{9.57}
$$

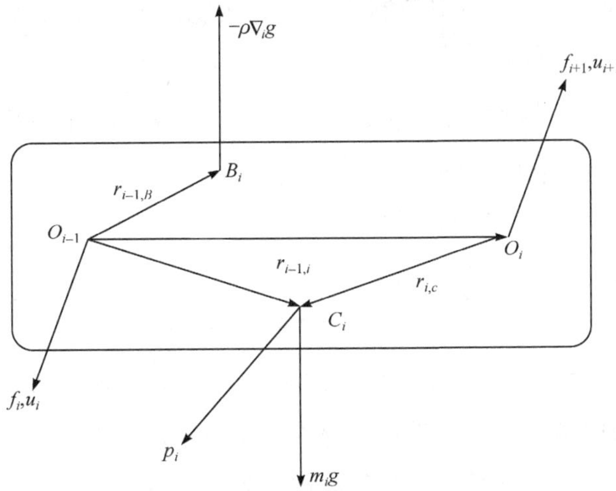

图 9.11　连杆受力分布图

$$p_i = -\frac{1}{2}\rho C_D D\int_0^{l_i} v^n(x)\left\|v^n(x)\right\| d \tag{9.58}$$

水下机器人-机械手动力学模型可以表述为如下形式：

$$\boldsymbol{M}_\zeta\dot{\boldsymbol{v}} + \boldsymbol{C}_\zeta\boldsymbol{v} + \boldsymbol{D}_\zeta\boldsymbol{v} + \boldsymbol{G}_\zeta - \boldsymbol{\tau}_{\zeta\mathrm{man}} - \boldsymbol{\tau}_{\zeta\mathrm{un}} = \boldsymbol{\tau}_{\zeta\mathrm{ctrl}} \tag{9.59}$$

式中，$\boldsymbol{M}_\zeta \in \mathbf{R}^{6\times 6}$ 为包含附加质量的质量惯性矩阵；$\boldsymbol{v} \in \mathbf{R}^{6\times 1}$ 为艇体坐标系的速度值；$\boldsymbol{C}_\zeta \in \mathbf{R}^{6\times 6}$ 为包含附加质量的向心力和科里奥利力矩阵；$\boldsymbol{D}_\zeta \in \mathbf{R}^{6\times 6}$ 为阻力矩阵；$\boldsymbol{G}_\zeta \in \mathbf{R}^{6\times 1}$ 为恢复力矩阵；$\boldsymbol{\tau}_{\zeta\mathrm{man}} \in \mathbf{R}^{6\times 1}$ 为机械臂运动引起的耦合力矩阵；$\boldsymbol{\tau}_{\zeta\mathrm{un}} \in \mathbf{R}^{6\times 1}$ 为系统模型的不确定项和未知扰动；$\boldsymbol{\tau}_{\zeta\mathrm{ctrl}} \in \mathbf{R}^{6\times 1}$ 为控制力矩阵。

UVMS 位置控制和轨迹控制的期望位置和期望轨迹通常是在世界坐标系下，因此需要利用坐标转换 $\dot{\boldsymbol{\eta}} = \boldsymbol{J}(\boldsymbol{\eta})\boldsymbol{v}$ 将其在艇体坐标系下的移动速度转换为其在世界坐标系下的移动速度，利用转换公式对艇体坐标系下的动力学状态方程进行转化。

$$\begin{cases}\dot{\boldsymbol{\eta}} = \boldsymbol{J}(\boldsymbol{\eta})\boldsymbol{v} \\ \boldsymbol{M}_\zeta\dot{\boldsymbol{v}} + \boldsymbol{C}_\zeta\boldsymbol{v} + \boldsymbol{D}_\zeta\boldsymbol{v} + \boldsymbol{G}_\zeta - \boldsymbol{\tau}_{\zeta\mathrm{man}} - \boldsymbol{\tau}_{\zeta\mathrm{un}} = \boldsymbol{\tau}_{\zeta\mathrm{ctrl}}\end{cases} \tag{9.60}$$

式中，$\boldsymbol{J}(\boldsymbol{\eta}) \in \mathbf{R}^{6\times 6}$ 转换后，得到水下机器人在世界坐标系下的动力学状态方程为

$$\boldsymbol{M}_\eta\ddot{\boldsymbol{\eta}} + \boldsymbol{C}_\eta\dot{\boldsymbol{\eta}} + \boldsymbol{D}_\eta\dot{\boldsymbol{\eta}} + \boldsymbol{G}_\eta - \boldsymbol{\tau}_{\eta\mathrm{man}} - \boldsymbol{\tau}_{\eta\mathrm{un}} = \boldsymbol{\tau}_{\eta\mathrm{ctrl}} \tag{9.61}$$

式中

$$\boldsymbol{M}_\eta = \boldsymbol{J}^{-\mathrm{T}}\boldsymbol{M}_\zeta\boldsymbol{J}^{-}，\ \boldsymbol{C}_\eta = \boldsymbol{J}^{-\mathrm{T}}[\boldsymbol{C}_\zeta - \boldsymbol{M}_\zeta\boldsymbol{J}^{-}\dot{\boldsymbol{J}}]\boldsymbol{J}^{-}，\ \boldsymbol{D}_\eta = \boldsymbol{J}^{-\mathrm{T}}\boldsymbol{D}_\zeta\boldsymbol{J}^{-}，$$
$$\boldsymbol{G}_\eta = \boldsymbol{J}^{-\mathrm{T}}\boldsymbol{G}_\zeta，\ \boldsymbol{\tau}_{\eta\mathrm{man}} = \boldsymbol{J}^{-\mathrm{T}}\boldsymbol{\tau}_{\zeta\mathrm{man}}，\ \boldsymbol{\tau}_{\eta\mathrm{un}} = \boldsymbol{J}^{-\mathrm{T}}\boldsymbol{\tau}_{\zeta\mathrm{un}}，\ \boldsymbol{\tau}_{\eta\mathrm{ctrl}} = \boldsymbol{J}^{-\mathrm{T}}\boldsymbol{\tau}_{\zeta\mathrm{ctrl}}$$

将式(9.61)进行整理，得到水下机器人在世界坐标系下的控制器如下：

$$\boldsymbol{\tau}_{\eta\mathrm{ctrl}} + \boldsymbol{\tau}_{\eta\mathrm{man}} = \boldsymbol{M}_\eta(\boldsymbol{\eta})u_\eta(e,\dot{e},t) + \boldsymbol{C}_\eta(\boldsymbol{v},\boldsymbol{\eta})\dot{\boldsymbol{\eta}} + \boldsymbol{D}_\eta(\boldsymbol{v},\boldsymbol{\eta})\dot{\boldsymbol{\eta}} + \boldsymbol{G}_\eta - \boldsymbol{\tau}_{\eta\mathrm{un}} \tag{9.62}$$

式中，$\boldsymbol{\tau}_{\eta\mathrm{ctrl}}$ 为水下机器人在世界坐标系下的控制力；$\boldsymbol{\tau}_{\eta\mathrm{man}}$ 为耦合力矩阵；$\boldsymbol{M}_\eta$ 为质量惯性矩阵；$u_\eta(e,\dot{e},t)$ 为控制项，如 PID 等控制算法；$\boldsymbol{G}_\eta$ 为恢复力/力矩；$\boldsymbol{\tau}_{\eta\mathrm{un}}$ 为未知扰动。由世界坐标系的控制力转换到艇体坐标下：

$$\boldsymbol{\tau}_{\zeta\mathrm{ctrl}} + \boldsymbol{\tau}_{\zeta\mathrm{man}} = \boldsymbol{J}^{\mathrm{T}}\left[\boldsymbol{M}_\eta(\boldsymbol{\eta})u_\eta(e,\dot{e},t) + \boldsymbol{C}_\eta(\boldsymbol{v},\boldsymbol{\eta})\dot{\boldsymbol{\eta}} + \boldsymbol{D}_\eta(\boldsymbol{v},\boldsymbol{\eta})\dot{\boldsymbol{\eta}} + \boldsymbol{G}_\eta - \boldsymbol{\tau}_{\eta\mathrm{un}}\right] \tag{9.63}$$

3) 非奇异终端滑模控制器设计

为了进行系统说明，动力学方程可以描述为带有干扰力的二阶状态方程：

$$\begin{cases}\dot{\boldsymbol{x}}_1 = \boldsymbol{x}_2 \\ \dot{\boldsymbol{x}}_2 = \boldsymbol{f}(x) + \boldsymbol{b}(x)\boldsymbol{u} - \boldsymbol{g}(x)\end{cases} \tag{9.64}$$

式中，$\boldsymbol{x}_1 \in \mathbf{R}^{6\times 1}$ 为艇体位置以及姿态角状态向量；$\boldsymbol{x}_2 \in \mathbf{R}^{6\times 1}$ 为艇体线速度和角速度状态向量；$\boldsymbol{f}(x) \in \mathbf{R}^{6\times 1}$ 与 $\boldsymbol{b}(x) \in \mathbf{R}^{6\times 6}$ 为已知的系统状态非线性函数矩阵；$\boldsymbol{g}(x) \in \mathbf{R}^{6\times 1}$ 表示外界干扰力和系统模型的不确定性；$\boldsymbol{u} \in \mathbf{R}^{6\times 1}$ 表示系统控制输入向量。

当需要机器人到达某一指定位置或者驱动机器人沿着某一预定轨迹运行时，需要给出机器人的期望位置 $x_d \in \mathbf{R}^{6\times1}$，并利用机器人的当前位置 $x \in \mathbf{R}^{6\times1}$，定义误差 $e \in \mathbf{R}^{6\times1}$，即

$$e = x_d - x \tag{9.65}$$

非奇异终端滑模控制面 $s \in \mathbf{R}^{6\times1}$ 为

$$s = e + \frac{1}{\beta}\dot{e}^{p/q} \tag{9.66}$$

式中，$\beta > 0$; p、q 为正奇数。UVMS 二阶状态方程的非奇异终端滑模控制器为

$$u = b^{-1}(x)\left[\ddot{x}_d - f(x) + \beta\frac{q}{p}\dot{e}^{2-p/q}\text{sign}(\dot{e}) + (\lambda + Lg)\text{sign}(s)\right] \tag{9.67}$$

式中，$|g(x)| \leqslant Lg$，得到 UVMS 巡航状态运动控制器为

$$\tau_{\zeta\text{ctrl}} = \boldsymbol{J}^{\text{T}}M_\eta(\eta)\left[\ddot{x}_d - f(x) + \beta\frac{q}{p}\dot{e}^{2-p/q}\text{sign}(\dot{e}) + (\lambda + Lg)\text{sign}(s)\right] \tag{9.68}$$

由于在巡航状态时，不需要机械臂转动，所以 $\tau_{\zeta\text{mani}} = 0$。

当通过视觉系统发现目标后，$\tau_{\zeta\text{mani}} \neq 0$，所以 UVMS 目标抓取时艇体控制器为

$$\tau_{\zeta\text{ctrl}} = \boldsymbol{J}^{\text{T}}M'_\eta(\eta)\left[\ddot{x}_d - f'(x) + \beta\frac{q}{p}\dot{e}^{2-p/q}\text{sign}(\dot{e}) + (\lambda + Lg)\text{sign}(s)\right] - \tau_{\zeta\text{mani}} \tag{9.69}$$

此时，UVMS 将不再作为一个整体进行处理，艇体控制器中的质量惯性矩阵变为 $\boldsymbol{M}'_\eta(\eta)$，$f(x)$ 变为 $f'(x)$，而且需要在控制器中减去由机械臂运动引起的耦合力。

本节的 UVMS 在目标寻找阶段的运动控制器得到改进，此时需要将 UVMS 作为一个整体，但是当利用视觉系统发现目标后，不仅需要驱动艇体到达指定位置，而且需要驱动机械臂各个关节转动到预定角度。所以本节对机械臂采用经典的 PID 控制器进行说明，控制器如下：

$$\boldsymbol{\tau}_q = K_p q + K_d \dot{q} + K_i \int_0^t q \tag{9.70}$$

式中，K_p、K_d、$K_i \in \mathbf{R}^{3\times3}$ 为控制参数；$\boldsymbol{\tau}_q \in \mathbf{R}^{3\times1}$ 为控制力矩阵；$q \in \mathbf{R}^{3\times1}$ 表示机械臂期望关节角度值与实际关节角度值的差。由利用此控制器驱动机械臂关节到达预定角度的过程，可以知道机械臂运动引起的耦合力最终作用在艇体。本节采用前馈进行解耦，UVMS 目标抓取的艇体控制器如下：

$$\tau_{\zeta\text{ctrl}} = \boldsymbol{J}^{\text{T}}M'_\eta(\eta)\begin{bmatrix}\ddot{x}_d - f'(x) + \beta\dfrac{q}{p}|\dot{e}|^{2-p/q}\,\tilde{K}_{\text{BF1}}(\dot{e})\text{sign}(\dot{e}) \\ +(\hat{d}_0 + \hat{d}_1\|e\| + \hat{d}_2\|\dot{e}\|^2 + \eta)*\tilde{K}_{\text{BF2}}(s)*\text{sign}(s)+*ks\end{bmatrix} - \tau_{\zeta\text{mani}} \tag{9.71}$$

因此，得到 UVMS 基于视觉辅助定位抓取的整体框架如图 9.12 所示。

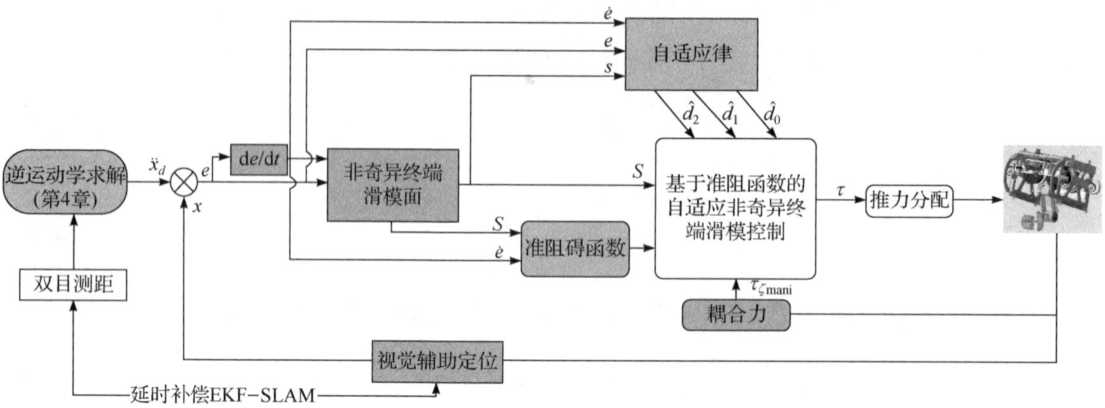

图 9.12　定位抓取框架

通过以上分析得到 UVMS 基于视觉辅助定位的目标抓取策略如下。

(1) UVMS 视觉系统检测是否发现目标。

(2) 如果没有发现目标，将 UVMS 作为一个整体，利用运动控制器驱动其沿着预定轨迹移动。

(3) 当通过视觉系统发现目标后，利用双目测距的第一次准确值逆运动学解算获得艇体和机械臂 (η_d, q_d)，以后的双目测距值将用于定位系统。

(4) 利用当前位置状态，得到艇体误差 $e = \eta_d - \eta$，以及滑模面 s。

(5) 利用误差 e、误差导数 $\dot{e}$、滑模面 s 得到自适应更新律。

(6) 根据 $\dot{e}$ 和预先设定的 ε_1 计算 $\bar{K}_{\mathrm{BF1}}(\dot{e})$，由 s 和预先设定的 ε_2 计算 $\bar{K}_{\mathrm{BF2}}(s)$。

(7) 关节驱动器驱动机械臂各个关节进行转动，并计算耦合力 $\tau_{\zeta\mathrm{mani}}$。

(8) 通过得到的误差 e、滑模面 s、准阻碍函数 $\bar{K}_{\mathrm{BF1}}(e)$ 和 $\bar{K}_{\mathrm{BF2}}(s)$，以及耦合力，得到 UVMS 基于准阻碍函数的目标抓取协调控制器。

(9) 利用推理分配计算每个推进器需要提供的推进力。

(10) 判断是否到达目标位置。

输出：若没有达到，则返回步骤(4)。

第 10 章　水下机器人的作业技术

微课

水下机器人要完成深海作业功能，必须借助搭载在其舱体上的水下作业系统来实现。本章将针对水下液压机械手、水下电动机械手的基本原理、基本特点、基本组成以及驱动系统等方面分别进行阐述，并且对于一些常见的水下特种作业工具及其动力源进行介绍。通过本章的深入探讨和分析，读者能够更好地了解水下机器人作业技术的现状与发展趋势，并为水下机器人领域的发展提供帮助。

10.1　水下液压机械手

10.1.1　水下液压机械手的工作原理与特点

液压系统是水下机器人中广泛应用的一种机械系统。它用动力机(电动机、柴油机等)驱动液能发生器——油泵，使作为中间传动介质的液压油具有一定的能量，用以驱动液能转换器——液压马达、液压缸等进行旋转、往复、摆动等不同形式的运动。相较于其他驱动系统，液压系统具有重量功率比和重量扭矩比小、能在较大范围内实现无级调速、操纵性好、使用寿命延长、传递运动平稳、容易获得较大的力或力矩等诸多的优势。

如图 10.1 所示为典型液压系统，实现液压缸的伸缩运动，液压泵从油箱内吸油，建立压

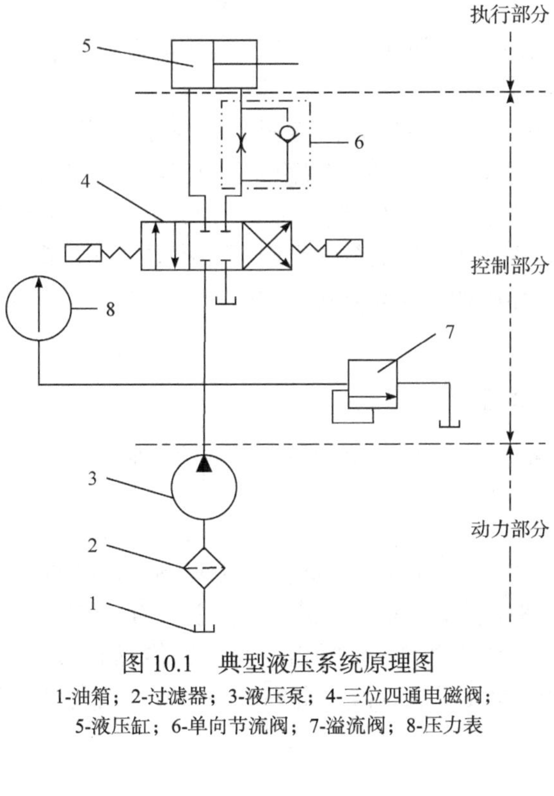

图 10.1　典型液压系统原理图

1-油箱；2-过滤器；3-液压泵；4-三位四通电磁阀；5-液压缸；6-单向节流阀；7-溢流阀；8-压力表

力后送入管路，经三位四通电磁阀和单向节流阀进入液压缸，使活塞运动而对外做功。与此同时，液压缸另一侧的低压油经管路回到油箱，在油箱中经冷却和过滤后再进入工作循环。为了对系统实现超压保护，在压力油管路上装有溢流阀支路，当系统超压时，使一部分油液经溢流阀放泄到油箱里，从而使系统维持正常的工作压力。为了检测液压系统的压力，在压力管路上装有压力表(或压力传感器)。

设液压缸活塞的有效作用面积为 A_2，作用在活塞上的负载力为 F_2。该力在液压缸中所产生的液体压力 $p_2 = F_2 / A_2$。根据帕斯卡原理，“在密闭容器内，施加于静止液体上的压力将以等值同时传递到液体各点”，液压泵的排油压力 p 应等于液压缸中的液体压力，即 $p_1 = p_2 = p$，液压泵的排油压力又称为系统压力。

为了克服负载力使液压缸活塞运动，作用在液压泵活塞上的作用力 F_1 计算如下：

$$F_1 = p_1 A_1 = p_2 A_2 = pA_1 \tag{10.1}$$

式中，A_1 表示液压泵活塞的有效作用面积。

在 A_1、A_2 一定时，负载力 F_2 越大，系统中的压力 p 也越高，所需的作用力也越大，即系统压力与外负载密切相关。这是液压传动工作原理的第一个特征：液压传动中工作压力取决于外负载。

如果不考虑液体的可压缩性、漏损和缸体、管路的变形，液压泵排出的液体体积必然等于进入液压缸的液体体积。设液压泵活塞位移为 s_1，液压缸活塞位移为 s_2，则有

$$s_1 A_1 = s_2 A_2 \tag{10.2}$$

式(10.2)两边同除以运动时间 t，得

$$q_1 = v_1 A_1 = v_2 A_2 = q_2 \tag{10.3}$$

式中，v_1、v_2 表示液压泵活塞和液压缸活塞的平均运动速度；q_1、q_2 表示液压泵输出的平均流量和液压缸输入的平均流量。

由上述可见，液压传动是靠密闭工作容积变化相等的原则实现运动(速度和位移)传递的。调节进入液压缸的流量 q，即可调节活塞的运动速度，这是液压与气压传动工作原理的第二个特征：活塞的运动速度只取决于输入流量的大小，而与外负载无关。

图 10.2 为水下液压机械手的液压系统原理图。从图中可以看出，水下液压机械手的液压系统就是图 10.1 所述的典型液压系统的并联组合，用同一动力源，通过不同的电磁换向阀驱动对应的液压缸。

10.1.2　水下液压机械手的驱动系统

液压驱动系统的主要类型有液压伺服系统、电-液伺服系统、电-液比例控制阀等。

1. 液压伺服系统

液压伺服系统由液压源、驱动器、伺服阀、传感器和控制器等组成，如图 10.3 所示。将这些元器件组合成反馈控制系统驱动负载。液压源产生一定的压力，通过伺服阀控制液体的压力和流量，从而驱动驱动器。位置指令与位置传感器的差被放大后得到电气信号，然后将其输入伺服阀中驱动液压执行器，直到偏差为零。若传感器信号与位置指令相同，则负荷停止运动。

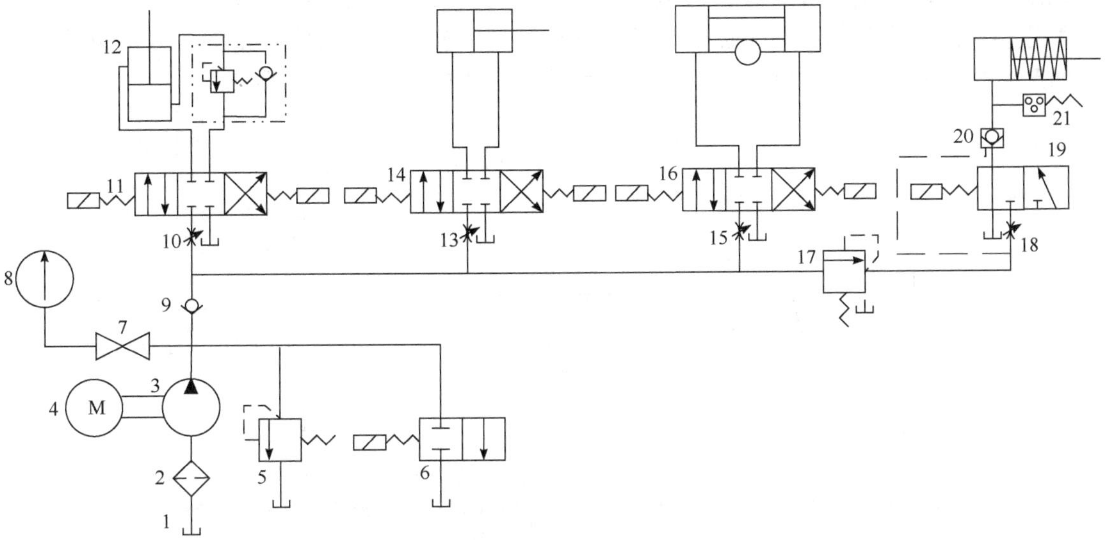

图 10.2　水下液压机械手的液压系统原理图

1-油箱；2-滤油器；3-齿轮泵；4-电机；5-溢流阀；6-两位两通电磁换向阀；7-压力表开关；8-压力表；9-单向阀；10、13、15、18-节流阀；11、14、16-三位四通电磁换向阀；12-单向顺序阀；17-减压阀；19-两位三通电磁换向阀；20-液控单向阀；21-压力继电器

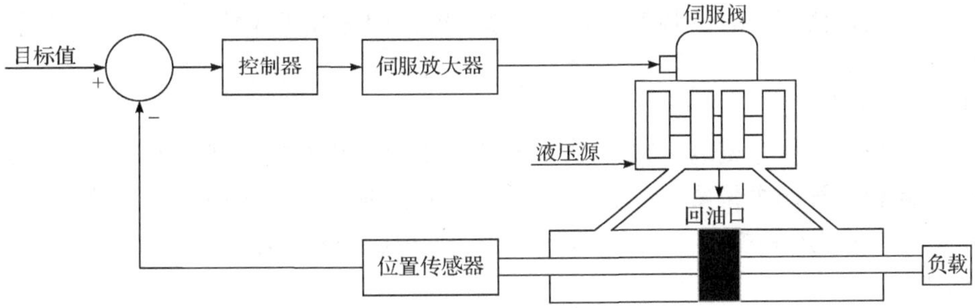

图 10.3　液压伺服系统原理图

2. 电-液伺服系统

电-液伺服系统通过电气传动方式，用电气信号输入系统来操纵有关的液压控制元件动作，控制液压执行元器件使其跟随输入信号而动作。这类伺服系统中，电、液两部分都采用电液伺服阀作为转换元器件。电-液伺服系统根据被控物理量的不同分为位置控制电-液伺服系统、速度控制电-液伺服系统、压力控制电-液伺服系统等。

图 10.4 为水下机械手手臂伸缩电-液伺服系统原理图。它由电液伺服阀、液压缸、活塞杆带动的机械手手臂、电位器、步进电动机、齿轮齿条和放大器等元件组成。当数字控制部分发出一定数量的脉冲信号时，步进电动机带动电位器的动触头转过一定的角度，使动触头偏移电位器中位，产生微弱电压信号，该信号经放大器放大后输入电液伺服阀的控制线圈，使电液伺服阀产生一定的开口量。假设此时压力油经电液伺服阀进入液压缸左腔，推动活塞连同机械手手臂上的齿条相啮合，手臂向右移动时，电位器跟着做顺时针方向旋转。当电位器的中位和动触头重合时，动触头输出电压为零，电液伺服阀失去信号，阀口关闭，手臂停止移动。手臂移动的行程取决于脉冲的数量，速度取决于脉冲的频率。当数

字控制部分反向发出脉冲时，步进电动机向反方向转动，手臂便向左移动。由于水下机械手手臂移动的距离与输入电位器的转角成正比，水下机械手手臂完全跟随输入电位器的转动而产生相应的位移，所以它是一个带有反馈的位置控制电-液伺服系统。

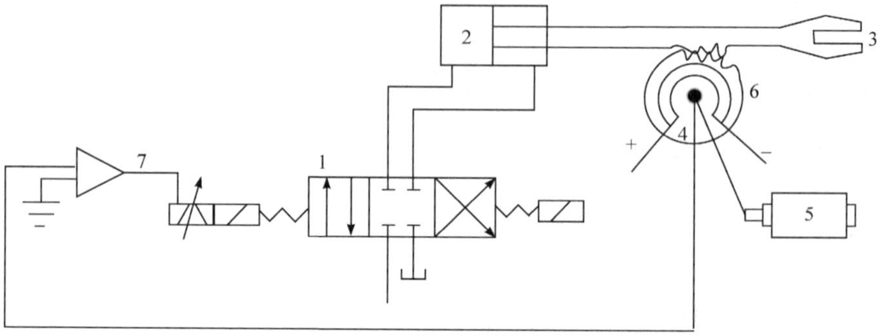

图 10.4　水下机械手手臂伸缩电-液伺服系统原理图

1-电液伺服阀；2-液压缸；3-活塞杆带动的机械手手臂；4-电位器；5-步进电动机；6-齿轮齿条；7-放大器

3. 电-液比例控制阀

电-液比例控制阀是一种按输入的电气信号连续地、按比例地对油液的压力、流量或方向进行远距离控制的阀。电-液比例控制阀的构成，从原理上讲相当于在普通液压阀上装上一个比例电磁铁以代替原有的控制(驱动)部分。根据用途和工作特点的不同，电-液比例控制阀可以分为如下 3 大类。

1) 比例电磁铁

比例电磁铁是一种直流电磁铁，图 10.5 为比例电磁铁结构。普通换向阀所用的电磁铁只要求有吸合和断开两个位置，并且为了增加吸力，在吸合时磁路中几乎没有气隙。而比例电磁铁则要求吸力(或位移)与输入电流成正比，并在衔铁的全部工作位置上，磁路中保持一定的气隙。

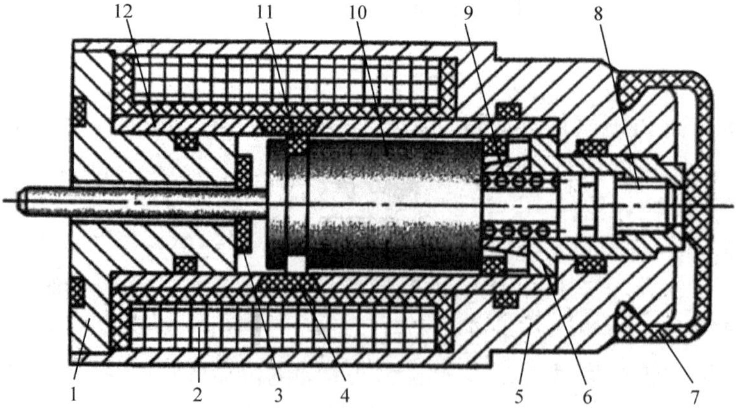

图 10.5　比例电磁铁结构

1-轮铁；2-线圈；3-限位环；4-隔磁环；5-壳体；6-内盖；7-外盖；8-调节螺钉；9-弹簧；10-衔铁；11-(隔磁)支承环；12-导向套

2) 电-液比例溢流阀

电-液比例溢流阀是电-液比例压力阀的一种。用比例电磁铁取代先导型溢流阀导阀的手调装置(调压手柄)阀，便成为先导型比例溢流阀，如图 10.6 所示。

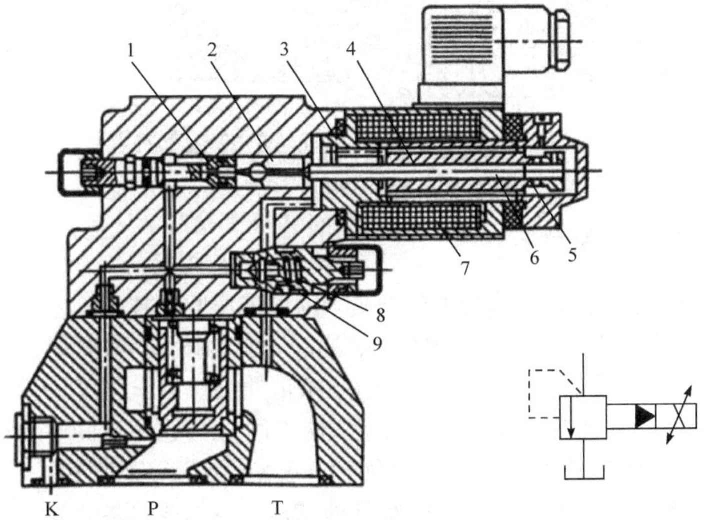

图 10.6 先导型比例溢流阀的结构及图形符号

1-阀座；2-先导锥阀；3-轮铁；4-衔铁；5-弹簧；6-推杆；7-线圈；8-弹簧；9-先导阀

K-控制口；P-进油口；T-出油口

电-液比例溢流阀下部与普通溢流阀的主阀相同，上部则为比例先导压力阀。电-液比例溢流阀还附有一个手动调整的安全阀(先导阀)，用以限制电-液比例溢流阀的最高压力，以避免因电子仪器发生故障使得控制电流过大，压力超过系统允许最大压力。比例电磁铁的推杆向先导锥阀施加推力，该推力作为先导级压力负反馈的指令信号。随着输入电信号强度的变化，比例电磁铁的电磁力变化，从而改变推力的大小，使先导锥阀的开启压力发生变化。若输入信号连续地、按比例地或按一定程序变化，则电-液比例溢流阀所调节的系统压力也连续地、按比例地或按一定程序进行变化。因此，电-液比例溢流阀多用于系统的多级调压或实现连续的压力控制。

3) 电-液比例方向节流阀

用比例电磁铁取代电磁换向阀中的普通电磁铁，便构成直动型比例方向节流阀。采用比例电磁铁，不仅阀芯可以换位，而且换位的行程可以连续地或按比例地变化，因而连通油口间的通流面积也可以连续地或按比例地变化，所以电-液比例方向节流阀不仅能控制执行元器件的运动方向，而且能控制其速度。部分比例电磁铁前端还附有位移传感器(或称差动变压器)，这种比例电磁铁称为行程控制比例电磁铁。位移传感器能准确地测定电磁铁的行程，并向放大器发出电反馈信号。放大器将输入信号和反馈信号加以比较后，再向电磁铁发出纠正信号以补偿误差，因此阀芯位置的控制更加精确。图 10.7 为直动型比例方向节流阀结构图。

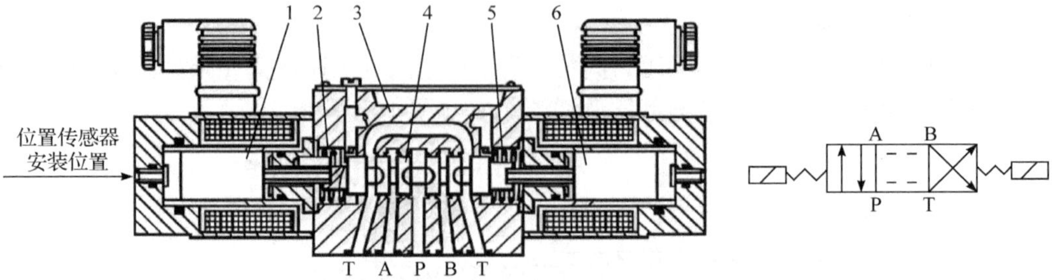

图 10.7　直动型比例方向节流阀结构及图形符号

1、6-比例电磁铁；2、5-对中弹簧；3-阀体；4-阀芯；P-进油口；T-出油口；A、B-工作油口

10.1.3　水介质水下液压机械手

传统液压驱动技术以矿物油作为工作介质，即油液压驱动技术。在水下工作时，由于工作介质(矿物油)和环境介质(海水)的不相容性，油液压驱动技术存在严重缺陷，如系统结构复杂(执行机构的进油回油管道多)、体积重量大(须携带油箱、工作介质、压力补偿器等)、功率密度低、工作不可靠、使用寿命短(海水易入侵，使工作介质变质，加剧相对运动部件间磨损、降低可靠性及寿命)、维护成本高(工作介质须频繁更换、废液必须处理)、机动性和灵活性差等。由此可见，传统的动力驱动方式不能很好地满足水下作业装备的需求。因此，需针对海洋极端环境，同时结合传统动力驱动技术，探究水下作业装备的最佳驱动技术。

近年来水液压元件的设计和制造已经进入了相对比较成熟的阶段，但是由于水下机械手的研究投入占比小，研究进度较慢，目前暂时没有面向水下作业的水液压机械手产品。若要实现水液压技术和水下机械手的进一步融合发展，一方面需要加强对摩擦学和润滑理论等机理的进一步探索，扩大和完善水液压元件的品种规格；另一方面需要不断进行技术创新，综合工程材料科学、动力学计算、运动学求解等相关学科的最新研究成果，不断提高水液压机械手的工作性能和可靠性。

10.2　水下电动机械手

10.2.1　水下电动机械手的工作原理与特点

常见水下作业装备的动力驱动方式有电气驱动和液压驱动两种。液压系统驱动的机械臂通常搭载于大型的水下机器人上。尽管液压系统驱动的机械臂拥有较好的负载能力，但很难进一步降低机械手总体质量，因此，更多时候需要采用电机进行驱动，其响应快、驱动力大，且灵活的控制方案在提高精度的同时能进一步降低质量体积，可搭载于轻小型水下机器人上，在海底巡航的同时可以进行相关抓取操作。如果是无缆型水下机器人，其续航能力只能依靠机体内的电池进行供电，若机械臂的质量较大，其轻微的动作就会带来较大的能量损耗，这种情况下电驱动机械臂的优势十分明显。

水下电动机械手是利用电机产生力或力矩，直接或者间接地驱动水下机械手获得各种运动的一种执行机构。最为常见的水下电动机械手都是关节型机器人，关节型机器人的驱动关节是其最为重要的部分，其主要组成部分如图 10.8 所示。电机和驱动器构成动力组件提供给关节原始动力，水下电动机械手常用的电机有步进电动机、直流伺服电动机、交流伺服电动机等；减速器作为传动组件，将关节输出轴的转速降低的同时提供足够的输出力矩，水下电动机械手常用的减速器有谐波减速器、行星减速器、RV 减速器等；传感器作为传感组件来实时监控关节的转角与速度，水下电动机械手常用的传感器有力传感器、视觉传感器、角位移传感器等；密封件用来对关节进行防水密封，防止发生泄漏对电路造成损坏，水下电动机械手常用的密封件有 O 形圈、泛塞封、机械密封等；外壳用于组装前面四种组件，保证关节的工作性能。

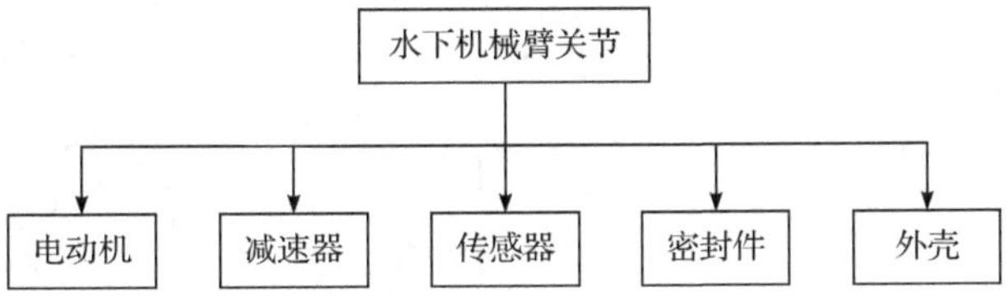

图 10.8　水下电动机械手关节组成

电机是水下电动机械手关节的核心部件，因此为保证水下电动机械手的可靠性与稳定性，对关节驱动电动机作如下要求。

(1) 快速性。电动机从获得指令信号到完成指令所要求的工作状态的时间应短，响应指令信号的时间越短，电伺服系统的灵敏性越高，快速响应性能越好，一般是以电动机机电时间常数的大小来说明伺服电动机快速响应的性能。

(2) 启动转矩惯量比大。在驱动负载的情况下，要求机器人的伺服电动机的启动转矩大，转动惯量小。

(3) 控制特性的连续性和直线性。随着控制信号的变化，电动机的转速能连续变化，有时还需转速与控制信号成正比或近似成正比。

(4) 调速范围宽。能用于 1：1000～1：10000 的调速范围。

(5) 体积小、质量轻、轴向尺寸小。

(6) 能经受得起苛刻的运行条件，可进行十分频繁的正反向和加减速运行，并能在短时间内承受过载。

10.2.2　水下电动机械手的驱动系统

水下电动机械手的驱动系统主要包括步进电动机、直流伺服电动机、交流伺服电动机三种。

1. 步进电动机

步进电动机是将电脉冲信号变换为相应的角位移或线位移的元器件，它的角位移和线位移与脉冲数成正比，转速或线速度与脉冲频率成正比。在负载能力范围内，这些关系不因电源电压、负载、环境条件的波动而变化，误差不长期积累。步进电动机种类繁多，常用的有永磁式步进电动机、反应式步进电动机、永磁感应子式步进电动机三种。

步进电动机的工作原理，其实就是电磁铁的工作原理，如图 10.9 所示。其由环形分配器送来的电脉冲，对定子绕组轮流通电。设先对 A 相绕组通电，B 相和 C 相都不通电。由于磁通具有力图沿磁阻最小路径通过的特点，对于图 10.9(a)，当转子齿 1 和齿 3 的轴线与定子 A 相的轴线重合时磁阻最小，即在电磁力的作用下，转子齿 1 和齿 3 被吸引到 A 相下。此时，转子只受径向力而无切线方向力，故转矩为零，转子稳定在这个位置上。此时，B、

C 两相的定子齿与转子在不同方向上各错开 30°。图 10.9(b)是 A 相断电、B 相通电瞬间的转子的受力情况，转子齿 2 和齿 4 受到 B 相绕组顺时针方向的力矩作用。图 10.9(c)是 B 相通电时转子稳定之后的位置。从图 10.9(a)到图 10.9(c)，转子顺时针转过了 30°。同理，接下来，B 相断电、C 相通电，则转子又顺时针转过 30°。如果通电顺序为 $C \to B \to A$，则转子逆时针一步步转动。定子通电每换接一次，则转子转过一个步距角。

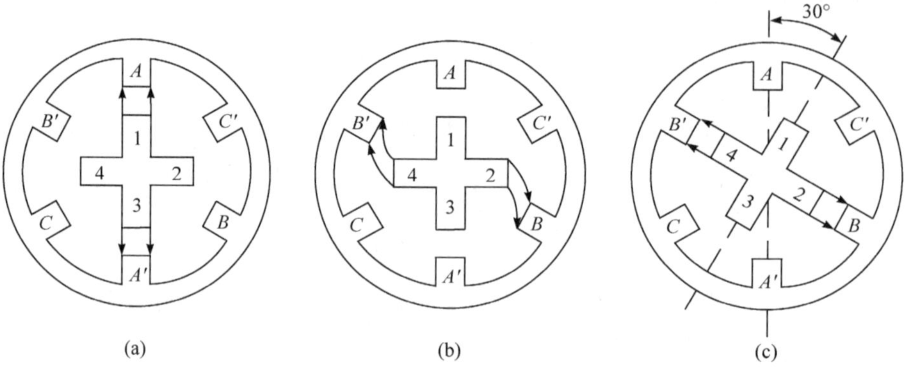

图 10.9　步进电动机的工作原理

步进电动机作为一种离散运动装置，在小型机器人中得到较广泛的应用。但由于其存在过载能力差、调速范围相对较小、低速运动有脉动、不平衡等缺点，故一般只应用于小型电动机械手中。步进电动机的驱动原理图如图 10.10 所示。

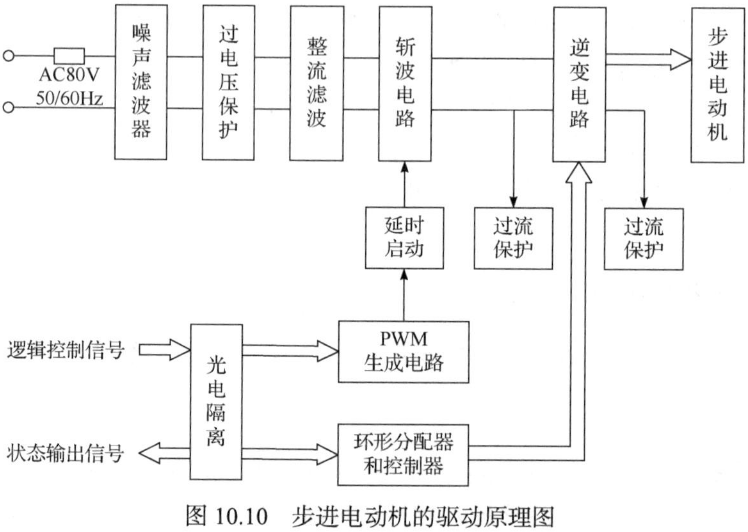

图 10.10　步进电动机的驱动原理图

2. 直流伺服电动机

直流伺服电动机是用直流电供电的电动机，也称为执行电动机，其功能是将输入的受控电压/电流能量转换为电枢轴上的角位移或角速度输出。以普通直流伺服电动机为例，它由定子、转子(电枢)、电刷、整流子和机壳组成。定子产生磁场，转子由铁心、线圈组成，用于产生电磁转矩；换向器由整流子、电刷组成，用于改变电枢线圈的电流方向，保证电枢在磁场作用下连续旋转。

直流伺服电动机的品种很多，按照激磁方式分为电磁式和永磁式两类。电磁式直流伺服电动机大多是他激磁式直流伺服电动机；电磁式直流伺服电动机和一般永磁式直流电动机一样，用氧化体铝镍钴等磁材料产生激磁磁场。在结构上，直流伺服电动机分为普通直流伺服电动机和直流力矩伺服电动机，其中又分为有刷电枢式、无刷电枢式、绕线盘式和空心杯电枢式等多种形式。各种直流伺服电动机的分类与结构特点见表 10.1。

表 10.1　各种直流伺服电动机的分类与结构特点

分类		结构特点
普通型	永磁式直流伺服电动机	与普通直流电动机相同，但电枢铁长度与直径之比较大，气隙也较小，磁场由永久磁钢产生，无须励磁电源
	电磁式直流伺服电动机	电枢采用表面开有均匀分布槽的圆柱形铁芯结构，电枢绕组嵌入电枢铁芯的槽中，按一定规律(如叠绕组或波绕组)连接，励磁磁场由定子侧的励磁绕组通电产生，其他同永磁式直流伺服电动机
低惯量型	电刷绕组直流伺服电动机	采用圆形薄板电枢结构，轴向尺寸很小，电枢用双面敷铜的胶木板制成，上面用化学腐蚀或机械刻制的方法在敷铜上印刷绕组。绕组导体裸露，在圆盘两面呈放射形分布。绕组散热性好，磁极轴向安装，电刷直接在圆盘上滑动，圆盘电枢表面上裸露导体部分起着换向器的作用
	无槽直流伺服电动机	电枢采用无齿槽的光滑圆柱铁心结构，电枢制成细而长的形状，以减小转动惯量，电枢绕组直接分布在电枢铁心表面，用耐热的环氧树脂固化成形。电枢气隙尺寸较大，定子采用高电磁的永久磁钢励磁
	空心杯电枢直流伺服电动机	电枢绕组用漆包线绕制在线模上，再用环氧树脂固化成杯形结构，空心杯电枢内外两侧由定子铁心构成磁路，磁极采用永久磁钢，安放在外定子上
直流力矩伺服电动机		直流力矩伺服电动机采用径向磁场盘式结构设计，轴向长度与直径比通常为 1∶5，扁平构型有利于减小转动惯量。定子磁路有两种技术方案：凸极式永磁磁路采用高性能钕铁硼磁钢，隐极式电磁磁路通过集中绕组励磁。整机安装结构分为分装式（独立安装法兰）和组装式（集成减速器）两类，其中分装式可灵活适配不同负载接口，组装式适用于紧凑型驱动系统
无刷直流伺服电动机		无刷直流伺服电动机由电动机主体、位置传感器、电子换向开关部分组成。电动机主体由一定极对数的永磁钢转子(主转子)和一个多向的电枢绕组定子(主定子)组成，转子磁钢有二极或多极结构。位置传感器是一种无机械接触的检测转子位置的装置，由传感器转子和传感器定子绕组串联，各功率元件的导通与截止取决于位置传感器的信号

直流伺服电动机用直流供电，为调节电动机转速和方向，需要对其直流电压的大小和方向进行控制，目前常用可控硅直流调速驱动和晶体管脉宽调速驱动两种方式。可控硅直流调速驱动系统主要通过调节触发装置控制可控硅的导通角(控制电压)来移动触发脉冲的相位，从而改变整流电压，使直流伺服电动机电枢电压的变化易平滑调速。由于可控硅本身的工作原理和电源的特点，导通后是利用交流(50Hz)过零来关闭的，因此在低整流电压时，其输出是很小的尖峰值(三相全波时 300 个/s)的平均值，从而造成电流的不连续性。晶体管脉宽调速驱动系统的开关频率高(通常达 2000～3000Hz)，伺服机构能够响应的频带范围也较宽。与可控硅相比，其输出电流脉动非常小，接近于纯直流。直流电动机参量之间的基本关系如下。

电压平衡方程式：

$$U = E_a + I_a R_a \tag{10.4}$$

电枢电动势：

$$E_a = Cn\phi \tag{10.5}$$

可得

$$n = \frac{E_a}{C\phi} = \frac{U - I_a R_a}{C\phi} \tag{10.6}$$

式中，U 表示电枢电压；I_a 表示电枢电流；R_a 表示电枢绕组电阻；E_a 表示电枢电动势，与电枢电压方向相反；ϕ 表示电机定子与气隙间的磁通；C 表示电磁感应系数或称反电动势系数，是由电机结构所决定的常数；n 表示电机转速。

由式(10.6)可见，改变直流电动机转速的方法有三种：①改变电枢电压 U；②改变电机气隙磁通；③改变电枢绕组电阻 R_a，即在回路中串入电阻。

直流电动机的电磁转矩 $M = C_m I_a \phi$，C_m 为电磁转矩系数，也是由电机结构决定的一个常数。将电磁转矩公式代入转速公式中就得到直流电动机的机械特性方程式：

$$n = \frac{U}{C\phi} - \frac{R_a}{CC_m\phi^2}M \tag{10.7}$$

3. 交流伺服电动机

交流伺服电动机由定子部分和转子部分组成，其中定子包含两个位置互差 90°的绕组，一个作为励磁绕组，接至单相交流电源，另一个作为控制绕组，连接控制信号电压。当控制电压施加到控制绕组时，会在气隙中产生一个旋转磁场，这个旋转磁场与转子相互作用，产生电磁转矩，从而驱动电动机旋转。

交流伺服电动机的转速关系式为

$$n = \frac{60f}{p}\left(1 - \frac{n_0 - n}{n_0}\right) = n_0(1 - S) \tag{10.8}$$

式中，n 表示电动机转速，r/min；f 表示电源电压频率，Hz；p 表示电机磁极对数；n_0 表示电机旋转磁场转速或称同步转速，r/min；S 表示转差率。

由式(10.8)可见，改变异步电动机转速的方法有三种。

(1) 改变磁极对数 p 调速。一般所见的交流电动机磁极对数不能改变，磁极对数可变的交流电动机称为多速电动机。通常，磁极对数设计成 4/2、8/4、6/4、8/6/4 等。显然，磁极对数只能成对地改变，转速只能成倍地改变，速度不可能平滑调节。

(2) 改变转差率 S 调速。这种方法只适用于绕线式异步电动机，在转子绕组回路中串入电阻使电动机机械特性变软，转差率增大。串入电阻越大，转速越低，转差率通常为 3∶1。

(3) 改变频率 f 调速。如果电源频率能平滑调节，那么速度也就可能平滑改变。目前，高性能的调速系统大都采用这种方法，设计出了专门为电机供电的变频器(VFD)。

两相交流伺服电动机的结构与普通异步电动机的结构差不多，其定子绕组则与单相电容式异步电动机的结构相类似。定子用硅钢片叠成，在定子铁心的内圆表面上嵌入两个相差 90°电角度(即 90°/p 空间角)的绕组，一个称为励磁绕组，另一个称为控制绕组，这两个绕组通常分别接在两个不同的交流电源(两者频率相同)上。这一点与单相电容式异步电动机不同。

10.2.3 水下电动机械手的传动系统

水下电动机械手的传动系统主要包括 RV 减速器、谐波减速器、行星减速器等。

1. RV 减速器

RV 减速器的典型结构如图 10.11 所示，主要结构包括输入轴、行星轮(正齿轮)、曲轴、RV 齿轮、主轴承、滚针轴承、滚针、外壳、法兰与输出轴等。主要零件的功能简单介绍如下。

(1) 输入轴：用于传递输入功率，且与行星轮互相啮合。

(2) 行星轮：与曲轴固连，两个或三个行星轮均匀分布在一个圆周上，起功率分流作用，即将输入功率分成几路传递给摆线针轮机构。

(3) RV 齿轮：为了实现径向力的平衡，一般采用两个完全相同的摆线针轮。

(4) 滚针：针齿与机架固连在一起成为针轮壳体。

(5) 法兰与输出轴：输出轴是 RV 减速器与外界从动机相连接的构件，输出轴和法兰相连接成为一个整体，输出运动或动力。

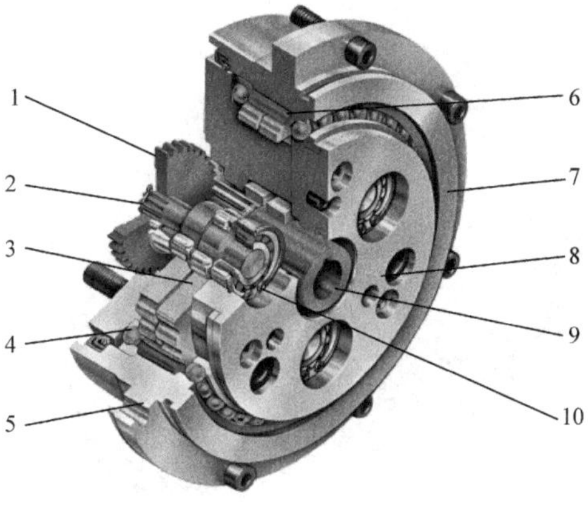

图 10.11　RV 减速器的典型结构

1-正齿轮；2-曲轴；3-RV 齿轮；4-主轴承；5-法兰；6-滚针；7-外壳；8-输出轴；9-输入轴；10-滚针轴承

RV 减速器的工作原理如图 10.12 所示，它是由两级传动结构构成的封闭差动轮系，第一级为渐开线齿轮行星传动机构，第二级为摆线针轮行星传动机构。第一级传动包括相互啮合的输入齿轮和行星齿轮，行星齿轮固定安装在相互平行的曲轴上；第二级摆线传动中曲轴与行星齿轮固连在一起，摆线针轮安装在与曲轴有固定相位差偏心轴的凸轮上，运转时行星轮通过曲轴带动摆线针轮做偏心平面运动，与针齿形成少齿差啮合。

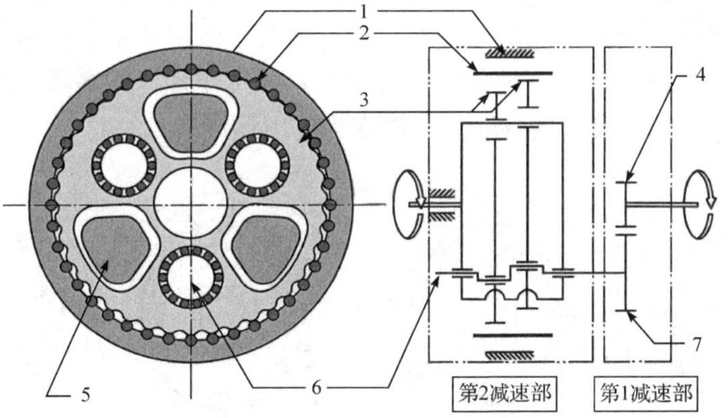

图 10.12　RV 减速器的工作原理

1-外壳；2-销；3-RV 齿轮；4-输入齿轮；5-轴；6-曲柄轴；7-正齿轮

行星轮与曲轴连成一体，作为摆线针轮传动部分的输入。如果中心轮沿顺时针方向旋转，那么行星轮在公转的同时逆时针自转，并通过曲轴带动摆线针轮做偏心运动，此时摆线针轮在其轴线公转的同时，还将在针齿的作用下反向自转，即顺时针转动，同时通过曲轴将摆线针轮的转动等速传给输出机构。

2. 谐波减速器

谐波减速器适用于作为大传动比的齿轮减速机和机械分度机构、伺服装置、雷达装置及自动控制等高精度的传动系统中。其典型结构如图 10.13 所示，主要由波发生器、柔轮和刚轮三个基本构件组成。其中，波发生器是主动件，刚轮或柔轮为从动件。因为波发生器的作用使柔轮所产生的变形波是一个基本对称的简谐波，故称此种传动形式为谐波传动。刚轮是一个刚性的内齿轮，柔轮是一个容易变形的薄壁圆筒外齿轮，它们均具有周节相等的三角形或渐开线的齿形，但刚轮比柔轮多几个齿(通常为两齿)。波发生器由一个椭圆盘和一个柔性球轴承组成，或由一个两端均带有滚子的转臂组成。

图 10.13 谐波减速器的典型结构
1-刚轮；2-柔轮；3-波发生器

谐波减速器的传动原理与普通齿轮传动不同，它通过控制柔轮的弹性变形传递运动和动力。谐波减速器的工作过程如图 10.14 所示，在装配前，柔轮的原始剖面为圆形。柔轮和刚轮的齿矩(周节)相等，但刚轮的齿数比柔轮的齿数多。波发生器的椭圆长轴比未变形柔轮的内圆直径略大，当波发生器装入柔轮的内圆时，迫使柔轮产生弹性变形，使其变为椭圆形。当波发生器在原动机的驱动下在柔轮内旋转时，柔轮不断地产生变形，柔轮的轮齿就在变形的过程中逐渐进入或退出刚轮的齿间。在波发生器的椭圆长轴方向，柔轮与刚轮成为完全啮合状态(简称啮合)；在波发生器的椭圆短轴方向，则处于完全脱开状态(简称脱开)；处于波发生器长轴与短轴之间的轮齿，沿柔轮轴长的不同区段内，有的轮齿逐渐进入刚轮的齿间，而处于半啮合状态，称为啮入；有的齿轮则逐渐退出刚轮的齿间，而处于半脱开状态，称为啮出。由于波发生器在柔轮内连续转动，两轮轮齿的啮入、啮合、啮出、脱开四种状态不断地改变各自原来的工作情况，而产生所谓的错齿运动。相互的错齿运动将输入运动变为输出运动。

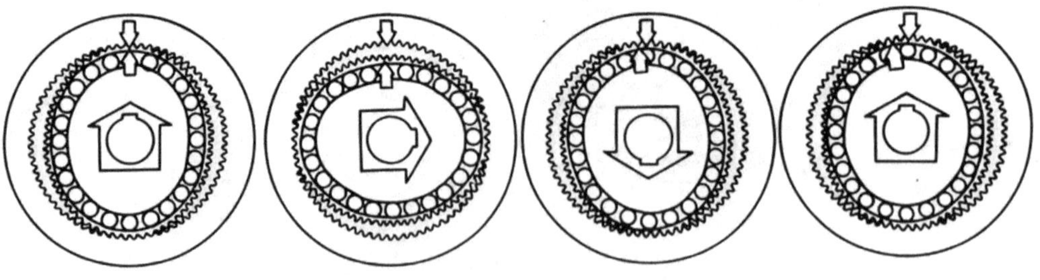

图 10.14 谐波减速器的工作过程

3. 行星减速器

行星减速器具有多种形式，按照结构的不同大致可以分成以下三类。

1) S-C-P(K-H-V)式行星减速器

S-C-P 式行星减速器由齿轮、行星齿轮和行星齿轮支架组成。行星齿轮的中心和内齿轮中心之间有一定偏距，仅部分齿参加啮合。曲柄轴与输入轴相连，行星齿轮绕内齿轮边的公转边自转。行星齿轮公转一周时，行星齿轮反向自转的转数取决于行星齿轮和内齿轮之间的齿数差。

2) 3S 式行星减速器

3S 式行星减速器的行星齿轮与两个内齿轮同时啮合，还绕太阳齿轮(外齿轮)公转。两个内齿轮中，固定一个时另一个齿轮可以转动，并可与输出轴相连接。这种减速器的传动比取决于两个内齿轮的齿数差。

3) 2S-C 式行星减速器

2S-C 式行星减速器由两个太阳齿轮(外齿轮和内齿轮)、行星齿轮和支架组成。内齿轮和外齿轮之间夹着 2～4 个相同的行星齿轮，行星齿轮同时与外齿轮和内齿轮啮合。支架与各行星齿轮的中心相连接，行星齿轮公转时迫使支架绕中心轮轴回转。

以 3S 式行星减速器为例，其典型结构如图 10.15 所示，主要由太阳齿轮、行星齿轮和内齿轮环构成。其中行星齿轮由行星架的固定轴支承，允许行星齿轮在支承轴上转动。行星齿轮和相邻的太阳齿轮、外齿圈总是处于常啮合状态，通常采用斜齿轮以提高工作的平稳性。单排行星齿轮机构是变速机构的基础，自动变速器的变速机构通常由两排或三排以上行星齿轮机构组成。

图 10.15　行星减速器的典型结构
1-内齿轮环；2-太阳齿轮；3-行星齿轮

10.3　特种作业工具

10.3.1　水下切割工具

最近几年来，随着开发海洋事业的发展，为满足水下机器人特种作业要求，从提高水下切削质量、速度和能力以及为适应一些易燃、易爆、有毒的特殊结构和特殊环境需要出发，一些新的水下作业设备及其方法陆续运用到实际作业中。在海洋工程施工过程中，水下切割是一项重要的施工作业，其应用范围广。受实际切割环境的影响，应选用合适的切割方法进行切割。水下切割根据切割能源的来源可分为水下热切割和水下冷切割，详细分类如图 10.16 所示。

水下热切割可分为三种类型，分别是火焰切割法、熔化切割法和熔化-氧化切割法。火焰切割法是在水下通过火焰将工件加热到熔点后继续通可燃气体，使金属继续燃烧并将熔融物吹离待割金属。由于介质是水，火焰切割法须将割缝周围的水排开才可进行切割，操作难度大，实际切割中很少使用；熔化切割法的原理是给待割金属提供热量，熔融金属依靠电弧力和自身重力脱离待割金属，形成割口；熔化-氧化切割法是使用电弧热将待割金属熔融，然后通入氧气使金属燃烧，此时氧气不仅可以助燃，还可以将割口的熔融金属吹离

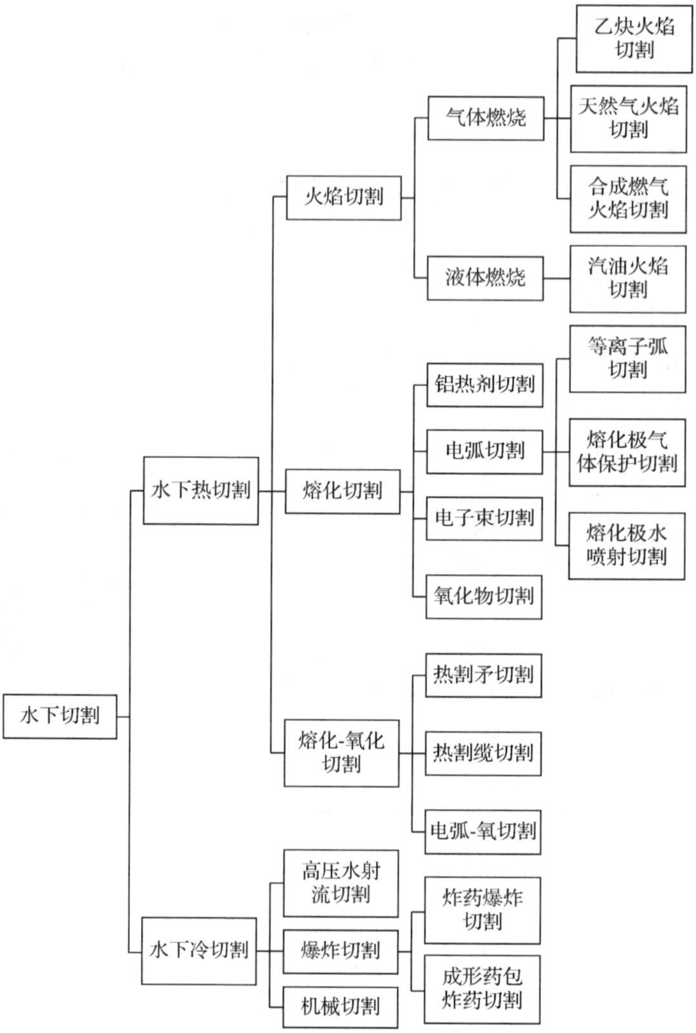

图 10.16　水下切割方法的详细分类

工件，切割效率较高。水下热切割的优点是效率高，几乎可以对任何形状的工件进行切割。缺点是切割割口较粗糙，热变形大，适用于无须二次利用的拆除作业。水下冷切割是通过介质将机械能或动能直接作用于工件表面的方式。

水下冷切割技术对介质的要求较高。例如，机械切割中对切割刀具的要求，即需要高强度、高硬度的材料，而且更换频率高，常常在一次作业中需要更换多次。水下冷切割的割口平整度高，变形量小，非常适合水下更换工件及修补作业。

虽然水下切割的可用方法有很多种，但其中有很多种方法只用于某些特定领域或只存在理论研究中。下面介绍较为常见的水下切割工具。

1. 水下金刚石绳锯机

水下机械切割工具除了普通的锯片以外，水下金刚石绳锯机的应用也较为广泛，常用于海底石油管道的切割。按照相应功能不同金刚石绳锯机主要分为三个组成模块，包括机械本体、液压控制系统和检测系统，具体组成部分如图 10.17 所示。

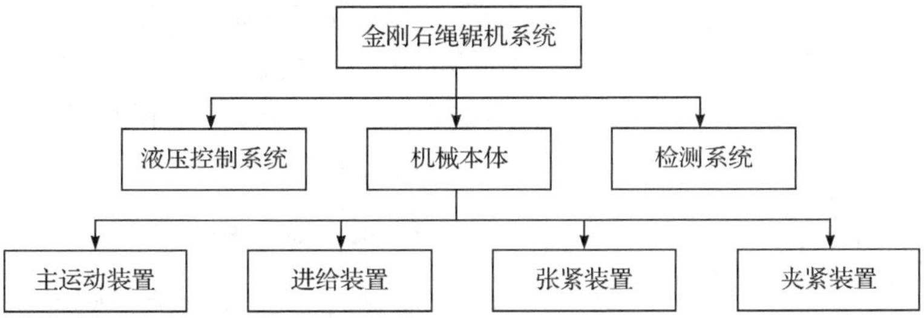

图 10.17　金刚石绳锯机的总体组成

(1) 机械本体主要为实现串珠绳高速循环旋转运动、切割框架缓慢进给运动和绳锯夹紧管道。

(2) 液压控制系统包括船上控制柜与水下液压源两部分，其中鉴于作业水深、液压源 ROV 携带，为金刚石绳锯机提供液压动力，液压控制系统安装在绳锯机本体上，用来控制其主运动、进给运动、夹紧运动和张紧运动。

(3) 检测系统主要是对作业中的绳锯机系统及外部环境进行检测，发送至信息处理单元，然后通过信息处理单元和操作人员参照返回的信号实现对绳锯机的实时状态监控。

水下金刚石绳锯机切割管道的基本工作原理：首先由链式夹紧装置将金刚石绳锯机夹紧在输油管道待切割位置；通过手动张紧装置使串珠绳保持一定的工作张紧力；然后主运动装置和进给装置开始工作，对输油管道进行切割；在主运动系统中，齿轮电动机带动主动轮高速旋转，使张紧的金刚石串珠绳做循环运动，实现其沿管道的切向进给运动；同时进给系统中，进给用的低速摆线电动机带动升降机的丝杠转动，丝杠转动带动切割框架做直线运动，实现串珠绳相对管道的径向进给运动。

2. 水下电弧-氧切割

水下电弧-氧切割的原理图如图 10.18 所示。水下电弧-氧切割是由电极接正极、工件接负极的电弧切割，它不同于传统电弧切割的是：采用了空心的电极，并在其中通入氧气。在水下切割过程中，电极与工件之间在电场作用下产生电弧，放出大量热熔化工件。金属被熔融后，氧气从空心的电极中吹出，使熔融态的工件继续燃烧，并吹熔渣。

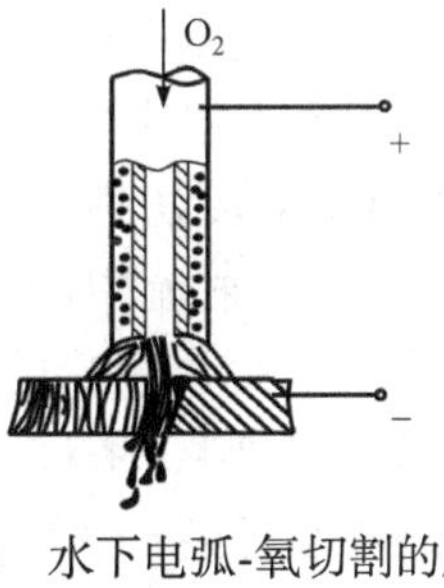

图 10.18　水下电弧-氧切割的原理图

水下电弧-氧切割过程中，电弧熔化金属后，金属与氧气的燃烧反应成为切割的主要热源，此时电弧不需要提供过多的热量。电弧的热量主要由电流电压及电极的直径决定，在电极直径一定的情况下，较少的热量可使切割电源的负载降低，方便水下作业。该方法需要在空心的电极中通入较大流量的氧气，气流在遇到不规则的割口时会改变流动方向，会使割口的形状更加不规则。

3. 水下等离子弧切割

水下等离子弧切割是一种先进的切割方法，其原理如图 10.19 所示。等离子弧切割是利

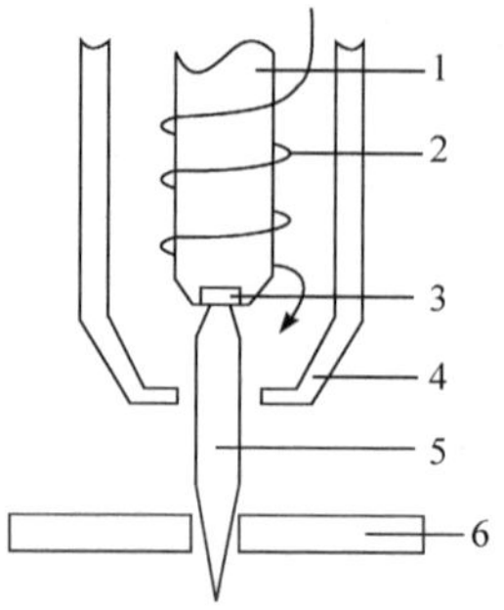

图 10.19　水下等离子弧切割原理图
1-电极；2-旋涡气流；3-锆或铪；4-喷嘴；5-电弧；6-工件

用等离子枪将工件和电极间的自由电弧进行压缩，压缩后的电弧具有温度高、能量密度高、电离度高、流速高的特点，等离子弧作为产热源，将待割金属熔化，并用高速气流将熔融的金属吹离工件表面。

4. 水下激光切割

激光技术作为一项材料加工领域通用的技术，应用范围十分广泛。水下激光切割的原理图如图 10.20 所示，它的原理是将激光器发出的激光进行聚焦，产生高能量的激光束，激光束的能量与辅助气体一起作用于工件表面，放出大量热熔化待割工件。水下切割辅助气体一般采用氧气，一方面氧气可以与待割金属发生化学反应，放出大量热；另一方面作为辅助气体，氧气从喷嘴喷出可以将熔融的金属和氧化物从反应区域吹离，形成割口。与空气中的激光切割相比，水下激光切割由于加入了辅助气体氧气，氧气与高温金属在切割中充当辅助热源，所以水下激光切割消耗的能量小于空气中无辅助气体的激光切割。

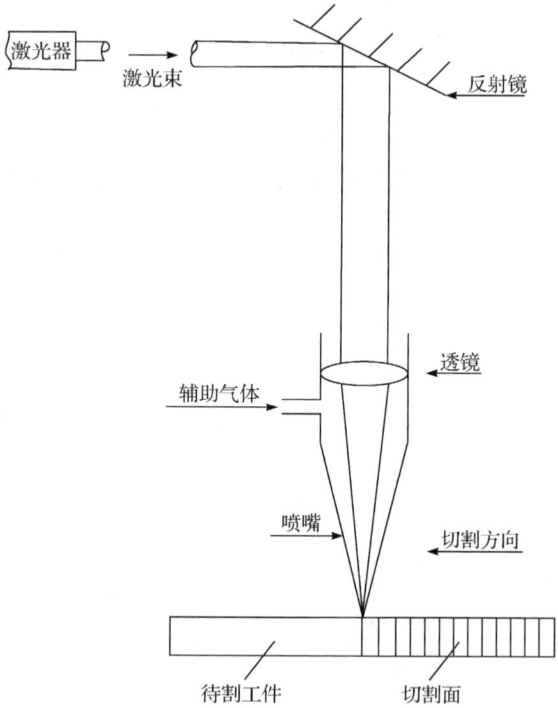

图 10.20　水下激光切割原理图

5. 水射流切割

超高压水射流切割机是将普通的水通过一个超高压加压器，将水加压至 3000bar，然后通过通道直径为 0.3mm 的水喷嘴产生一道约 3 倍声速的水射流进行切割。与传统的“热”切割工艺相比，超高压水射流切割机床以水流为切割介质，是一种“冷”切割工艺。

磨料水射流切割是指在较低的工作压力下，在纯水射流中加入一定数量的磨料颗粒，大大提高水射流的切割能力的工艺。水射流切割磨料，俗称“水刀砂”，分为天然磨料(如石榴石磨料)和人造磨料(如白刚玉磨料)，目前国际通用材质为石榴石天然磨料。

虽然在实际中都是利用高速运动的水流对材料进行切割，但是在纯水切割中，水是切割工具。而在磨料水切割中，高压水用于给磨料颗粒加速，在实际中起到切割作用的是磨料水刀砂。水切割如果没有石榴石墨料，那么无论是切割的精度还是深度都会大打折扣。实验室数据显示，如果不放磨料只能切割 3mm 厚的钛板，而且切出来是锯齿状的。加上石榴石水切割磨料后，可以轻松切割 30mm 厚的钛板，精度也非常准确。

磨料水射流根据加入磨料方式的不同可以分为两类：前混式磨料射流和后混式磨料射

流。前混式磨料射流是指初步混合的磨料浆液在混合腔处与高压水充分混合后，再经脐带缆输送到喷嘴处形成射流，如图 10.21(a)所示。此种方式可以将切割单元与混砂过程分隔开，实现远距离切割，但也存在混砂过程容易堵塞，以及喷嘴、高压软管磨损严重的问题。后混式磨料射流是指高压水在混合腔内先形成射流，然后与输送到混合腔的磨料进行混合，再经过喷嘴喷射出去，如图 10.21(b)所示。这种方式在技术上比较成熟、价格更低，但切割同样厚度的钢板所需的压力更大，对混合腔和喷嘴的磨损更加严重。

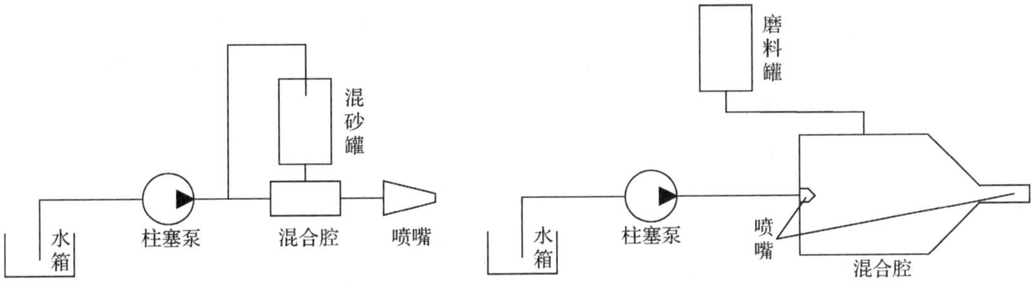

(a) 前混式磨料射流　(b) 后混式磨料射流

图 10.21　磨料射流原理图

10.3.2　水下液压剪

水下液压剪由于结构简单、操作方便、切割效率高和对负载设备要求低等特点，常常与水下机械臂搭配使用，执行水下电缆剪切任务。水下液压剪刀口设计有夹槽，钳夹力强劲，便于夹不规则物料。此类剪刀适用在不同的操作中，能切割铁制材料、钢材、罐、管子等，具有高效运作和强大的切割力。

水下液压剪的工作原理和普通液压剪相似，但设计上考虑了水下环境的特殊性。液压剪机构整体设计如图 10.22 所示，水下液压剪使用液压系统产生高压液体，通过管道输送至剪刀头部。剪刀头部配备了特殊设计的刀具，用于切割目标材料。液压缸在液压系统的驱动下往复运动，由液压杆驱动曲柄连杆机构实现刀刃的剪切运动。

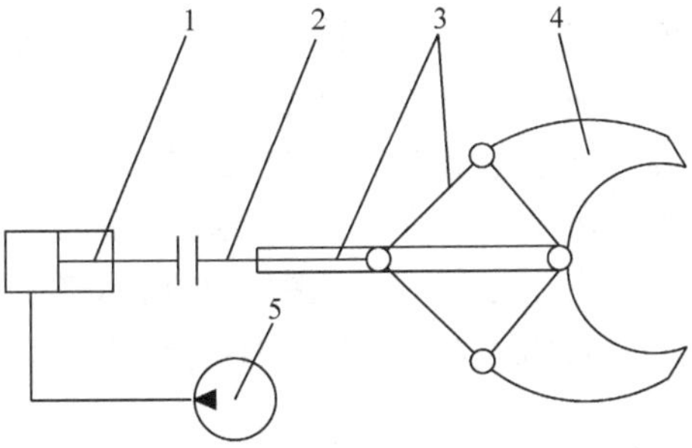

图 10.22　液压剪机构示例

1-液压缸；2-推杆；3-连杆机构；4-刀具；5-液压泵

10.3.3　水下清洗工具

水下清洗工具主要包括高压水射流、空化水射流等。

1. 高压水射流

高压水射流是指通过高压水发生装置将水加压至数十个到上千个大气压以上，再通过具有细小孔径的喷射装置转换为高速的细微“水射流”。这种“水射流”的速度一般都在 2*Ma* 以上，具有巨大的打击能量。这种具有高能量、高速度的水流正向或切向冲击物体表面时将产生强烈的作用，从而完成清洗、破碎等操作。将这种高度聚能的水射流用来完成各种清洗作业的技术称为“高压水射流清洗技术”。常见的去垢、除锈、打毛刺等都属于清洗的范畴。高压水射流清洗属于物理清洗，在各种物理清洗方法的实际应用中占很高比例。高压水射流设备的结构如图 10.23 所示。

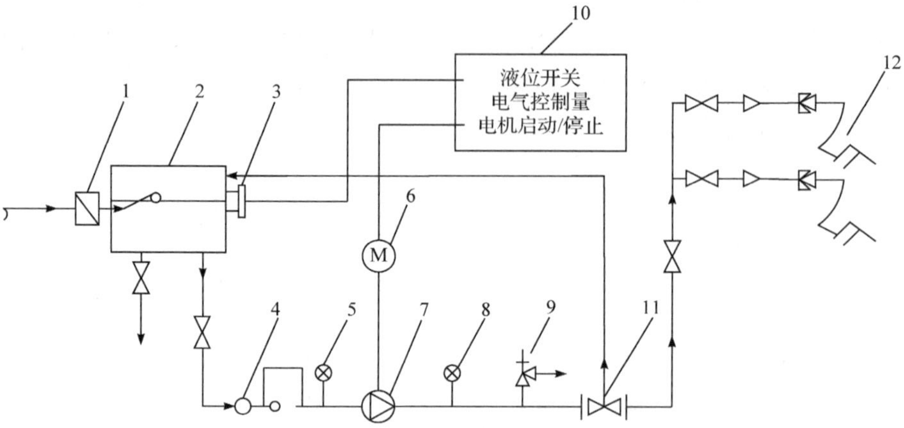

图 10.23　高压水射流设备的结构

1-过滤器；2-水箱；3-液位开关；4-增压泵；5-低压进水压力表；6-电机；7-高压柱塞泵；8-高压出水压力表；9-安全阀；10-电气控制盘；11-三通调压阀；12-水枪

2. 空化水射流

空化水射流是一种更高效的高压水射流，是利用水力机械“汽蚀”的原理通过人为地在水射流流束内产生许多空泡，利用空泡破裂所产生的强大冲击力来增强射流的作用效果。有研究表明，在相同泵压下，空化水射流的冲击压力是连续射流冲击压力的一倍。利用此种方法，清洗、除锈等级在与高压水射流相同的情况下，可使喷射压力降低一个等级。

简单地说，空化水射流的基本原理就是在液体射流内诱使空化发生并让空泡长大，当含有这些空泡的射流冲击物体时，使空泡在物体表面及其附近破裂，由于空泡破裂时产生的能量高度集中，并局限在许多非常小的面积上，从而在物体表面许多局部区域产生极高的冲击压力和应力集中，使物体表面迅速破坏。在相同泵压和流速条件下，空化水射流的这种局部压力放大作用使其清洗、切割效果大大优于非空化水射流。

10.4　水下作业工具的液压动力源

水下作业工具的液压动力源工作原理图如图 10.24 所示，它由水下电机、液压泵、阀箱、自动补偿油箱及快速接头等组成。考虑到作业工具的容积变化较大，采用胶囊式补偿器，补偿器由一个充油胶囊和一个补偿弹簧组成，在胶囊外加一个补偿弹簧的作用是使胶囊有一个预压力 P_t，它与外部水压 P_n 共同作用于皮囊的外表面，此时，油箱的压力为

$$P_0 = P_n + P_t \tag{10.9}$$

由于弹簧的作用，油箱内的压力比外部水压高出 ΔP ($\Delta P = P_t$)。因此通过适当调整 P_t 的大小，获得一定的补偿力，使得液压系统的回油压力始终高于海水压力，可以有效地防止海水浸入液压系统，通常 P_t 应为 0.01～0.05MPa。

由于系统回油压力始终等于海水压力，当水深为 300mm 时，压力可达 3MPa，而一般油泵的轴端密封都无法抵抗这个压力。因此，在图 10.24 中，通过连接法兰将电机与油泵的轴端密封并充满油，通过油管与油箱连通，使之获得与油箱同样的补偿压力。这样，只要水下电机的外壳和接线是水密的，且内部充满液压油，不需要采用其他办法即可实现防水。为了便于调整，阀箱是不充油的，其外壳是耐压的，供油口和回油口都采用快速换接自封接头，以防止在更换工具时油箱的液压油在弹簧压力的作用下外泄。

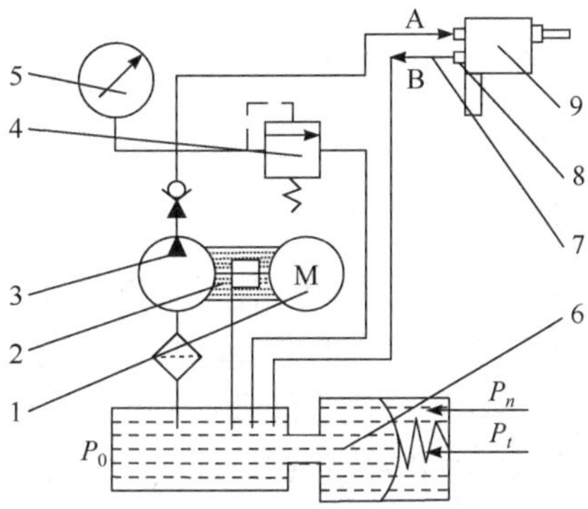

图 10.24　液压动力源工作原理图

1-水下电机；2-联轴器；3-液压泵；4-溢流阀；5-压力表；6-油箱；7-油管；8-快速接头；9-作业工具

10.4.1　水下电机

水下电机一般采用无刷直流电机充油改造完成。普通直流电机因电刷存在，换向时易产生火花导致补偿油碳化，造成电机转子短路，进而引起电机损坏，不适合充油，其密封只能采用承压方式。因此，普通直流电机的体积和重量大。系统使用的海水深度有限，密封不可靠，这就使得直流有刷电机难以应用在深海液压系统中。

近年来使用较多的直浸式充液直流无刷电机既可以在油液中使用，也可以直接放在海水中使用，不仅具有压力自适应性，同时还具有：无火花、无机械摩擦、寿命长；转速高、速度-转矩特性好、启动时间短；在整机中对其他电子元件及电器不产生电干扰；效率高、节能、性能稳定可靠；重量轻、结构紧凑等优点。

10.4.2　液压泵

液压泵是靠发动机或电动机驱动，将机械能转换为液压能的液压系统动力元件。常用的液压泵有齿轮泵、叶片式(分为单作用式、双作用式和变量式)泵、柱塞式(分为轴向柱塞式和径向柱塞式)泵等。

1. 齿轮泵

齿轮泵由一对齿数相等、模数相同的齿轮、泵体，以及上、下端盖及轴、轴承等组成。两齿轮相互啮合，由啮合线和端盖把高压出油腔和低压进油腔分隔开。齿间与壳体或啮合齿都形成封闭小油室。随着两齿轮相互反向旋转，按以下四个过程工作：小油室在吸油腔容积变大而吸油；然后沿着壳体内缘向排油腔方向运送；到排油腔后，小油室容积变小，向高压排油口排油；最后进入啮合段，以很小的油室容积返回吸油腔，开始第二个循环。每个齿间小油室都这样不断地循环，把油液一份份地吸进来，送往高压腔口排油。啮合段齿间容积最小。该段回送油的小容积要变化，有困油现象。为此，两边端盖的相应处开有卸荷槽，当边缘输送油时，该小油室容积最大，而且不变。

由共同规律和齿轮泵结构可导出排量为

$$D_p = 2\pi Bzm^2 \tag{10.10}$$

流量为

$$Q_p = D_p n\eta_{PV} = 2\pi Bzm^2 n\eta_{PV} \tag{10.11}$$

式中，B 表示齿轮宽度；z 表示齿数；m 表示齿轮模数；n 表示转速；$\eta_{PV} = Q_{P实际} / Q_{P理论}$ 为容积效率。

2. 单作用叶片泵

单作用叶片泵的工作原理图如图 10.25 所示。配流盘上有两个对称配置的配流孔。定子与转子间安装有偏心距 e，转子转速为 ω。两相邻叶片和配流盘、上端盖间组成一个个小油室。由于转子、定子间有偏心距 e，当转子旋转时，各小油室容积是变化的。在吸油腔，油室容积变大而吸油；在压油腔，油室容积变小而排油。两个油腔之间，油室被封闭，由此分隔开吸、排油腔，不连通。但是，油室被封闭的过程很短，一般要有消除困油现象的措施。

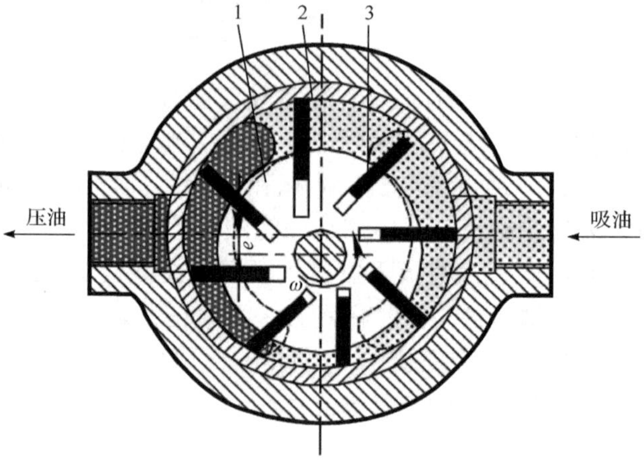

图 10.25　单作用叶片泵的工作原理图

1-转子；2-定子；3-叶片

假定叶片厚度为 δ，叶片数为 z，近似有

$$D_p = BS_1 = B\{\pi[(R+e)^2 - (R-e)^2]\} - z\delta[(R+e)-(R-e)] = 2Be(2\pi R - z\delta) \tag{10.12}$$

理论平均流量为

$$Q_p = D_p n = 2B(2\pi R - z\delta)en \tag{10.13}$$

$$Q_p = Ken = K_{qp} \cdot e \tag{10.14}$$

式中，S_1 表示转子转一周排出液体体积的圆环面积；R 表示定子内圆半径；B 表示转子宽度。

3. 双作用叶片泵

双作用叶片泵的工作原理与单作用叶片泵相同。由于定子曲线的特殊性，定、转子间形成双向偏心，故称为双作用叶片泵。它有两个吸油区和两个排油区，双作用叶片泵的工作原理图如图 10.26 所示。双作用叶片泵的结构与单作用叶片泵相似。定子内曲线为四段圆弧、四段过渡曲线的曲线形柱面。

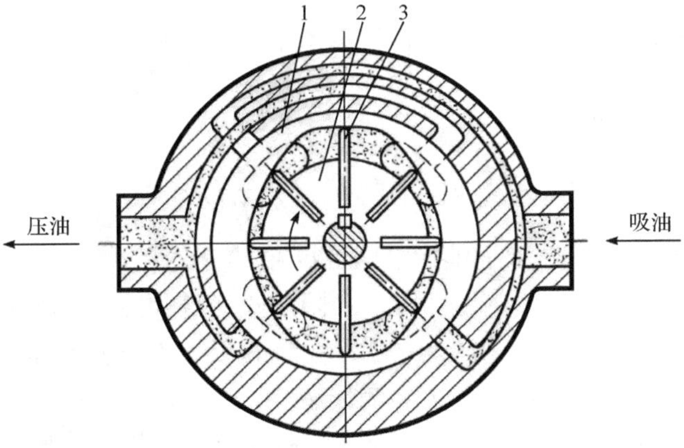

图 10.26　双作用叶片泵的工作原理图

1-定子；2-转子；3-叶片

可以推导出理论平均流量为

$$Q_p = [2B\pi(R^2 - r^2) - 2Bz\delta(R - r)]n = 2B[\pi(R^2 - r^2) - z\delta(R - r)]n \tag{10.15}$$

4. 变量叶片泵

变量叶片泵是通过改变排量，使输出流量可变的叶片泵。双作用叶片泵的定子曲线对称，不能改变排量，故不能变量。改变单作用叶片泵转子与定子的相对偏心量，就可以改变泵的排量，如式(10.16)所示：

$$Q_p = Ken = K_{qp}e \tag{10.16}$$

连续地改变偏心距 e，输出流量 Q_p 就连续地变化。如果改变偏心距 e 的方向，吸、排油腔位置就对换，吸油口变成出油口，压油口变成吸油口。两油口都可作进、出口，这便是双向变量叶片泵。

限压(恒压)式变量叶片泵的工作原理图如图 10.27 所示。弹簧将定子推压到手柄螺栓上，这时有最大偏心量 $e_{\max}$。工作时，压力油的偏心推力 F 作用在定子上，它的水平分力 $F_x = \lambda p$ (与油压成比例，系数为 λ)与弹簧力相平衡，即 $F_x = \lambda p = K(L_0 + x)$。临界情况时，压力为 p_K，有 $\lambda p_K = KL_0$ (L_0 为弹簧顶紧量)。

当 $p < p_K$ 时，$\lambda p = KL_0$，定子不动。当 $p > p_K$ 时，水平分力 λp 压缩弹簧，使偏心距减少 x(弹簧压缩量)，泵输出流量下降。因此有

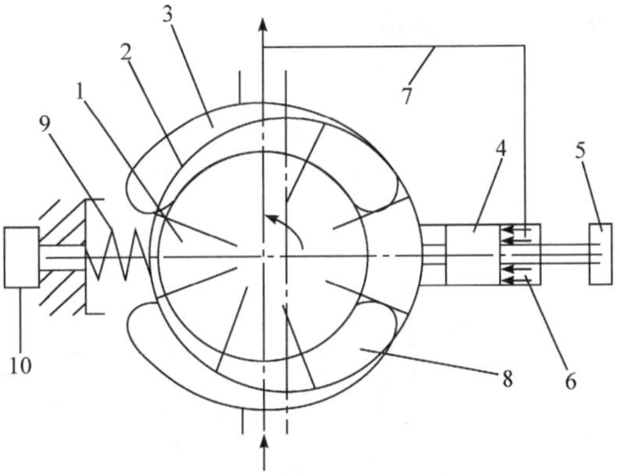

图 10.27　限压式变量叶片泵的工作原理图

1-转子；2-定子；3-压油口；4-活塞；5-螺钉；6-反馈油缸；7-通道；8-吸油口；9-调压弹簧；10-调压螺钉

$$e = e_{\max} - x = e_{\max} - \frac{\lambda}{K}(p - p_K) \tag{10.17}$$

由式(10.16)得

$$Q_p = K_{qp}\left[e_{\max} - \frac{\lambda}{K}(p - p_K)\right] \tag{10.18a}$$

考虑漏损影响，可写成：

$$Q_p = K_{qp}e_{\max} - L_p p - K_{qp}\frac{\lambda}{K}(p - p_K) \tag{10.18b}$$

式(10.18b)为 $p > p_K$ 的情况，即曲线图 10.28 中的 BC 段。

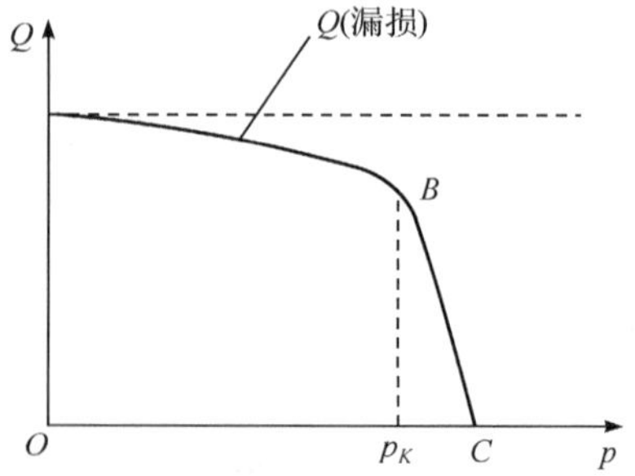

图 10.28　限压式变量叶片泵的流量变化曲线

限压式变量叶片泵的流量变化曲线如图 10.28 所示。泵的工作压力 $p < p_K$ 时，流量基本不变(有漏损影响)。当 $p > p_K$ 时，流量按式(10.18b)急剧下降。拧动螺栓，最大输出流量改变，AB 线上下平移。调节螺钉改变 L_0，p_K 改变，BC 线左右平移。改变弹簧刚度 K，BC 线的斜率改变。

由于惯性和摩擦，移动定子至流量变化的滞后时间一般为 0.07～0.15s。限压式变量叶片泵的效率较定量泵低，为 $\eta_{p0} = 0.80$～0.90。

5. 柱塞泵

柱塞泵分为轴向柱塞泵和径向柱塞泵，轴向柱塞泵的应用较广。轴向柱塞泵的工作原理图如图 10.29 所示。斜盘倾角为 α (定量泵的 α 固定，变量泵的 α 可变)，当柱塞随转子旋转时，同时被斜盘推着来回伸缩，柱塞后的小油室容积相应变大或变小。柱塞转到配流盘的吸油区，其后的小油室容积变大而吸油；柱塞转到排油区，小油室容积变小往外排油。在两区交界处，小油室被密闭，有困油现象。为减少困油的危害，配流盘上开有卸荷槽。每个柱塞随转子转一圈，吸、排油各一次。设柱塞数为 z(取单数可减少流量脉动)，可以推导出柱塞泵排量为

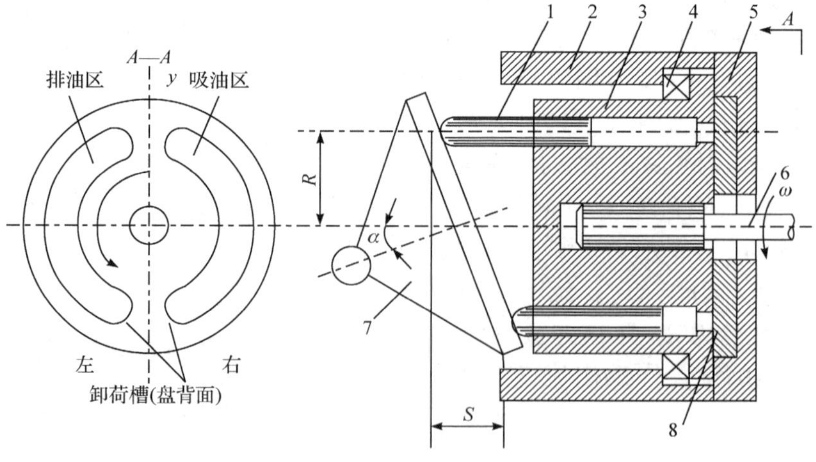

图 10.29　轴向柱塞泵的工作原理图

1-柱塞；2-外壳；3-转子；4-轴承；5-小油室；6-油泵；7-倾斜盘；8-配流盘

$$D_p = z\Delta V = z2R\frac{\pi}{4}d^2 \tan\alpha = z\frac{\pi}{4}d^2 S = K\tan\alpha \approx K\alpha \tag{10.19}$$

流量为

$$Q_p = D_p n = Kn\tan\alpha \approx K_{qp}\alpha \tag{10.20}$$

式中，d 表示柱塞直径；R 表示柱塞分布圆半径；$S = 2R\tan\alpha$ 表示柱塞行程。

水下机器人要完成深海作业功能，必须借助搭载在其舱体上的水下作业系统来实现，水下作业功能一直是水下机器人技术开发与应用的关键技术。可以说水下作业型机械手从诞生之日起就和深海水下机器人密不可分了，水下机器人可以作为水下作业型机械手的作业托体，水下机器人通过作业机械手完成指定的作业操作。

微课

第 11 章　水下机器人的布放回收技术

11.1　无缆型水下机器人的布放回收技术

目前能够完成无缆型水下机器人布放回收的方式主要包括通过与水面有人舰船、无人船、潜艇、大型/超大型水下航行器及水下对接装置等平台的配合实现。为保障各种平台实现对无缆型水下机器人的布放回收，通常在各类平台上安装有布放回收系统(launch and recovery system，LARS)。按照布放回收无缆型水下机器人时的人工干预程度，回收方式分为两大类：人工干预回收和自主对接回收。

11.1.1　水面吊放装置

人工干预回收是指通过人为操控回收平台对返航至预定海域的无缆型水下机器人进行动态捕捉的回收过程。近年来以通过水面母船安装的水面吊放装置的回收技术最为成熟，其技术核心为母船采用吊钩、滑道等装置实现对无缆型水下机器人的布放回收，无缆型水下机器人能源补充、数据交换等操作全部在母船上进行。

1) 起重吊杆式吊放装置

起重吊杆式布放回收系统通常由一个带绞盘的可折叠或可伸缩的吊臂起重机、可伸出船舷外的抓捕装置或滑轮挂钩、带有冗余泵/电机的电动液压装置构成，如图 11.1 所示。该系统的主要问题是在吊放过程中无缆型水下机器人容易晃动，不能自动脱钩、挂钩，需要潜水员下到水中挂上或松开稳定绳或起吊索，这对潜水员的人身安全将造成威胁。

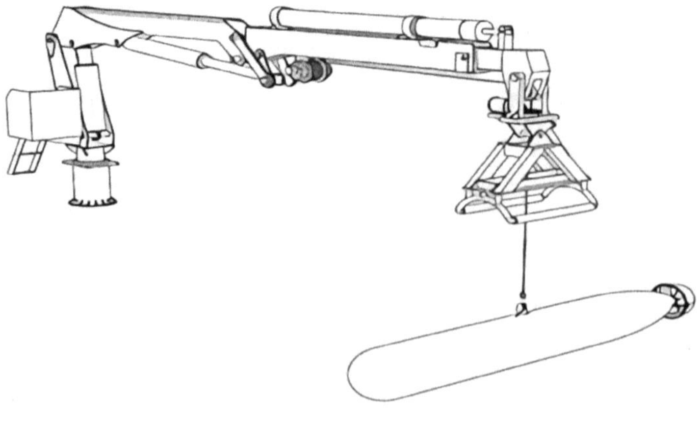

图 11.1　起重吊杆式布放回收系统

“潜龙”系列无缆型水下机器人由中国科学院沈阳自动化研究所研制，吊放式专用收放系统由两部分组成，如图 11.2 所示，包括改造后的 Palfinger 折臂吊和一套自研的缓冲止荡导引头，借助两部分的功能组合实现对无缆型水下机器人的少人化、高自动化程度的布放。当无缆型水下机器人被凯夫拉绞车卷扬起升时，会被动导入缓冲止荡导引头的鞍形架内，鞍形架的弧形管和架子根部安装有缓冲橡胶，可以实现对无缆型水下机器人第一级的缓冲保护。当无缆型水下机器人接触到鞍形架底部橡胶时，触发垂向缓冲液压缸，此时垂向缓冲液压缸会输出一个恒定的垂向支撑力。随着海浪的起伏，以及绞车的卷扬力，实现对无缆型水下机器人的垂向保护，避免因为绳索的弹性及海浪的起伏使无缆型水下机器人与鞍形架发生碰撞。装置同样具备摇摆止荡功能，随着吊机的外伸与摆动，鞍形架应尽可能保持铅垂状态，因此在缓冲止荡导引头上设置铰链结构，使导引头下端具有摆动能力，同时为实现收放过程中潜水器的防摇摆，安装一对防摇摆止荡液压缸，实现摆荡运动的抑制。

图 11.2　“潜龙”系列无缆型水下机器人吊放系统

该套布放回收系统于 2020 年 9 月完成海试验收并交付用户，其性能稳定，表现优异，助力后续的大洋科考降低劳动强度，减少保障队伍的人员规模。该系统的成功应用实现了对无缆型水下机器人的自动化、少人化和高效化运维。

2) A 形框架式吊放装置

A 形框架式布放回收系统通常由 A 形架、液压牵移装置、止荡装置、缓冲对接头、绞车、绳索、脱钩器等构成，主要用于中大型无缆型水下机器人的布放回收。回收过程中，A 形架可承受相对较大的横向力，具有强度大、耐冲击、操作简便、安全可靠等优点，可根据需求配置和安装其他辅助设施和保护装置等。A 形架两侧支撑柱下端装有铰接关节，用于控制起吊装置本体的倾斜角度。A 形架大多数安装在水面舰船的艉部，艉舷相对较低且敞口开阔，便于工作人员脱钩和挂钩。

“蛟龙”号载人潜水器的布放回收系统(图 11.3)放置在母船后甲板上，海上布放的流程为：下潜人员经由“蛟龙”号的维护平台进入潜水器，在布放人员关闭潜水器舱盖后，升降轨道车开始移动并移动至 A 形架的正下方，由布放人员将主吊缆与潜水器连接后，主吊缆提升，同时 A 形架向外摆动至母船尾部，由布放人员将拖曳缆绳与潜水器上的笼头缆连接，A 形架继续向外摆动至最大位置，主吊缆缓慢释放，在主吊缆与拖曳缆绳的合力下，潜水器可稳定到达海面；潜水器到达海面后，蛙人乘坐小艇靠近潜水器并解下主吊缆，使主吊缆与潜水器脱离，此时潜水器可开始下潜。

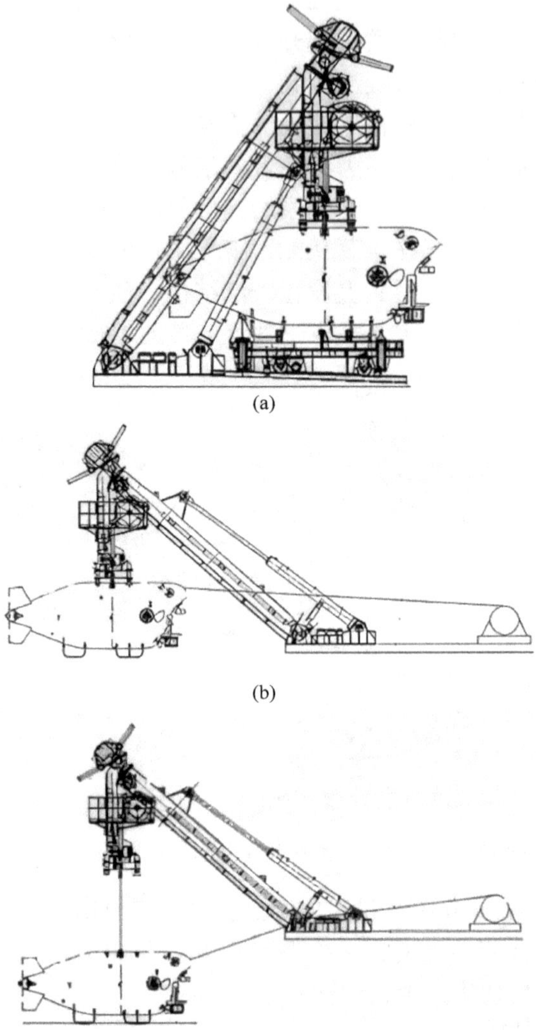

(a)

(b)

(c)

图 11.3　“蛟龙”号载人潜水器布放回收系统

“蛟龙”号载人潜水器的布放回收系统是我国首套用于载人潜水器的布放回收系统，其主要结构部件包括 A 形架、拖曳绞车和升降轨道车。拖曳绞车和 A 形架主吊缆的恒张力控制可满足“蛟龙”号三级海况布放和四级海况回收的要求，升降轨道车同时可作为“蛟龙”号日常存放、保养和检修的载体，布放回收系统已成功布放回收“蛟龙”号近 200 次，为我国发展载人深潜事业积累了大量实践经验。

3) 其他水面吊放装置

除以上介绍的几类水面吊放装置外，针对部分具有特殊外形的无缆型水下机器人、布放回收平台特点及应用场景等因素，一些科研机构也有针对性地设计出其他几款专用的水面吊放装置，如通过中继器、中央井等实现无缆水下机器人的布放回收。

例如，海底测量公司 UTEC 宣布已成功调试完新的发射和回收系统，该系统用于石油和可再生能源行业的海底测量的第七代无缆型水下机器人。UTEC 的新型 LARS 是一个浮动“车库”，如图 11.4 所示，无须小船即可发射和回收无缆型水下机器人，从而简化操作并提高安全性。该系统使用法兰和螺栓连接钢和铝管，可快速组装和拆卸，以方便运输和储存。另外，它也可用于海底发射。

图 11.4　UTEC 浮动“车库”式吊放装置

总体而言，未来水面有人舰船布放回收方式的重点服务对象将是远海作业的大型无缆型水下机器人。

11.1.2　水面水下回收平台

自主对接回收技术主要依靠的是制导系统、导航系统和控制系统，它们相互交互，最终将无缆型水下机器人引导至 LARS 内。制导系统负责响应由导航系统、任务目标和无缆型水下机器人动力系统共同提供的操作环境及目的地目标的状态信息；导航系统利用搭载传感器和观察子系统来估计无缆型水下机器人的姿态信息，如位置、方向和速度等，以及操作环境相关的潜在风险信息，如洋流和可能存在的路径障碍；控制系统根据导航系统提供的状态信息(包含姿态信息和风险信息)和制导系统生成的参考轨迹为无缆型水下机器人产生校正控制力和力矩，以成功完成对接操作。

1) 倾斜滑道式回收平台

以快速海洋测绘及海洋探测为目的研究的无缆型水下机器人由于其外形近似细长的鱼雷，且通常没有龙骨加固，难适用于起吊方式。针对鱼雷型无缆型水下机器人的布放回收问题，滑道式专用收放系统有着十分突出的技术优势。系统主要包括集成式液压站、底部支撑轨道、移动式大支架、液压绞车、艏捕捉小车、活动梯、横向限位抱紧机构、主推三级液压缸、摆动液压缸、快速释放液压缸等。借助滑道式专用收放系统多个自由度动作的有序组合，可以实现对无缆型水下机器人的高度自动化、少人化、高效化的布放回收操作。

中国科学院沈阳自动化研究所同样研制了适用于“潜龙”号无缆型水下机器人的滑道式专用收放系统，如图 11.5 所示，该系统具备以下功能：滑道式布放回收装置平时可作为无缆型水下机器人存放平台，应足够支撑无缆型水下机器人的重量，并具有缓冲减振功能；绞盘安装于活动梯一端，用于布放时张紧无缆型水下机器人，对其进行固定，当进行回收时，能够将无缆型水下机器人通过活动梯拖上来；活动梯上安装滚动包胶轮，避免拖拽无缆型水下机器人时发生硬摩擦损伤表面，还可兼具支撑和减振功能；主推三级液压缸可将活动梯连同无缆型水下机器人伸出装置外侧，此时需要将活动梯斜伸入水，回收时，当无缆型水下机器人通过绞盘完全被拉上活动梯后，需要将倾斜的活动梯放平。该功能通过摆动液压缸实现。

图 11.5 “潜龙”号无缆型水下机器人的滑道式专用收放系统

该布放回收系统于 2019 年 11 月在千岛湖新安江试验场完成了只依赖 3 人对无缆型水下机器人模拟器的布放和回收试验，顺利完成了湖试验收大纲的所有验收项，全面验证了各项功能指标。

2) 潜艇回收平台

与传统水面船人工吊放的回收方式相比，潜艇回收平台具有隐蔽性好、持续工作时间长、活动范围广的优点，更适用于执行侦查、探测等任务。

鱼雷管发射方式是利用改装的鱼雷管布放回收无缆型水下机器人，不会改变潜艇的结构形式，保证潜艇的性能不受影响。2007 年 10 月，美国海军在“哈特福德”号核潜艇上进行了发射并回收无缆型水下机器人的首次演示验证，如图 11.6 所示，潜艇上改装有两个鱼雷管，一个用来放置无缆型水下机器人，另一个安装为回收无缆型水下机器人而专门设计的夹持机械手。试验中，无缆型水下机器人首先被发射出去，在进行一定时间的自主作业后，“哈特福德”号核潜艇发出回收的指令，无缆型水下机器人按照指令航行至指定的位置，待无缆型水下机器人由远处逐渐靠近鱼雷管时，潜艇上专门配备的机械手夹持机构就会伸出，夹持住无缆型水下机器人并将其回收至鱼雷管，但控制精度要求较高，难度更大。

背驮式潜艇布放回收平台是指在潜艇上安装模块化回收平台或改造潜艇外壳提供回收平台，如图 11.7 所示，该布放回收方式相对于雷管发射平台可携带更大体型、更长工作时间和更大探测范围的无缆型水下机器人。Babcock Korea 公司公布了一种背驮式无缆型水下机器人布放回收平台，该方案称为“Remora 潜艇集成系统”。Remora 模块可安装在潜艇的不同位置，能够携带超过 30t 的无缆型水下机器人。此外，它的低轮廓形状可最大限度地减少对潜艇系统的干扰，并且降低在对接和回收过程中的检测风险。

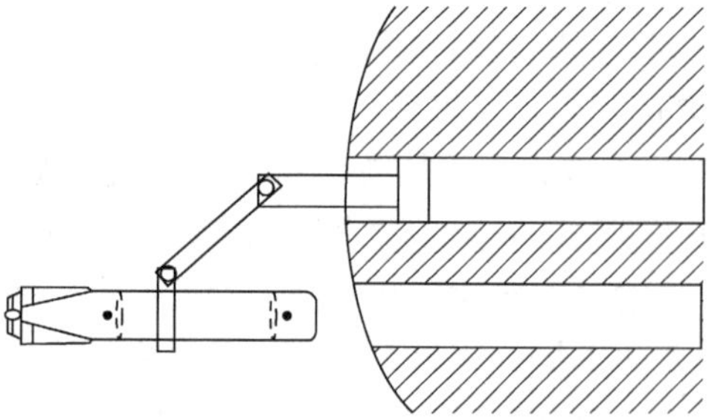

图 11.6 鱼雷管回收方式工作示意图

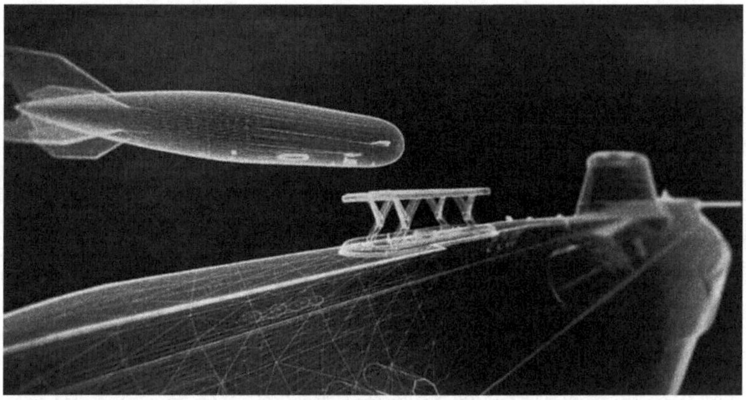

图 11.7　背驮式潜艇布放回收平台

3) 捕捉式回收平台

捕捉式回收平台是通过无缆型水下机器人自身携带的捕捉机构抓取回收平台的绳索或目标以实现无缆型水下机器人的布放回收。无缆型水下机器人可以在水下进行 360°全方位对接，这样就会降低海流对对接过程的影响，定位精度要求较低，可提高对接成功率。

2001 年，美国伍兹霍尔海洋研究所(Woods Hole Oceanographic Institution)和麻省理工学院(Massachusetts Institute of Technology，MIT)海洋实验室合作研制了 Odyssey IIB 水下对接系统，如图 11.8 所示。对接装置的最大工作水深为 3500m，下部是海底固定系统，上部是无缆型水下机器人对齐锁紧机构，主要是定位杆和两个夹紧块，在锁紧无缆型水下机器人后进行数据传输，无缆型水下机器人的艏部安装有“V 形剪”和触发弹簧两个部分，主要用来夹住定位杆以完成定位工作。

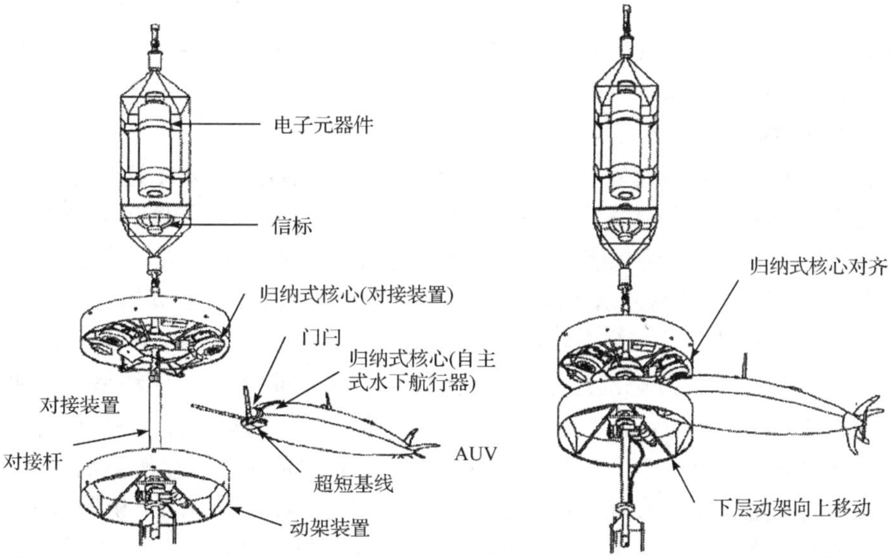

图 11.8　Odyssey IIB 无缆型水下机器人捕捉式收放系统

对接时，通过超短基线系统(ultrashort baseline system)声学定位技术引导无缆型水下机器人逐渐驶向对接装置，无缆型水下机器人携带的“V 形剪”开始搜索捕捉定位杆，一旦“V 形剪”捕捉到定位杆，对接装置上的无缆型水下机器人锁紧机构就会接收到信号，然后执行向下运动的动作，以将无缆型水下机器人夹持锁紧。据分析，无缆型水下机器人在搜索捕捉定位杆的过程中，在定位杆 1m 的圆周范围内均可实现捕捉，对接成功后，可对无缆型水下机器人进行感应式充电和数据传输等任务。

佛罗里达大西洋大学研制出一种无人水面艇(unmanned surface vehicle，USV)与无缆型水下机器人相互配合的布放回收方式，如图 11.9 所示。以 USV 为布放回收平台，在起降期间，将安装在 USV 上的柔性绳索通过绞车延伸到水中，由于在绳索的末端安装有一个加重的水翼，该装置可使绳索在水中保持紧绷，柔性绳索作为对接目标，并在布放回收期间作为运载器的连接纽带。无缆型水下机器人的布放通过 USV 顶部托盘降低并释放到水面完成，在随后的回收过程中，无缆型水下机器人向悬挂在 USV 上柔性绳索的声学信标导航，之后通过安装在无缆型水下机器人前端的夹器夹紧柔性绳索。在整个过程中，USV 保持在水面上，完成夹紧后通过绞车机构，USV 向前拖动无缆型水下机器人，将其回收到 USV 上。

图 11.9 佛罗里达大西洋大学研制的捕捉式布放回收装置

但捕捉式回收平台对无缆型水下机器人的结构外形有要求，需要进行较大的改动，从而影响其运动稳定性，增加自身的能源消耗。

4) 大型水面/水下航行器回收平台

随着水下无人装备的快速发展，长续航、广范围、高性能等要求逐步被提出，世界各国配合时代的发展和各类需求研发出各种类型的大型水面/水下航行器，部分航行器的续航及负载能力大幅度提升，已经具备布放回收中小型无缆型水下机器人的能力。

英国 SEA-KIT 公司研发的 X 型号 USV 具备强大的载荷能力和续航力，该能力使其为海军防御和海上安全提供了一个多功能、强大的平台，如图 11.10 所示。X 型号 USV 整体俯视呈 U 形，在尾部中间开有滑道槽，相比倾斜滑道式回收平台，无缆型水下机器人的布放回收可实现全程无人参与。无缆型水下机器人依靠引导装置航行至 USV 尾部，并通过自身推进器的推力进入滑道内，当其艏部与滑道槽上安装的传送带完全解除后，可关闭主推，在传送带的作用下完成回收流程，到达指定位置后，完成对无缆型水下机器人的限位固定。此回收方式主要在水面完成，因此对水面的风浪流条件要求较高，但无须对无缆型水下机器人的外形进行改动。

“海神”号(Proteus)双模水下无人潜航器既可以完全自主运作，也可以由人来驾驶行动。该潜航器重 3.7t，有效载荷为 1.6t，航速 6kn 时持续工作时间为 92h，以 5～9kn 的平均速度移动时续航力达 600km，最大航速达 10kn，有人模式潜深 45m，无人模式潜深 60m，其两

图 11.10　SEA-KIT 公司研发的 USV 布放回收平台

侧可安装挂载模块从而携带小型 AUV。回收时，“海神”号航行器以低速逆流方向航行，携带的小型无缆型水下机器人加速从后侧追赶并与吊舱伸出的回收器完成对接后，在连杆牵引作用下进入吊舱进行通信和充电，如图 11.11 所示。

图 11.11　“海神”号布放回收无缆型水下机器人

5) 入坞式回收平台

入坞式回收平台适用于鱼雷型无缆型水下机器人的布放回收，其结构主要包括对接管道和导向罩两部分，导向罩可扩大无缆型水下机器人的入坞范围，对接管道可承载无缆型水下机器人，并且可通过安装相应的装置进行充电、信息交互等操作。对接时，由于无缆型水下机器人自身导航精度误差及海流的影响，无缆型水下机器人不能保证完美地、无碰撞地进入对接筒，而是存在很大可能性与导向罩发生接触，在依次接触碰撞中逐步被引导至对接筒，进而被定位锁紧，完成对接流程。该对接方式的对接装置结构简单，而且内部可控，只需要在无缆型水下机器人成功入坞后完成对无缆型水下机器人的定位与锁紧工作，可靠性更高，利于实现自动化；无缆型水下机器人航行前需要预先知道对接装置的姿态及方位，需要对其进行校准，导航定位的精确性是对接成功的关键。

无缆型水下机器人入坞式对接是一个自动引导的过程，一般采用 USBL 进行声学定位、采用水下引导光源进行光视觉引导，或通过电磁引导等方式。其中的水下对接装置也常称为水下坞站，其对接过程主要包括如下步骤：无缆型水下机器人引导归航入坞、轴向限位、锁紧、姿态校正、插拔传输、释放。目前，入坞式对接装置的结构形式已经有较为广泛的研究。

哈尔滨工程大学水下机器人技术国家级重点实验室分别就光视觉和声学导引对接进行了研究，主要解决两个问题：一是可靠的水下导航方法，提供准确的相对位置信息；另一个是设计合适的控制系统，降低无缆型水下机器人与对接平台的位置偏差。在水池试验阶段，借助 WL-3 型欠驱动无缆型水下机器人和锥形对接平台，将对接平台悬挂在水池内部，远距离段采用声学导引，近距离段采用单、双目视觉切换导引，并采用卡尔曼滤波融合定位技术提高定位精度。通过选择不同的初始位置，进行了多次对接试验，如图 11.12 所示。水池试验表明，该导航控制系统运行良好，并保证了对接成功率大于 80%。

图 11.12　无缆型水下机器人对接过程的视频截图

浙江大学流体动力与机电系统国家重点实验室、信息与电子工程学院以及海洋学院在 2017 年共同研制了针对“海豚二号”的水下对接系统，如图 11.13 所示。无缆型水下机器人进入对接平台后，通过打开与关闭电磁铁实现对无缆型水下机器人的锁紧与释放。同时为了便于在水下部署，设计了一款两摆动自由度无缆型水下机器人水下对接平台，通过万向节实现两个自由度的摆动，以在海底地势不平时还可将平台调整至中心线为水平状态，降低海底的部署难度。为促进无缆型水下机器人顺利进入对接平台，保护罩的前端设计为

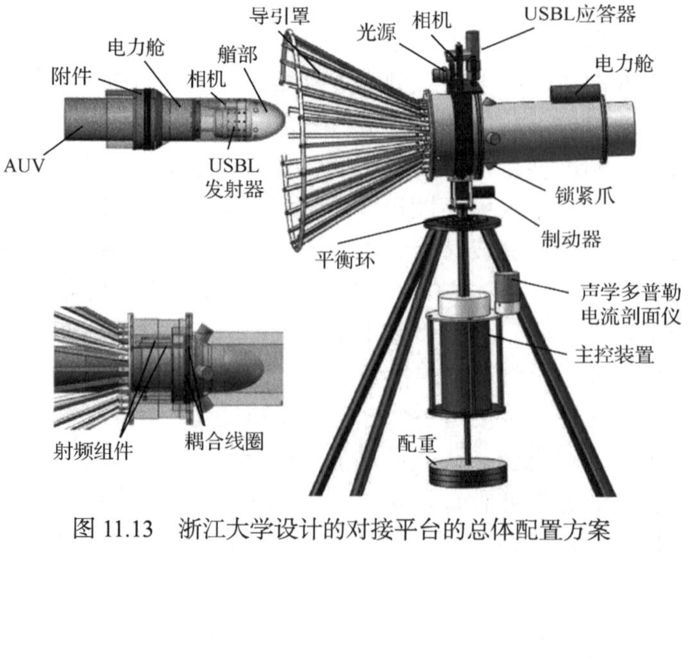

图 11.13　浙江大学设计的对接平台的总体配置方案

18°的锥形；由于使用感应充电方式，因此在无缆型水下机器人特定的位置处设计有环形线圈，缠绕线圈后的直径为 290mm，“海豚二号”无缆型水下机器人整体长度为 2.7m，直径为 200mm。

原型对接系统最初在 1.2m 深的水池进行功能测试，如图 11.14 所示。随后 2017 年 5 月在南海对“海豚二号”进行了水下对接试验。首先，在 50m 水深海域，无缆型水下机器人与海底观测网非接触式海底对接系统共进行了 11 次自主回坞操作，成功对接 10 次；然后，在对接过程中，无线充电的最高功率达到 681W，非接触信号的最大传输速率达到 3.1Mbit/s；最后，在 105m 水深海域，无缆型水下机器人与水下对接平台也成功对接。

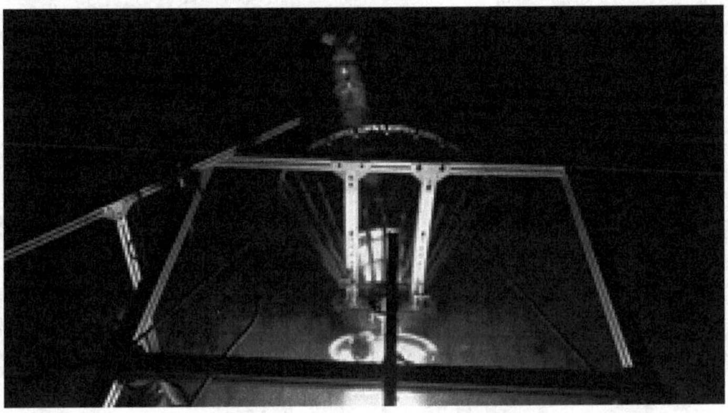

图 11.14　1.2m 深水池对接试验

11.2　有缆型水下机器人的布放回收技术

11.2.1　A 形架机构

ROV 的作业能力较大程度上受到作业海域、海况的影响，制约潜水器作业能力发挥的主要因素是在恶劣海况条件下的下水与回收，其中更主要的是回收。因此，人们以巨大的投入对潜水器的收放技术进行攻关。到目前为止，不同结构形式、收放能力从几百千克到数十吨的收放系统投入使用，其中最具代表性的、技术趋于成熟的、应用最广的当属 A 形架收放系统。A 形架收放系统如图 11.15 所示。

A 形架收放系统之所以被潜水器普遍采用，主要是该系统具有结构合理、应力分布均匀、结构强度高、刚度大、便于设置各种安全保护功能以及甲板布置、占用空间与被收放设备所占空间重合、可靠性高和操作简便等优点。此外，A 形吊架通常是可折叠的，A 形架收放系统除了用于收放潜水器外，还常被用于其他水下作业设备的收放。此外，在诸多船只(如科考船和救捞船)上，为了满足多种设备的收放要求也常安装有通用的 A 形架收放系统。

一般来说，A 形架收放系统主要由 A 形门架、摆动架、绞车、伸缩架、排缆器、对接装置、纵摇与横摇缓冲装置、液压动力系统、操纵控制系统等组成，如图 11.16 所示。

图 11.15　A 形架收放系统

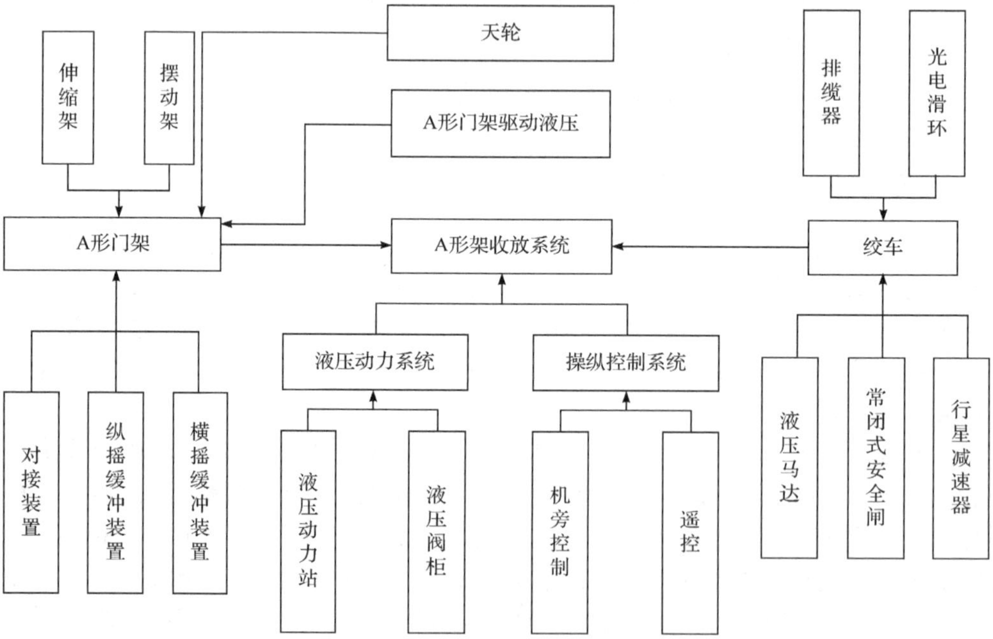

图 11.16　A 形架收放系统的组成框图

11.2.2　摆动架

摆动架是安装伸缩架、对接装置和横摇缓冲装置等的基座，同时也作为收放载荷的主要承载构件。在收放过程中，摆动架将随着 A 形门架在船舷内外的摆动而摆动，使得摆动架、与其连接的其他装置和收放的潜水器始终保持铅垂状态。收放缆较短的设备在执行某些水面收放任务时，往往将绞车也安装在摆动架上，摆动架以铰接方式安装在 A 形门架上部横梁的耳座上，垂挂在横梁下方。为防止由于母船的运动干扰造成摆动架脱离铅垂状态发生摆荡，在摆动架和 A 形门架的横梁之间设置纵摇缓冲阻尼液压缸，以降低母船摇摆对潜水器产生的冲击。

11.2.3　绞车

在 A 形架收放系统中，绞车是收放缆绳和为缆绳提供线拉力的装置，如图 11.17 所示。绞车主要由支撑框架、卷筒、行星减速器、常闭式安全闸、液压马达、光电滑环(要求馈送能源和信号时)等组成。在恶劣海况条件下，尤其是回收载人潜水器时，为减小波浪对缆绳以及潜水器的冲击，要求提供缆绳的恒张力控制功能，使得缆绳始终处于张紧状态，以实现波浪补偿能力。收放缆绳时，常闭式安全闸松脱，液压马达通过行星减速器驱动卷筒转动，同时能源、信号通过光电滑环进行传输。绞车在任何条件下的停车，常闭式安全闸能保证绞盘制动，将所收放的潜水器保持在停车时刻的位置上。绞车是 ROV 收放系统中最主要的装置，也是目前国内收放系统需攻关的一大难题。根据收放的潜水器的不同，绞车安装的位置也有所不同。一般来说，对于收放既提供线拉力同时又具有能源馈送和信号传输功能的铠装电缆或比较长的单纯提供线拉力的缆绳，其绞车多安装在 A 形架收放系统的底座上(或甲板上)；对于收放单纯提供线拉力且较短的缆绳，其绞车重量较轻且占用空间较小，可直接安装在 A 形门架的横梁上(或安装在摆架上)。

图 11.17　绞车

液压制动器的制动力由摩擦片与制动盘的摩擦产生，通过调节摩擦片对制动盘的正压力即可改变制动力。而制动器的正压力 N 的大小取决于油压 P 与蝶簧的作用结果。绞车正常工作时，油压 P 达到最大值，此时正压力 N 为 0，并且摩擦片与制动盘间留有 1～1.5mm 的间隙，即制动器处于松闸状态。当设备需制动时，根据工况和指令情况，电液控制系统将按预定的程序自动减小油压以达到制动要求。当摩擦片磨损、制动器与制动盘的间隙大于 2mm 时，可以通过调整螺母来调整摩擦片间隙。

为了可以使绞车快速停车，通常使用液压缸制动盘(安装在与绞车滚筒同一输出轴)，则在制动盘两侧安装两个制动器。图 11.18 所示为盘式液压缸制动方案原理图。

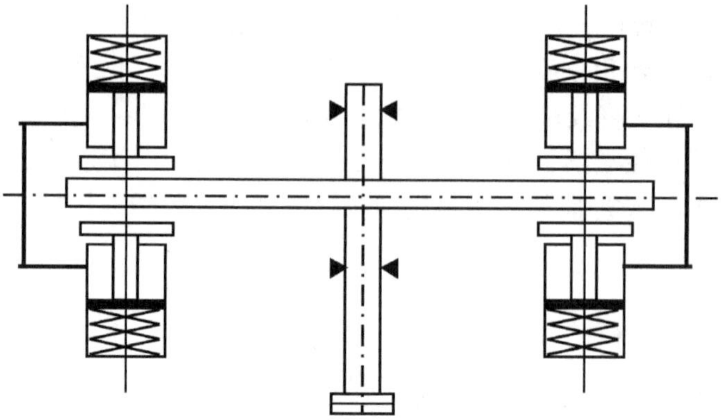

图 11.18　盘式液压缸制动方案原理图

11.2.4　排缆器

排缆器的主要功能是在绞车收放缆时使缆绳沿着连续螺旋线均匀整齐地缠绕在卷筒上。在设定线拉力作用状态下，保证缆绳不乱扣、不从外层勒入内层和不挤伤缆绳，同时也可充分利用卷筒缠绕空间。一般情况下，在缆绳较长的情况下，在收放系统中设置排缆器是非常必要的。

排缆器分为手动和自动两种排缆模式，多与绞车组装成一体，可采用液压驱动独立驱动，也可绞车联动。目前应用的排缆器原理和结构大体上类似，主要由液压马达、螺纹丝杠传动(纯机械式自动排缆器多采用凸轮丝杠传动)、导轨、导向轮、自动排缆信号采集装置和缆绳长度计数装置等组成，如图 11.19 所示。

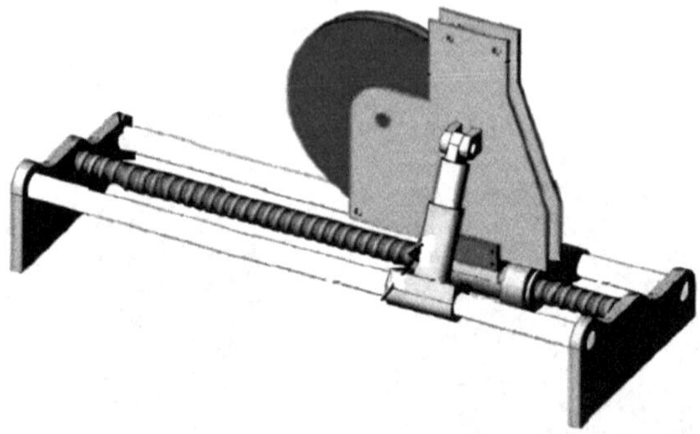

图 11.19　自动排缆器

排缆器具有自动换向功能，可根据控制单元的指令，通过排缆器与储藏卷筒之间的精密协调运动，保证脐带缆一圈挨一圈、一层叠一层整齐地缠绕在储藏卷筒上。导向轮上安装有自动排缆信号采集装置(在脐带缆与卷筒切点附近)，由脐带缆带动实现信号采集动作，并将信号送给控制单元，控制单元收到信号后，控制伺服阀，液压马达经丝杠螺母驱动导向轮沿导向光杠在整个排缆范围内做排缆运动。当脐带缆缠绕或放出到达卷筒一端时，导向轮也同时运动到行程端点，此时自动排缆换向装置发出换向信号到控制单元，控制单元控制伺服阀换向，液压马达反转达到换向目的，导向轮摆动驱动缸用于实现导向轮的摆动，以保证储缆绞车缠绕不同层数脐带缆时脐带缆与缠绕层相切。

由于在 A 形架收放系统中采用排缆器，系统的可靠性和工作效率大幅度提高，尤其在缆绳达到一定长度(一般在卷筒缠绕达 2 层以上)时，配置排缆器显得尤为重要。在缆绳很长、直径较小的情况下应配置自动排缆器，可以大大降低操作者的劳动强度、提高排缆质量。排缆机构包括导向杆、传动丝杠、排缆轮、行程开关等。导向杆和传动丝杠平行于卷筒轴线安装，且与卷筒位置固定的排缆轮安装在导向杆上，丝杠由液压马达驱动，排缆轮的半径不小于脐带缆的最小曲率半径，每个绞盘有多个环形缆槽。

11.2.5　伸缩架

伸缩架的作用是在一定范围内调整潜水器与收放系统的对接位置距水面的高度，以满足在不同海况下潜水器下水与回收时的安全要求，如图 11.20 所示。在潜水器与收放系统的对接过程中，运动的影响主要来自两个方面：一是水面波浪的影响；二是船舶运动的影响。如果选择潜水器在水面与收放系统对接，由于潜水器在水面随波浪起浮运动的周期与支持母船升沉运动的周期不一致，所以极易发生碰撞；但如果通过缆绳将潜水器提升到高点对接，又由于受到船舶运动的影响，在提升的过程处于垂吊状态的潜水器极易与船体发生碰撞。实践证明，当潜水器处在刚刚脱离水面时就与收放系统对接应是最佳位置。当然在不同的海况条件下，这个最佳位置有所不同，所以非常需要通过伸缩架完成高度的调节。

图 11.20　“Victor”ROV 的伸缩架

为了更加安全地完成收放，伸缩架通常是和波浪补偿装置搭配使用，在对接联锁后提升潜水器的过程中，纵、横摇缓冲装置同时对潜水器实施缓冲保护。伸缩架安装在摆动架的下部，摆动架既是伸缩架的安装基座，又是伸缩架运动的导向装置。伸缩架由液压缸驱动做相对摆动架的上下直线伸缩运动，可以在中间任意位置停止，并具有足够的保持能力。伸缩架的下部安装对接装置，为防止由于母船的横摇运动造成潜水器脱离铅垂状态的横向摆荡和运动冲击，在伸缩架和对接装置间设置有横摇缓冲阻尼液压缸。

11.2.6　回收中主动升沉补偿控制

1) A 形架收放控制系统

图 11.21 为 A 形吊架的收放电控系统框图，它包含 A 形吊架控制机和供电系统、绞车升降主驱动回路、折臂吊回路、刹车回路和传感器。

2) 波浪补偿装置

波浪补偿装置是一种基于电液伺服的主动式波浪补偿系统，该系统由传感器检测、DSP 控制器、液压驱动和机械执行机构四个系统构成。其中传感器检测系统是由倾角、加速度

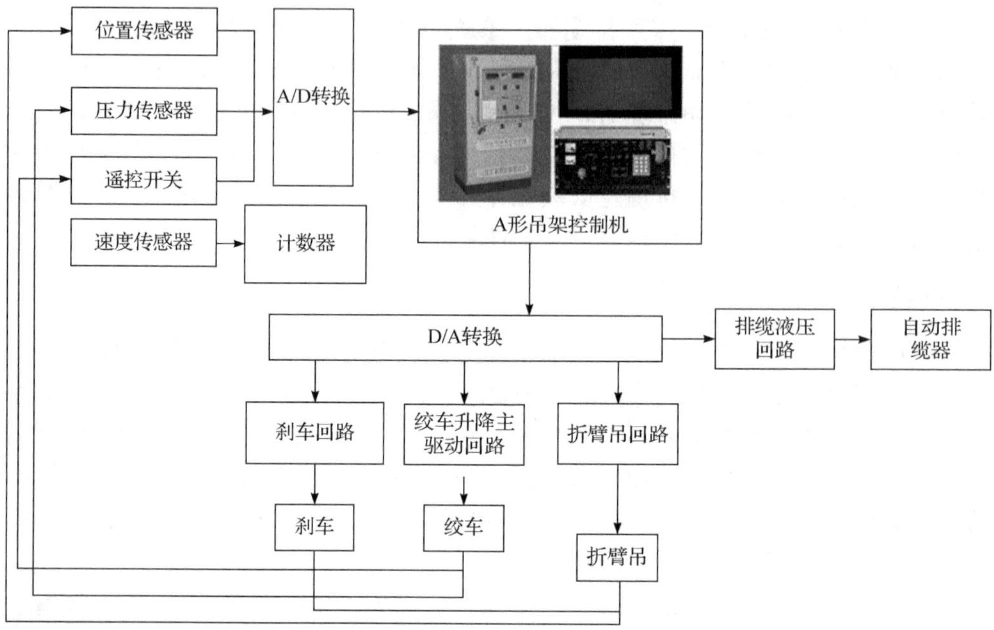

图 11.21　收放电控系统框图

等传感器、旋转编码器和信号转换模块组成的，其功能为检测船舶和 ROV 的运动，并将检测信号转换为与 DSP 控制器相匹配的信号。DSP 控制系统的功能在于接收指令(舰船运动)和反馈信号(ROV 运动)，计算出偏差并输出控制信号(其控制系统硬件见图 11.22)。液压驱动系统和机械执行系统将控制信号转化为 ROV 的运动。液压驱动系统主要包括绞车液压驱动系统(将在下面介绍)和补偿两个回路，它们的液压马达连接到绞车的两个输入端，分别负责 ROV 的吊放和波浪补偿。

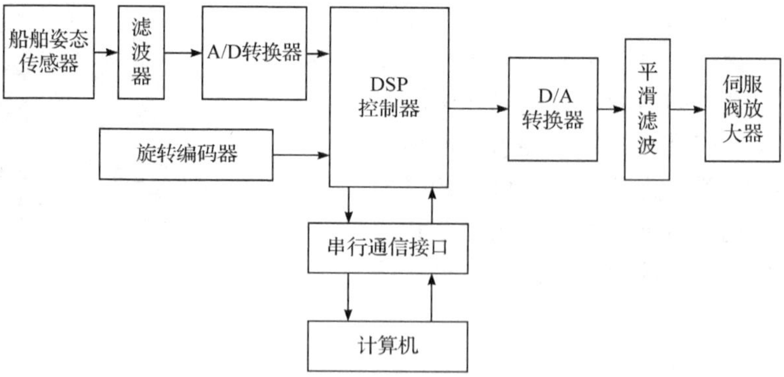

图 11.22　控制系统硬件

系统的工作过程是：在没有风浪的情况下，关闭补偿回路，仅使用 ROV 的吊放回路。当海上风浪比较大、普通的收放方式无法完成时，启动补偿回路，开始进行波浪补偿。此时传感器检测系统检测到由风浪引起的两甲板的相对速度和两液压马达的转速，将数据传递到控制器中。控制器运算出误差，发出控制信号，控制电液伺服阀的开口大小和方向，调节 ROV 的运动。

系统在进行波浪补偿时，拟采用阀控型电液伺服系统，其特点是响应速度快、结构简单。该系统的原理如图 11.23 所示。船舶姿态输入信号与经速度传感器反馈的液压马达轴输出转速比较，得到偏差信号，再由此信号通过伺服放大器控制伺服阀的开口大小和方向，通过流量的改变来控制 ROV 的运动速度和方向。

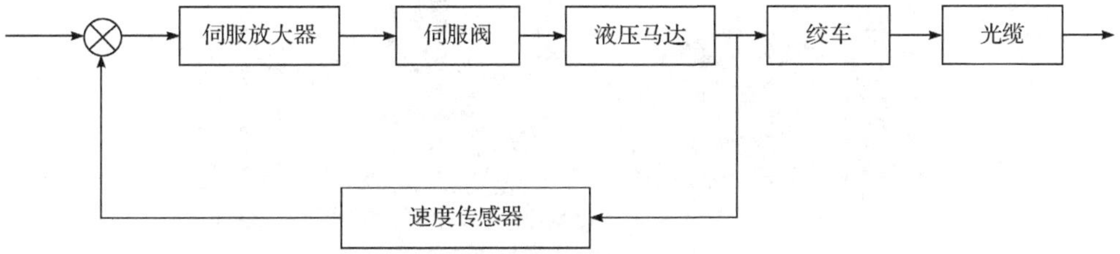

图 11.23 阀控型电液伺服波浪补偿系统

3) 绞车电液伺服驱动系统

绞车电液伺服驱动系统包括绞车收放主驱动回路、排缆回路、刹车回路、冷却回路。目前 A 形架收放系统基本上都采用液压驱动，由一个统一的液压动力系统为 A 形门架的运动、绞车的收放缆运动及其他装置的运动提供动力。具体体现在：通过液压缸驱动 A 形门架，使 A 形门架由舷内摆向舷外或由舷外摆回舷内，A 形门架可停留在不同的摆角位置，并控制其摆动速度；通过液压马达(或液压马达+减速器组合)驱动绞车，使绞车实现正反转，将具有一定张力的缆绳收回和放出，在收放缆绳的过程中，能够控制绞车的运动速度和方向；根据作业要求，能够对缆绳进行恒张力控制；通过液压马达驱动排缆器做水平排缆运动，并控制排缆的水平运动与绞车的转动运动协调；通过液压缸驱动伸缩架，使伸缩架上下移动，并控制移动速度和方向；通过液压缸驱动联锁机构，使其联锁或松脱潜水器，并通过节流阀调节液压缸的动作速度，避免过大的冲击；通过液压回路可以调节纵、横摇缓冲阻尼装置参数。液压系统的组成包括电机及液压泵组、控制阀组、各驱动液压缸和液压马达、蓄能器及其他液压附件和管路。因为收放系统在收放潜水器的过程中，并非全程都需要较大的动力，所有工作负荷较大的收放系统多采用变量液压泵为系统提供动力，这样可根据不同需求提供相应的压力和流量，以实现节省能源和提高液压系统的效率。

11.2.7 回收中被动升沉补偿控制

被动补偿单元以气-液弹性储能装置为主体，包括四个蓄能气瓶、四个蓄气气瓶、两个被动补偿蓄能器、两个被动补偿液压缸、一个动滑轮以及一个定滑轮。其中，蓄能气瓶与蓄气气瓶间串联连接；动滑轮与定滑轮通过缆绳连接组成滑轮组竖直放置在横梁处，同时在滑轮组两侧各连接一个连接器，将两个被动补偿液压缸对称放置在滑轮组两侧，被动补偿液压缸的输出端口与连接器相连。所述的蓄能气瓶、蓄气气瓶以及被动补偿蓄能器均对称放置在被动补偿液压缸的两侧。其中蓄能气瓶、蓄气气瓶以及被动补偿蓄能器均放置在气瓶支撑板上；蓄能器的一端与被动补偿液压缸的输入口相连接，另一端通过气阀与蓄能气瓶过气端口相连，同时被动补偿蓄能器还与外部油路相连通，蓄能气瓶的充气阀端口与蓄气气瓶相连接。气-液弹性储能装置如图 11.24 所示。

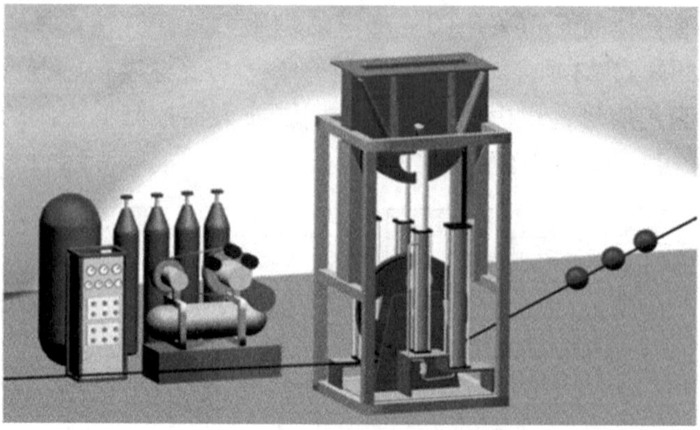

图 11.24　气-液弹性储能装置

当在低等级海况进行 ROV 收放作业时，将运用被动补偿单元进行工作。其工作原理为：通过打开蓄气气瓶气阀和充气阀用蓄气气瓶给蓄能气瓶充气；充气完成后关闭各气阀，同时液阀与充油阀通过液压泵给被动补偿液压缸以及蓄能气瓶充油，完毕后关闭各阀。在收放作业过程中，当母船随海浪上升而上升时水下 ROV 并不会及时做出跟随上升动作，此时被动补偿单元导轮上缆绳的张力会增加，缆绳张力的增加使得被动补偿液压缸中的液压杆向下压缩，液压油流入被动补偿蓄能器进而释放部分缆绳减少张力。当母船随海浪向下移动时，同理被动补偿液压缸中的推力将液压杆向外推动，进而收紧缆绳，增加张力，保证 ROV 的稳定。同时针对由于连续作业造成的刚度问题，气-液弹性储能装置可按需要通过依次打开被动补偿液阀以及被动补偿蓄能气瓶组气阀，利用框架支座上的被动补偿气缸组中的蓄气气瓶调节初始的气体体积以及改变被动补偿一侧蓄能气瓶组工作数量来改变补偿气体的体积进而调节刚度，最终减少最大张力的波动。被动补偿单元气瓶局部运转示意图如图 11.25 所示。

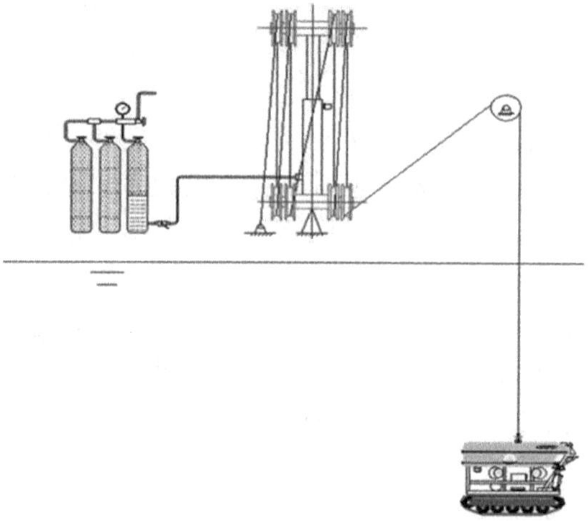

图 11.25　被动补偿单元气瓶局部运转示意图

基于此，完成装置被动补偿单元。随后，当作业处于高等级海况环境下，实时拉力高于期望值时，被动补偿单元无法完成 ROV 的收放补偿。由此，基于张力运动切换控制器单元通过张力传感器传输来的缆绳上的实时张力数据将装置转换为主动补偿单元。

通过在高等级海况下运用主动补偿方式经由主动控制调节主动补偿缸中的电液伺服阀以及在低等级海况环境下运用气-液弹性储能被动补偿方式保证 ROV 收放过程中的稳定性和补偿精度，从而达到精确控制 ROV 收放、保护 ROV，以及提高作业效率、降低能耗、增加通用性的目的。在实际应用中，被动升沉补偿控制通常是与主动控制相结合的。主动控制可以通过改变机器人的推进力和方向来实现机器人的水下运动和转向。被动升沉补偿控制则可以在主动控制的基础上，保证机器人在水中的稳定性和平衡性，从而提高机器人的控制精度和效率。

第 12 章　典型的水下机器人系统

微课

水下机器人根据用途、特点不同，可分为载人潜水器、无人水下潜航器(UUV)、新型水下机器人等，其中 UUV 又可分为有缆型水下机器人(ROV)与无缆型水下机器人(AUV)。本章将对这几种水下机器人及其系统进行介绍。

12.1　有缆型水下机器人系统技术

12.1.1　ROV 系统介绍

ROV 系统可以分为五大部分：水面控制台、脐带缆管理系统与收放机构、潜水器载体系统、水面供电系统、附件系统。下面依次进行介绍。

(1) 水面控制台：主要包括主控计算机、手动控制手柄、监视器/控制页面。ROV 的水面控制台一般位于船上，工程师通过操控主控计算机和手动控制手柄，使控制器发送相关控制指令，实现控制任务。同时上位机还可获取机器人的各项信息，如机器人摄像头回传的图像、机器人当前所处深度等。控制器通过脐带缆部分给水下系统供电并双向传递信息。图 12.1 和图 12.2 分别为一款水面控制台及一款手动控制手柄，二者均具有发送控制命令、实时显示监控画面等功能。

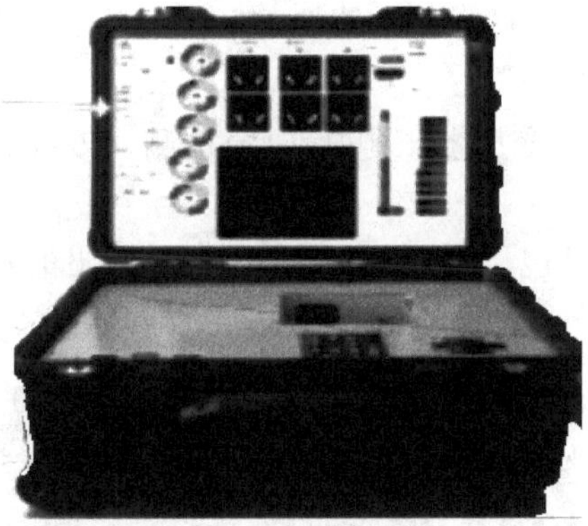

图 12.1　水面控制台

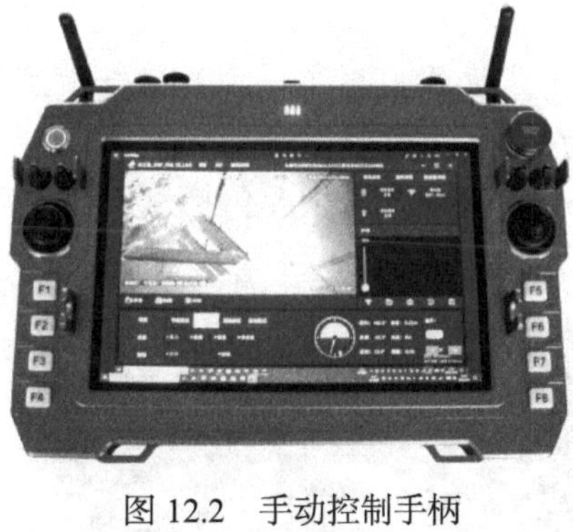

图 12.2　手动控制手柄

(2) 脐带缆管理系统与收放机构：脐带缆部分负责将水上系统与水下系统进行连接，它是水下通信的桥梁。由于水下环境较为复杂，如果脐带缆发生损坏、断裂，很容易造成通信中断与 ROV 的丢失，因此脐带缆要选择强度大、防水、抗压、耐磨、绝缘的材质。脐带缆的长度可达数百米，在浅水区域，可以直接从船体上将脐带缆下放，但在深水区域，如果直接将脐带缆从船上下放，会增加 ROV 运动的阻力，可以通过中继器解决这个问题。中继器是一个可以储存、收放脐带缆的水下装置，在实际使用中，中继器会和 ROV 一起被吊放到作业深度，之后中继器放出 ROV，开始进行作业，这样会大幅减少深水环境下 ROV

所受的阻力，同时，借助中继器的重量下潜也提升了下潜的速度。图 12.3 为脐带缆管理系统与收放系统的实物图。

(a) 脐带缆系统　　(b) 顶置式中继器　　(c) 收放机构

图 12.3　脐带缆管理系统与收放系统的实物图

(3) 潜水器载体系统即 ROV 本体，包括壳体、动力系统、观测和照明系统、多种传感器与通信、控制系统。其中，ROV 的壳体由耐腐蚀、耐压的材料制成，并具有良好的密封性，可以保证 ROV 持续稳定地工作。ROV 的动力系统主要由水下推进器组成，动力系统能够让 ROV 实现六个维度的运动。图 12.4 为两种 ROV 的本体。

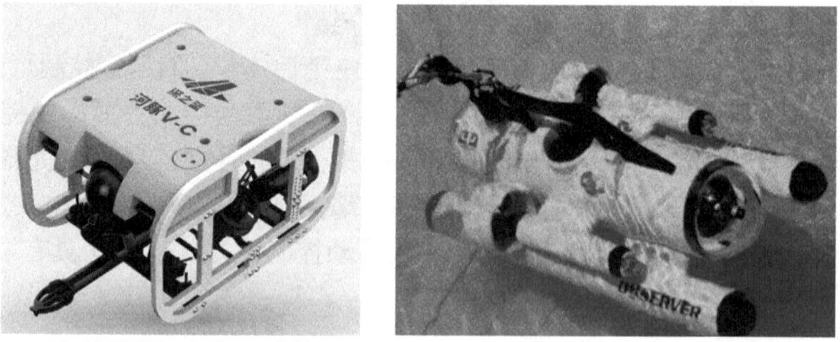

(a) 中国河豚V-C型ROV本体　　(b) 流线型壳体的ROV本体

图 12.4　两种 ROV 本体

(4) 水面供电系统：主要包括电源转换和滤波、变压器、电压/电流检测，该部分系统负责为 ROV 本体提供电力。

(5) 附件系统：主要包括水下作业手、作业工具包。图 12.5 列举了两种常见的水下作业手。

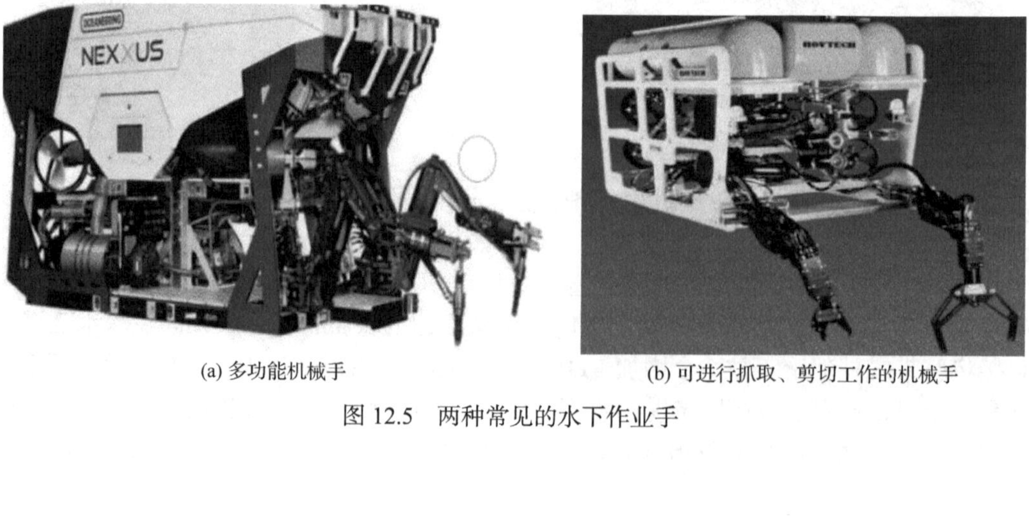

(a) 多功能机械手　　(b) 可进行抓取、剪切工作的机械手

图 12.5　两种常见的水下作业手

12.1.2　ROV 案例

为便于更直观地理解，下面介绍多个 ROV 的系统。下面介绍哈尔滨工程大学研制的 SY-Ⅱ ROV，它的结构主要包括 ROV 载体、脐带缆、145V 动力电源和水面控制台四个部分，其中 ROV 载体的开架式的机器人结构是其主体部分，该结构包括：开放式机器人主框架、浮力材料、安装在框架上的左右两个耐压舱；超声测厚仪、水下微光摄像机等环境感知设备；磁罗经、深度计等运动感知设备和左主推螺旋桨、右主推螺旋桨、后侧推螺旋桨、后垂推螺旋桨、前侧推螺旋桨及前垂推螺旋桨，以及二自由度云台等运动执行设备。

水面控制台是实现机器人控制的核心部分。该 ROV 的水面控制台主要由一台水面主控计算机、光端机、液晶显示器、一个机器人无线控制操纵手柄、加固键盘和轨迹球等组成，如图 12.6 所示。

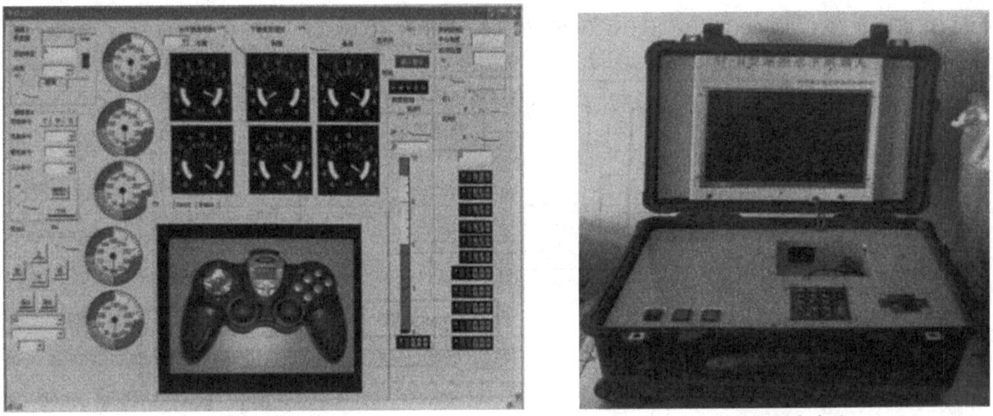

(a) 上位机界面　　(b) 控制台实物

图 12.6　水面控制台

无线控制操纵手柄选用的是 SaitekP3000 无线游戏手柄，该手柄轻巧方便、操作灵活，只有手掌大小，可以在距水面控制机 10m 的距离向机器人发送控制指令。通过该手柄可以手操控制机器人在水下做三自由度运动，包括当前深度和艏向保持、二自由度云台的运动和开关、水下摄像机拍照和开关、测厚仪和水下灯的开关等。但该手柄在码头进行海洋试验时，外界干扰也会使无线操作的实际距离有所缩短。

水面主控计算机选用的是研扬无风扇工控机，该工控机采用嵌入式总线结构，噪声低、体积小、功耗低，适用于野外作业。

光端机是信息传输中实现数字信号和光信号互相转换的重要设备。本书选用的是由 Focal Technologies 公司生产的 MODEL907，包括数字光端机和网络光端机两部分。其中数字光端机上的 8 个串口通道可实现 RS-422、RS-485 和 RS-232 三种协议的串口通信。此外，还有 3 路视频通道可以分别实现视频图像的信息传输；网络光端机上设有一条网络通道，可以实现水面控制机和水下机器人的网络通信。

水面主控计算机、光端机、液晶显示器、加固键盘和轨迹球等内置于美国生产的 PELICAN 安全防护箱内，外接 220V 电源。同时该防护箱易于携带、坚固耐用，可没入 0.75m 的水深内保持长达 30min 的水密。初步试验表明，该水面控制台系统能够支持码头场景下的机器人作业控制。

SY-Ⅱ ROV 的电源部分可分为两个模块。第一个模块是推进器与水下灯的动力电模块，这部分电能由地面的 145V 电源提供。第二个模块是控制电模块，该部分的电能由 ROV 本体自带的 24V/50A 的锂电池提供。图 12.7 所示为 SY-Ⅱ ROV 的控制系统结构，包括水面控制台和水下机器人本体两个部分。操作者可以通过机器人控制手柄手动控制机器人完成前进、后退、下潜、上浮、转艏等三自由度的运动，也可以通过自动控制器实现机器人的定深和定向等二自由度精确控制。机器人通过运动感知设备(包括深度计和磁罗经)经过滤波获得当前深度和艏向信息，通过环境感知设备(水下摄像机)观察机器人周围的环境，对于 SY-Ⅱ ROV 来说，其水下作业传感器是一台超声波水下测厚仪。水面控制台和水下机器人的通信，以及水下机器人的动力电能源供给通过光缆来实现。

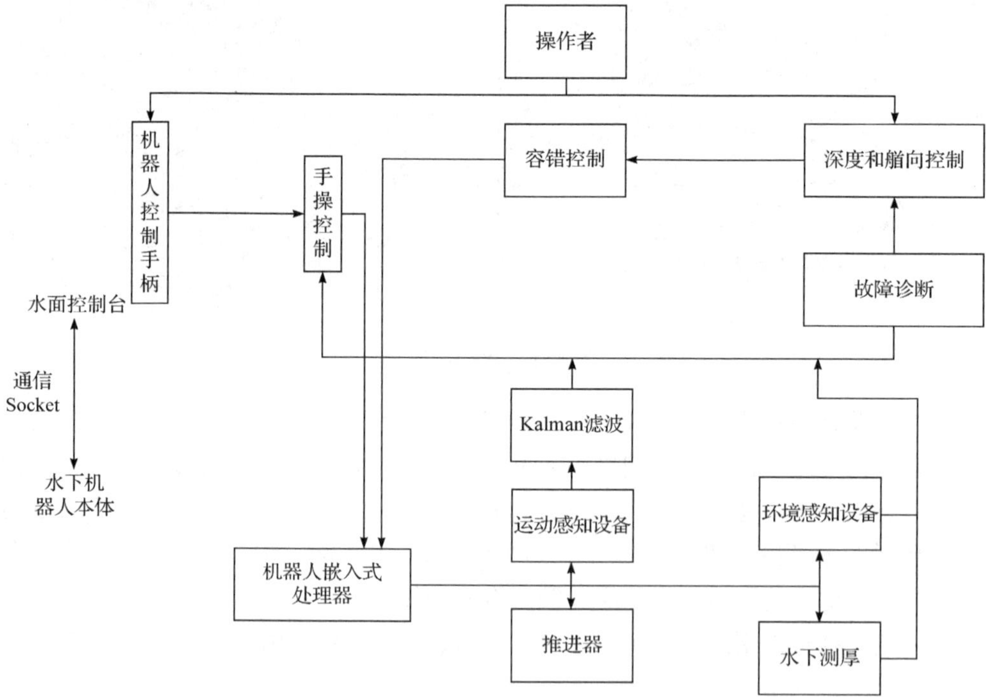

图 12.7　SY-Ⅱ ROV 的控制系统结构

SY-Ⅱ ROV 的水面控制界面通过 VC++ 6.0 开发，该界面负责接收遥控手柄等上位机发送的控制指令，对机器人的推进器、云台、设备开关等实现控制，并显示测厚仪的读数，由磁罗经测得水下机器人的艏向、横倾和纵倾、云台的二自由度角度和推进器的状态，水下摄像机获得水下图像、机器人的漏水情况、电池电压和当前深度信息等。除了手柄所具有的功能外，操作者还可通过该界面实现对水下机器人的云台的速度控制、水下摄像机的录像和变焦控制、定深和定向控制等。该机器人船体测厚的工作流程如图 12.8 所示。

水面控制台与配电柜通过脐带缆与水下 ROV 本体连接，与 ROV 进行通信的同时为 ROV 供电，各结构的实物图如图 12.9 所示。

下面主要针对 ROV 本体及水面控制台进行介绍。

(1) ROV 本体。方案中 ROV 的本体采用框架式结构，框架式结构具有良好的稳定性，可以起到支撑和防护作用，减小外界冲击对内部电子元器件的损伤。此外，框架式结构还具有可扩展性强、便于日后安装零部件、方便维护和升级等优点。ROV 框架的上层装有浮力材料，通过静力学分析计算，设计过程中使 ROV 的重力与浮力材料能提供的浮力相等，使 ROV 在无外力干扰情况下能静置在水中。ROV 框架下层布置有电子舱、推进器、各种传感器以及连接部件等。电子舱内集成了 ROV 的主控芯片及电路。该 ROV 搭载了多种传感器，包括压力传感器、惯性传感器、电子罗盘以及由摄像头和云台组成的视觉系统等。同时 ROV 框架内部安装了六台推进器作为 ROV 动力的来源，依靠这些硬件设施，ROV 本体能够实现六自由度的运动，可以作为科研用观测级的 ROV 进行海底鱼群、生态环境的观测、记录等任务。

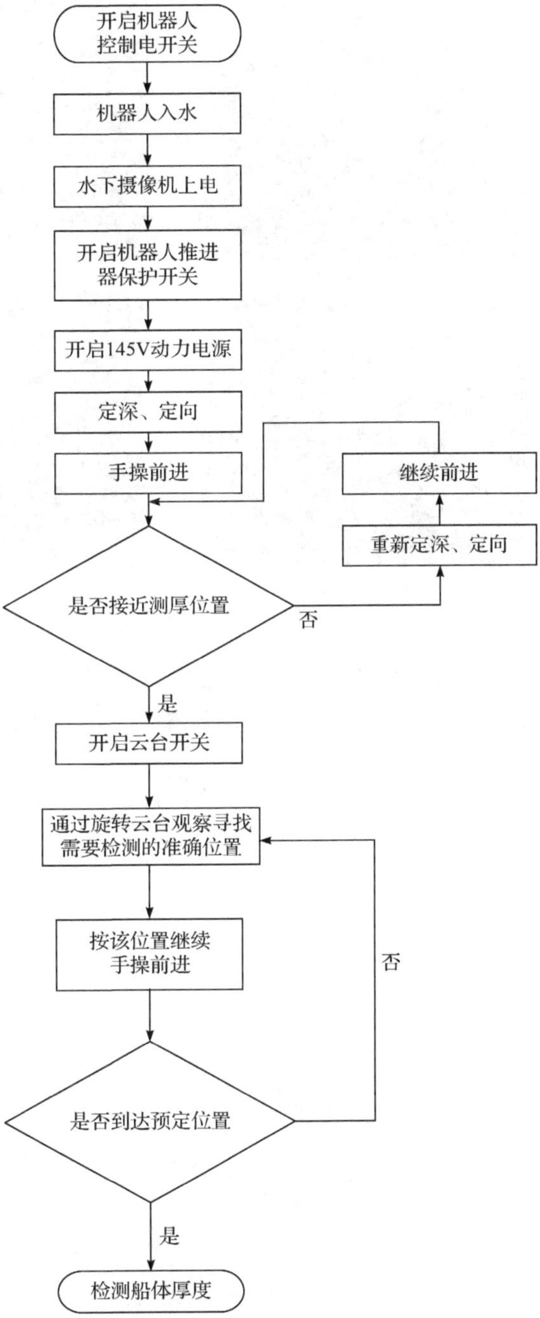

图 12.8　SY-Ⅱ ROV 的工作流程

(2) 水面控制台：该方案的水面控制台主要由操作面板、显示屏、工控机等设备组装而成。操作面板上装有操纵摇杆、多个功能按钮、故障报警灯以及电源接口等部件，便于试验人员操作。显示屏用于观看上位机程序中的机器人本体位置状态信息以及摄像头传回的视频图像。工控机作为主机通常安装在水面控制台的控制箱中，通过脐带缆与机器人的各种传感器、执行器和通信模块相连，主要用于运行程序、存储数据和计算。工控机采用研华 UNO-3000G 系列工控机，其搭载了 Intel Corei 7 系列的高性能处理器，支持 Windows 7、Windows 8 和 Linux

(a) ROV本体　(b) 水面控制台　(c) 工控机

(d) 绞车与脐带缆　(e) 配电柜　(f) 系统连接

图 12.9　观测级 ROV 各结构的实物图

等多种操作系统，同时还提供了丰富的接口包括 DVI-I 和 HDMI 接口、2 个千兆网络接口、2 个 COM 串口以及多个扩展卡槽。该 ROV 的控制系统结构图如图 12.10 所示。

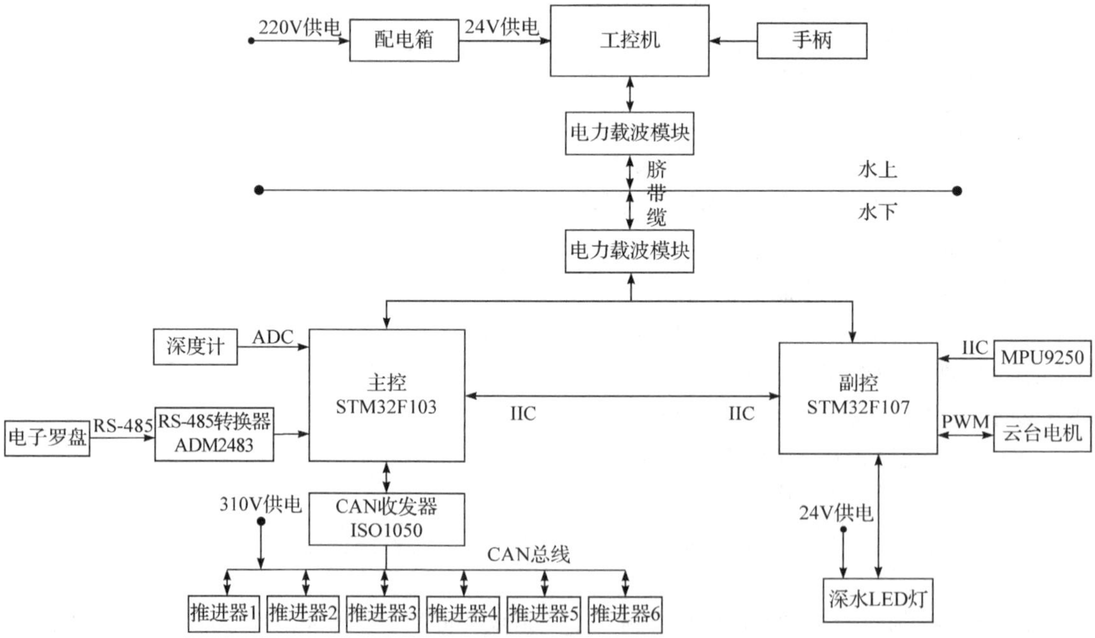

图 12.10　ROV 的控制系统结构

该 ROV 主要由水面布放回收系统、水面供电控制(CC)系统、ROV 本体、ROV 作业系统、维修间组成。其中 LARS 通常由脐带缆绞车、A 形架、驱动液压泵站(HPU)和 LARS 操控台(CS)组成，如图 12.11 所示。

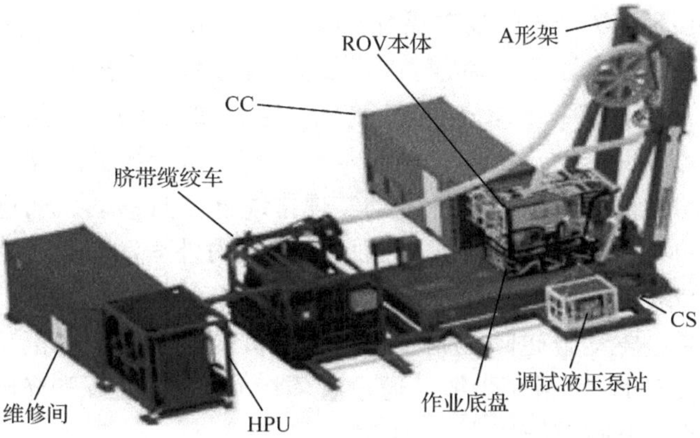

图 12.11　深海 ROV 系统

下面详细介绍各部件，由于该 ROV 重量较重，此时 LARS 系统的作用更加重要，LARS 系统框图如图 12.12 所示。HPU 将 690V/50Hz 船电进行内部分配，由 2 路断路器、软启动器和电机组成液压泵 1 和液压泵 2 的驱动回路产生液压流体动能，每路回路设计输出功率 110kW，两路驱动回路可同时工作或只 1 路工作，同时工作时达到满载工况。HPU 输出 1 路压力回路给绞车液压阀组，输出 1 路压力回路给 A 形架液压阀组，并各自通过回油回路回到油箱和通过压力敏感回路将压力传递给调压回路，分别回到液压泵 1 和液压泵 2，实现多支路压力和流量的独立调节。而绞车卷筒电动机组外壳泄漏油直接回到油箱。

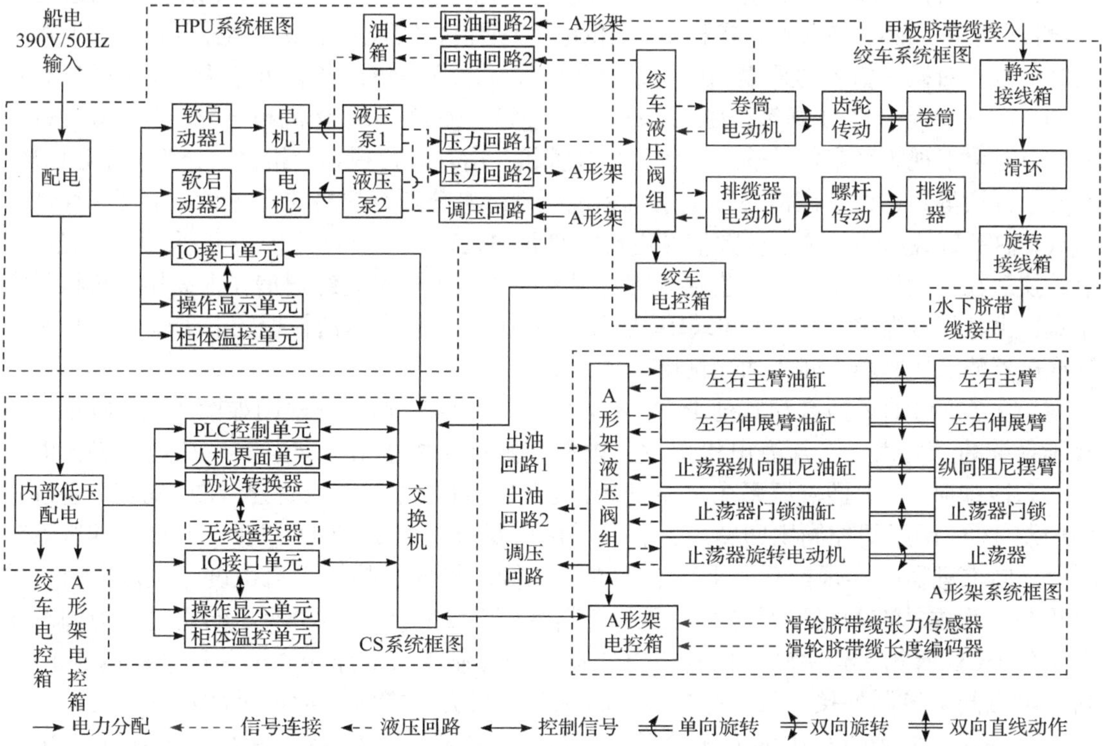

图 12.12　LASR 系统框图

CS 通过 HPU 配电获取控制电源，为柜内单元供电，并为绞车和 A 形架电控箱供电。

CS 的 PLC 控制单元通过以太网总线实现对 HPU、绞车和 A 形架信息的采集和远程监控，根据操作显示单元和人机界面单元命令、脐带缆的张力和收放长度等信息，发出绞车和 A 形架液压执行机构的驱动指令，并分别通过绞车电控箱的驱动比例阀控制卷筒电动机组的正反转，由齿轮传动实现卷筒正反转，从而实现卷筒对脐带缆的存储和收放；通过驱动电磁阀控制排缆器电动机正反转，由螺杆传动实现排缆器左右移动；通过驱动比例阀控制左右主臂及其伸展臂的 4 路油缸，实现 A 形架的伸缩和内外摆动；通过驱动电磁阀控制止荡器纵向阻尼油缸的伸缩，实现止荡器纵向阻尼；通过驱动电磁阀控制闩锁油缸的强制内缩，实现闩锁的开启；通过驱动电磁阀控制止荡器旋转机构电动机实现正反姿态调整。另外，绞车静态接线箱接入 ROV 甲板脐带缆，通过滑环将 ROV 动力源和光电信号接入旋转接线箱，由卷筒上缠绕的水下脐带缆接出至 ROV。

对于方案中的重型 ROV 而言，水面供电控制(CC)系统的设计非常重要，CC 系统主要实现供电和水下监控两大功能，其根据自身特点分为低压柜、高压柜、控制柜、操控台和视频墙。CC 供电设计方案通过低压柜接入船舶电源 390V/50Hz，经过高压柜升压后通过脐带缆接到水下接线箱，再分别为 ROV 水下泵站电机、ROV 水下主电子舱和科考电子舱供电。同时，低压柜也为控制柜、控制集装箱、维修间及调试泵站等设备供电。

CC 系统方案如图 12.13 所示，主操作计算机和副操作计算机分别运行水下机器人 SCADA 监控软件；PLC 作为主控制器通过 OPC 接口分别与主操作 SCADA 监控软件和副操作 SCADA 监控软件通信，并实现数据在主、副 SCADA 监控软件上的备份。PLC 与维护计算机通信，可以实现数据访问诊断和程序备份及更新。PLC 通过 Ethernet/IP 总线与水下设备采集串口协议转换器、操控 IO 和供电 IO 通信，实现对水下传感器和设备的监测与控制，以及对操作指令的采集和供电系统的监控。水下采集设备和传感器有主电子舱和科考 POD IO 单元、TCU 阀箱、HCU 阀箱、灯控箱、惯导、4K 相机和云台。各计算机视频信号以及水下视频采集信号输入视频处理计算机，由其进行视频的拼接、分割、任意切换、漫游及开窗等，并由超高清视频刻录机和视频刻录机分别对超高清视频和标清视频存储和回放，由字符叠加器对选定视频信号进行字符叠加处理。声呐通过 RS-232 采集，由光纤通信转换后在水面由声呐计算机直接处理并显示。机械手通过光纤通信在水面接入机械手操作盒，由其直接操控。其中 POD 指主要用于 ROV 水下供电通信管理的电子舱，TCU 指控制推进器的液压阀箱，HCU 指控制工具的液压阀箱。

该方案的 ROV 拥有和其他 ROV 不同的液压系统，其系统框图如图 12.14 所示，该液压系统的动力由一台深海电机提供，电机一端连接主推液压泵 1，一端连接工具液压泵 2 和冷却泵 3。主推液压泵 1 将主油箱液压油通过压力回路泵送至 TCU 阀箱，通过软件控制 TCU 调压阀控制主回路压力，并采用矢量分配控制 TCU 驱动 4 台水平推进器和 3 台垂向推进器，实现前后、上下、左右、纵倾、横摇和旋转六自由度运动。同时主推液压泵 1 为主从控制机械手提供液压。工具液压泵 2 将工具油箱液压油通过压力回路泵送至各 HCU 阀箱，其中软件控制 HCU1 调压阀控制工具回路压力，并通过控制各 HCU 内置电磁阀来控制外接工具。冷却泵 3 将深海电机壳一端液压油经过散热管泵送至深海电机另一端，实现机壳内的液压油循环，达到电机冷却的效果。另外，分别为 TCU、HCU、灯控箱及接线箱的箱体提供一组液压补偿器，为推进器轴承外壳提供一组液压补偿器，为深海电机外壳提供一组液压补偿器，实现 ROV 随水深变化对各设备外壳内外压力的平衡。

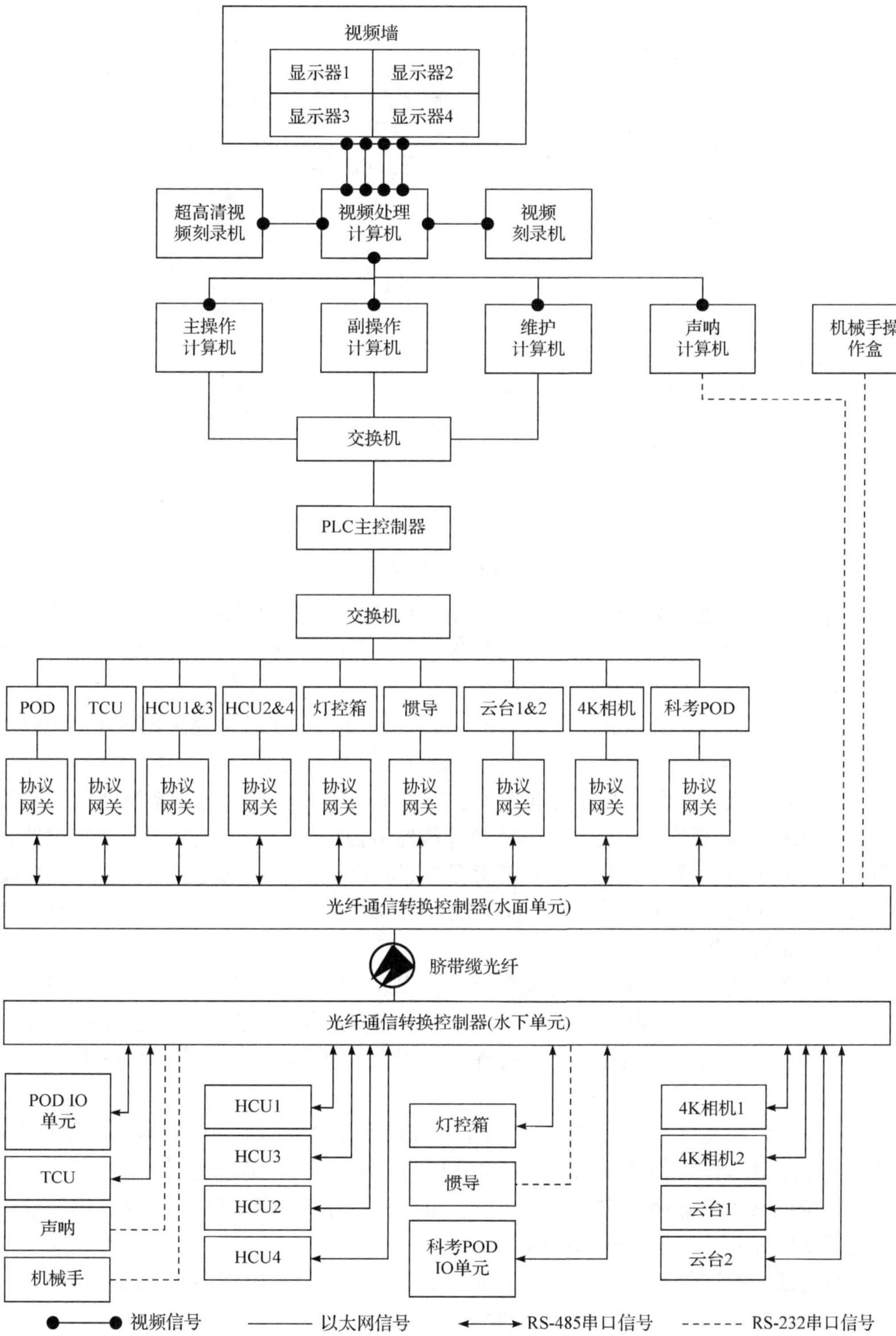

图 12.13　供电控制系统框图

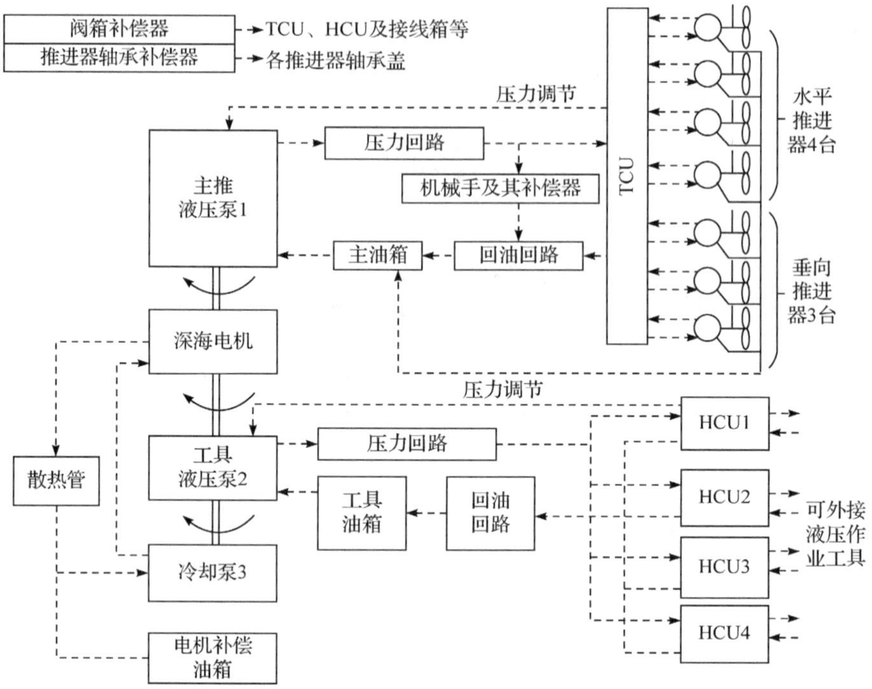

图 12.14　深海 ROV 本体液压系统框图

ROV 电气系统主要由脐带缆接线箱、主 POD、科考 POD 和深海电机、灯控箱、TCU 控制板、HCU1～HCU4 控制板及搭载设备等组成，实现电力分配、连接和控制。如图 12.15 所示，脐带缆接线箱接入脐带缆后，将三相高压分配至深海电机实现电机驱动，两相高压分配至水下控制变压器以提供水下交流 110V 单相低压电源，分别为主 POD 和科考 POD 供电。其中主 POD 内通过可恢复保险丝、开关电源及继电器实现 HCU1～HCU4 控制板、TCU 控制板、灯控箱、摄像云台系统、导航系统、声呐系统、机械手、应急系统及扩展系统 1 等的供电；HCU 控制板实现对 ROV 本体上补偿器液位传感器、电机绕组温度传感器和水分检测传感器的供电和信息采集；灯控箱实现对照明灯组供电和调光控制，单个灯控箱最多可以独立控制 14 路照明灯；科考 POD 实现对 CTD、旋转取样器、微生物取样器、气密取样器及扩展系统 2 等供电。

摄像云台系统通常由 2 个上下布置的云台，以及多个定焦、变焦、彩色、黑白、低照度及高清相机组成，每个云台可以左右分别配 1 个标清定焦或黑白、低照度相机以及 1 个变焦高清或 4K 相机，实现水平旋转和垂直转动，并且各相机配置 1 路可调光照明灯，进行拍摄效果调整。

导航系统通常由光纤惯导、多普勒测量仪(DVL)和深度计组成，也可再另配置高度计、深度计及水下罗盘等作为备用导航设置，实现自动定深、定高和定向控制。

声呐系统通常由避障声呐实现飞行避障，可以根据作业需要配置多波速、侧扫仪及浅剖仪等实现水底地貌、地形的探测扫描。

应急系统通常有定位 USBL 声信标、水面无线电、GNSS 电信标和频闪光信标，可实现水下 ROV 的定位和搜救，搜寻信号一般可保持 7 天。

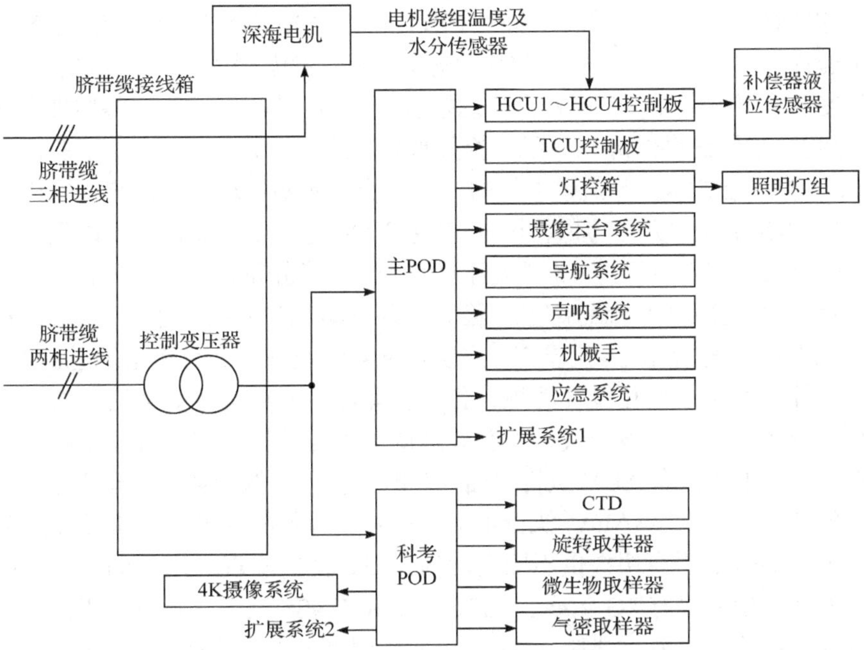

图 12.15　ROV 电气系统框图

12.2　无人自主水下机器人系统技术

12.2.1　AUV 系统介绍

AUV 主要由控制系统、能源系统、传感器系统、通信系统、执行机构、载体系统等系统组成。

(1) 控制系统：根据预定的指令或算法控制 AUV 的行为，保证 AUV 能自主执行任务，包括根据导航系统、制导系统给出的信息进行路径规划与避障、推力分配等。

(2) 能源系统：提供所需的电能以驱动 AUV 的所有系统。常见的能源系统包括电池和燃料电池。

(3) 传感器系统：收集所需的数据，如水温、盐度、深度、各种位置信息等，并将这些信息传给控制系统供其做出决策。该系统还包含各种用于完成特定研究任务的科学仪器。

(4) 通信系统：允许 AUV 与其他 AUV、操作员，或 AUV 各系统之间通信，通信内容通常包括图像信息、指令信息、传感器数据信息等。

(5) 执行机构：接收 AUV 控制系统发送的各项指令并予以执行，包括螺旋桨等推进器、机械手、浮力调整装置等执行器。

(6) 载体系统：包括可以装载和释放的任何附加设备，如样本采集器或其他科学仪器。

12.2.2　AUV 案例

下面简单介绍一种渔业养殖用 AUV 的设计方案。该 AUV 的长度为 1.15m、宽度为 0.65m、高度为 0.55m、质量为 30kg，使用自带的锂电池供电，可自主执行任务或远程控制执行任务。它的结构为上轻下重的“品”字形结构，主要包括 T 形支架、上舱体、2 个结构相同的下舱体、视频图像采集舱体和水面通信浮标。考虑到 AUV 长时间水下作业的特殊环境，T 形支架采用耐腐蚀、使用寿命长的铝合金材质。其作为 AUV 整体支撑框架，既为 AUV 整体结构的紧固提供保障，又便于相关水质传感器搭载。3 个鱼雷形舱体利用卡箍固定在 T 形支架上。上舱体主要内置密封的电控模块、照明模块以及由步进电机、油囊和垂直推进器组成的浮力调节模块，质量小，以产生正浮力。2 个下舱体主要内置电池模块提供电源，又因质量大会产生负浮力。3 个舱体呈“品”字形分布，浮心和重心之间的垂直距离大，上轻下重，以保持 AUV 航行姿态平稳。这种“品”字形结构还能保证 AUV 下潜坐底或回收后均能平稳放置，无须专用支架。安装在下舱体艉部的 2 个水下推进器组成 AUV 推进系统。上舱体内基于模块化设计思想，各模块间通过密封法兰盘连接，如更替或维修某个功能模块，只需单独拆卸该模块，可有效降低运营与维护成本。视频图像采集舱体利用卡箍固定在上舱体上方。当 AUV 执行水面任务时，视频图像采集舱体露出水面，能够实现对水面环境的实时监测。当 AUV 执行水下任务时，视频图像采集模块浸没在水中，AUV 根据光线强弱，通过照明模块提供不同亮度的光源，能够实现对水产动物生长情况的实时监测。水面通信浮标内置有 4G 天线、LoRa 天线和 GNSS 天线。具有微正浮力的水密电缆一端连接水面通信浮标，另一端穿过 AUV 上舱体艉部与电控模块相连，以保证 AUV 执行水下任务时能与岸基上位机建立实时通信以及 AUV 执行水下作业时能接收 GNSS 位置信息。水密电缆长度可根据具体水域的水深来定制，本样机设计为 5m。另外，水面通信浮标还能够发挥定位信标作用，即当 AUV 出现故障导致无法自主上浮时，操作人员可观察水面通信浮标位置，进行人工打捞，降低 AUV 丢失风险。AUV 实物图如图 12.16 所示。

图 12.16　AUV 实物图

接下来详细介绍该 AUV 的各系统，系统硬件架构图如图 12.17 所示。

(1) 控制系统：用于运动控制、处理和传输采集到的数据信息，选用高性能、低能耗、外设资源丰富的 STM32F407ZGT6 作为主控芯片，并搭载 Free RTOS 嵌入式实时操作系统。

(2) 传感器系统：包括 GNSS、姿态、水质、超声波和视频图像采集等模块及外围电路。由于位置信息和姿态信息是 AUV 自主巡航时的关键数据，选用 2 个集成 6 种卫星导航系统的 WTGPS-M 多模定位模块和价格低、性能可靠的 MPU6050 芯片。养殖池塘水体的温度、pH 和溶氧量是影响水产动物生长的 3 个关键参数，在满足渔业养殖需求精度的基础上进行性价比分析，选用 pH 传感器 RMD-ISDC2M12、溶解氧传感器 RMD-IDSY10 和温盐深传感器 CTD-206A。针对水面障碍物探测，超声波传感器比红外传感器具有精度高和不易受环境干扰的优势，所以选用体积小、防水深度可达 10m 的超声波传感器 L041M4W。为减轻主控芯片信号传输负担、提高系统实时处理能力，选用 C1HC 网络高清摄像头，视频图像数据经过通信单元的 4G DTU 后再经水面通信浮标直接上传至岸基上位机。

(3) 通信系统：包括 LoRa 无线通信、4G 无线通信、RS-485 通信和 IIC 总线通信。LoRa 和 4G 无线通信负责主控板与岸基上位机之间的远程通信。LoRa 无线通信功耗低、抗干扰

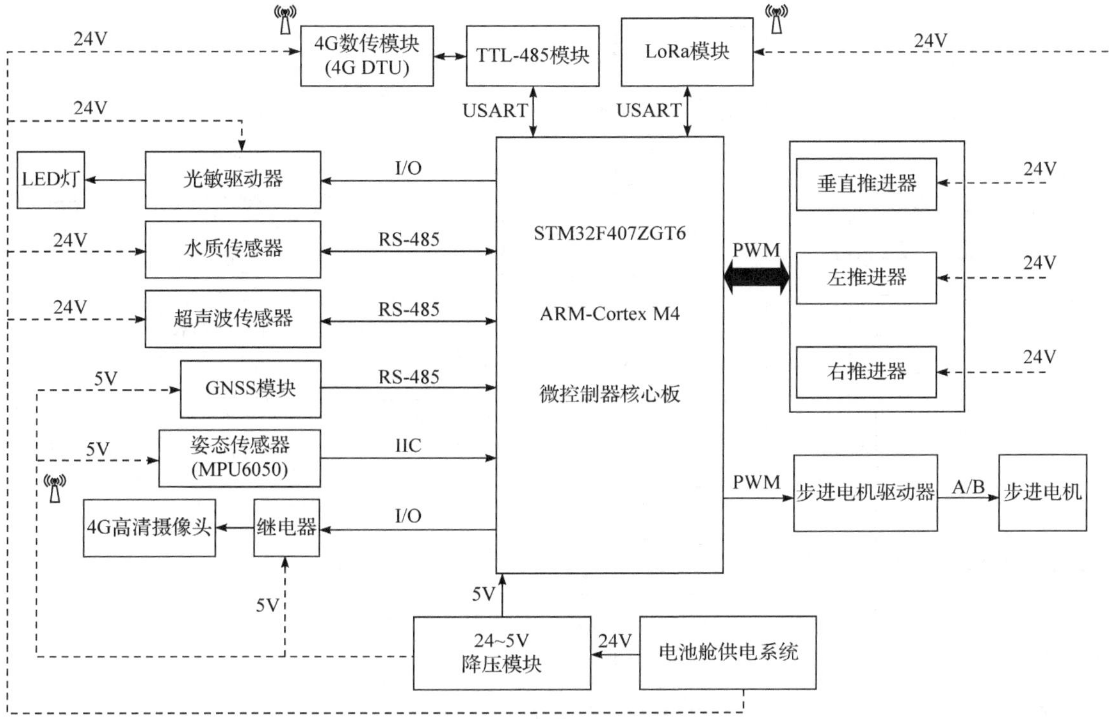

图 12.17　系统硬件架构图

能力强且使用免费，但其穿墙能力弱、传输距离受限，无法实现超远程通信。4G 无线通信传输性能稳定，岸基上位机在 4G 基站覆盖范围内均可与主控板建立实时通信，但其功耗相对较高且需消耗 4G 流量费用。为此，设计 LoRa 与 4G 无线通信构成双冗余组合通信，可根据不同应用场合切换合适的无线通信模式，选用 E22-400T30D LoRa 模块和 USRG806s 4G DTU。RS-485 和 IIC 通信负责将水质数据、GNSS 位置数据、超声波障碍物数据和姿态数据传输到主控板。

(4) 执行机构：用于控制 AUV 水面航行运动和水下潜浮运动。主控芯片根据期望转速和实际转速间的偏差值，通过控制算法计算出 PWM 驱动信号并下发至电子调速器，驱动艉部推进器实现正反转和不同转速。考虑到 AUV 运动需克服水阻力和航速要求，艉部推进器和垂直推进器均选用最大推力为 3.5N 的 ROV-360 水下推进器，该推进器自带双向电子调速器。根据改变外置油囊体积的推力要求，选用静力矩为 1.176N · m 的 57BYGH301 步进电机。

(5) 能源系统：为系统提供独立能源供电，对电池的尺寸和容量都有较高要求，考虑渔业养殖需求，选用 18 个输出电压为 24V、容量为 12A · h 的 18650 锂电池包。为满足控制系统内各模块的不同电压需求，选用 WG8-50S503 降压模块，将 24V 直流电降至 5V。根据锂电池剩余电量与电压近似成正比的特性，设计通过检测锂电池电压来判断锂电池剩余电量，选用 IM1253B 测量模块进行能量管理。

该 AUV 在执行工作时，需要在上位机设置起始点和目标点，之后 AUV 即可自动执行巡航工作，工作流程如图 12.18 所示。

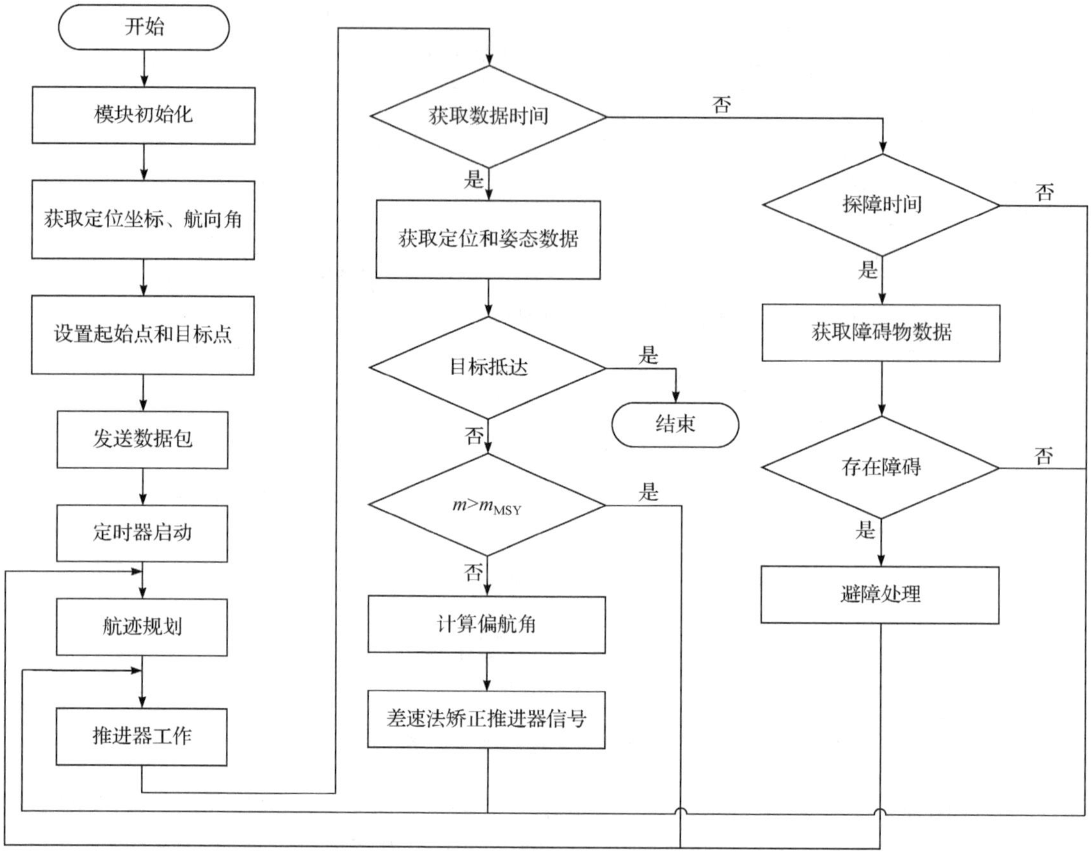

图 12.18 AUV 自动巡航工作流程图

12.3 水下滑翔机

12.3.1 水下滑翔机系统介绍

水下滑翔机系统主要包括水下滑翔机本体系统和水面监控系统。

(1) 水下滑翔机本体系统：该系统搭载测量传感器，执行海洋水下环境参数观测作业任务。

(2) 水面监控系统：该系统由便携式控制系统和水面控制单元组成，通过卫星和无线通信链路与滑翔机本体通信，实现对一台或多台水下滑翔机的远程监控。

水下滑翔机本体还可按不同功能分为五个子系统：载体结构子系统、载体电控子系统、载体软件子系统、载体测量子系统、声学通信子系统。

(1) 载体结构子系统：主要包括水下滑翔机的耐压舱壳、俯仰调节装置、浮力调节单元、航向控制单元等。

(2) 载体电控子系统：主要包括水下滑翔机专用低功耗控制系统、高能电池组、执行机构的电气部分及舱内布线等部件。

(3) 载体软件子系统：主要包括滑翔机硬件上运行的软件系统，用于实现水下滑翔机的运动控制、数据采集与传输、信息传输、状态监控和各传感器间的通信。

(4) 载体测量子系统：主要包括可集成在水下滑翔机上的各种测量传感器和数据采集、

控制存储的软硬件。

(5) 声学通信子系统：指可搭载水下滑翔机的小型化、低功耗水声通信机。

12.3.2　水下滑翔机案例

下面简单介绍一种温差能水下滑翔机的设计方案。该水下滑翔机的运动机构如图 12.19 所示。该水下滑翔机的运动轨迹为锯齿状，它的基本运动形式如下：开始工作时，外皮囊体积减小，浮力变小，重力不变，滑翔机下沉。在下沉的同时，伺服电机通过调整姿态控制重物相对于重心的位置，使滑翔机姿态变化。同时由于水平翼的存在，滑翔机在向下运动时受到升力作用，按照预定的航向滑翔。达到预定深度时，密封壳体内的部分液体被排入外皮囊，浮力大于重力，滑翔机上升。同时通过调整姿态控制重物，使得滑翔机的姿态改变，保持头部倾斜向上。同样在上升过程中，通过调整重物位置，以保证滑翔机向上的稳态滑翔。

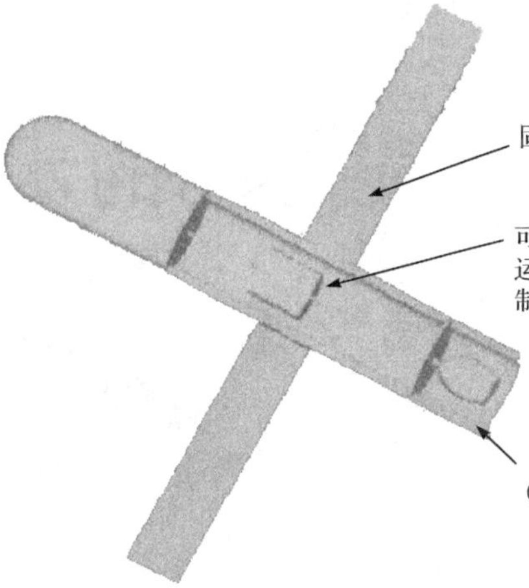

图 12.19　水下滑翔机运动机构示意图

温差能驱动的水下滑翔机的关键技术之一是具有一套能够把温差能转变成机械能的液压驱动系统。滑翔机的驱动装置中有两种介质：工作介质和传递介质。工作介质对温度十分敏感，常温下即可发生固-液两态的相变。当温度从高温到低温变化时，工作介质从液态到固态发生相变，体积收缩，体积变化率约 10%。同样，当从低温向高温变化时，工作介质体积膨胀。热机系统利用环境温度变化，通过工作介质液-固两相转换引起的体积变化而改变系统浮力实现动力驱动。工作腔 1 与外部环境接触，感受环境温度变化。工作腔 2 是一个蓄能器，预充压力略高于滑翔机的设定工作深度压力。根据该原理，设计出如图 12.20 所示的热机驱动系统实物图。

图 12.20　热机驱动系统实物图

热机驱动系统的工作过程如下：在海面时，蓄能器预充压力，外皮囊膨胀，工作液体处于完全膨胀状态，电磁阀处于关闭状态，滑翔机密封腔通过真空阀门保持一定负压；打开电磁阀，在负压作用下外皮囊中的传递液体进入内皮囊。此时，系统的浮力由正变负，滑翔机下潜，同时关闭电磁阀；在滑翔机从温水区向冷水区下潜的过程中，工作介质逐渐开始相变，并发生凝固收缩，工作腔经过单向阀从内皮囊中吸入传递液体；达到目标深度时，温度降低使工作介质变成固体，完成相变过程；滑翔机开始上升时，打开电磁阀，由于蓄能器压力大于外界压力，蓄能器中的传递介质流入外皮囊，系统浮力由负变正，滑翔机上升，然后关闭电磁阀；上升过程中由于环境温度变高，工作介质融化膨胀，传递介质经过单向阀充入蓄能器中；滑翔机上升到表层，传递介质完全膨胀，蓄能器再次被蓄能，热机系统完成一次工作循环。

滑翔机的耐压壳体材料选用铝合金 LF6，其最大直径为 264mm，长度为 2300mm，壁厚为 5mm，即可承受 100m 的水压。滑翔机的机械结构采用模块化，由四部分构成，各模块之间使用 O 形圈实现密封。在滑翔机的端部安装有导流罩，用来减少水阻力。水平翼与垂直尾翼均为固定翼，采用尼龙材料，水平翼翼展为 1027mm。温差能驱动的水下滑翔机如图 12.21 所示。

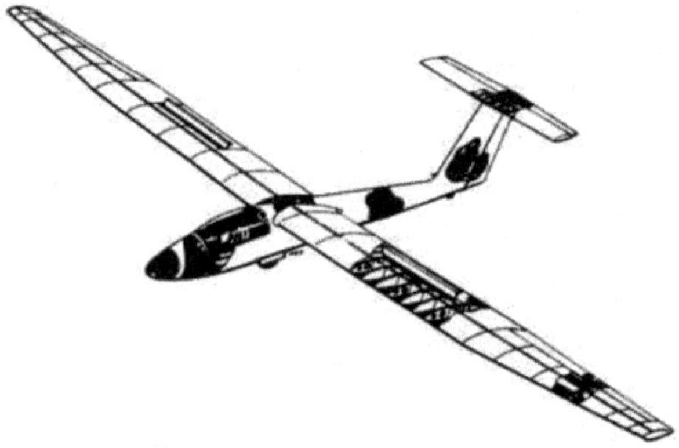

图 12.21　滑翔机的机械结构

该水下滑翔机采用 A/D 转换和数据存储性能较高的 TI 公司系列单片机作为主控制单元。控制系统的硬件设计框图如图 12.22 所示。控制系统可分为数据采集、数据存储、深度与姿态控制、主机通信四部分。串口通信可以将存储在外部 Flash 存储器的数据读到主机中，外部 Flash 存储器为数据的存储提供了空间，同时也保证了在掉电等意外情况下数据的安全。

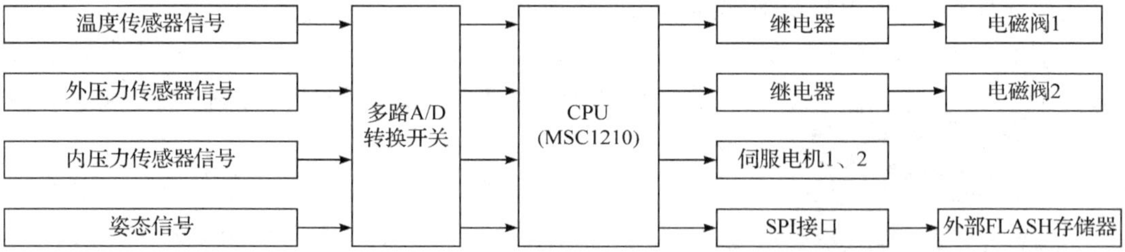

图 12.22　控制系统的硬件设计框图

姿态控制主要采用旋转姿态调整机构和平移姿态调整机构完成。旋转姿态调整机构采用一对相互配合的齿轮实现，平移姿态调整机构采用齿轮齿条完成，从而实现旋转重物的 360°旋转，平移重物的 12cm 轴向移动。通过两个伺服电机分别控制重物相对于滑翔机的位置，确定滑翔姿态和航向。滑翔机通过三轴罗盘 TCM3 完成姿态的反馈，通过 PID 控制算法控制滑翔机运动姿态。

12.4　水下仿生机器人

水下仿生机器人多以海底生物为仿生对象，由于仿生对象不同，故机器人的结构、原理也有很大不同。下面通过三个案例来对不同类型仿生机器人的系统和结构进行介绍。

12.4.1　案例——仿生鲫鱼

由哈尔滨工程大学苏玉东教授、叶秀芬教授研制的微型机器鱼包括 3 部分：刚性头部、柔性尾部和一对胸鳍。结构图如图 12.23 所示。微型机器鱼的长度为 9.9cm。前 2/3 是刚性部分，后 1/3 是柔性部分。两个胸鳍安装在刚性部分的两侧。

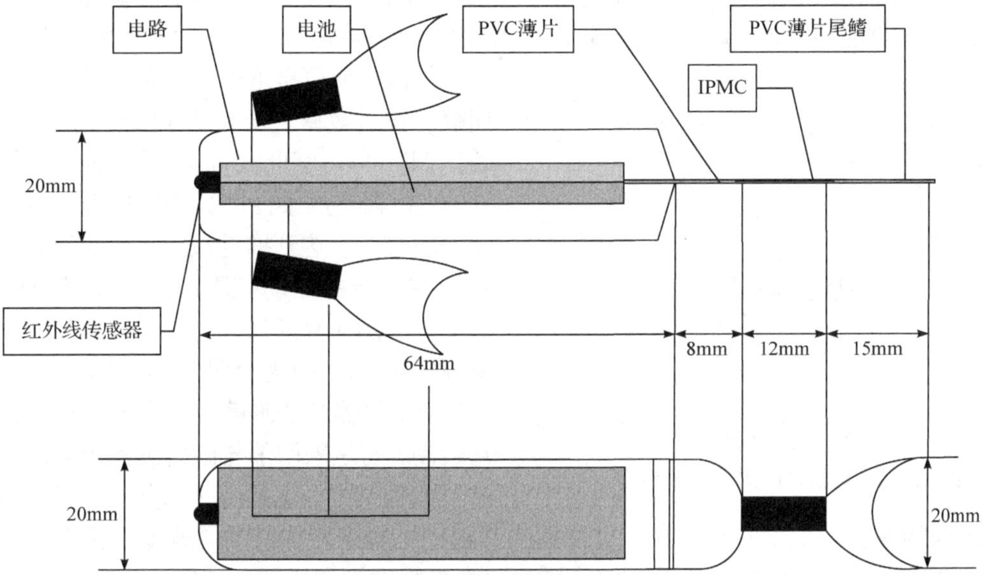

图 12.23　微型机器鱼结构

刚性部分由玻璃钢外壳和内部的控制系统组成。控制系统包括微控制器单元(MCU)、控制电路、红外线传感器和电池，如图 12.24 所示。红外线传感器安装在刚性部分的前面，用于实现避障、遥控和导航功能。选择 AVRATMega-8 作为微控制器，红外线发射器和接收器作为反馈控制传感器。红外线传感器具有两个功能：一个是作为避障用的接收红外线反射的传感器，另一个是用于遥控和导航的接收器。可以通过红外线遥控器发送开始、停止、左转、右转、上浮和下潜命令。考虑到微型机器鱼的尺寸和有效载荷限制，选择了具有较高电容量体积比的锂聚合物电池作为微型机器鱼的电源。为了减小水的阻力，刚性外壳采用了小鲫鱼外形。其在减小水的阻力和增加推进性能方面表现优异。

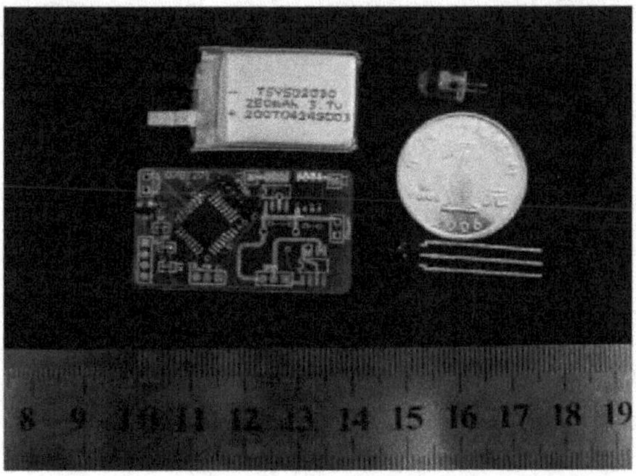

图 12.24　控制电路板、电池、红外线传感器

柔性部分由 3 部分组成：前部的 PVC 薄片、条形的 IPMC 驱动器和后部的 PVC 薄片。IPMC 是一种人工肌肉材料，当对 IPMC 厚度方向施加电压时，IPMC 会产生较大的变形，向阳极弯曲(直接现象)。相反，当 IPMC 受到弯曲变形时，IPMC 也会在厚度方向产生电压(反现象)。IPMC 所需的驱动电压低、体积小、质量轻，所以被用于很多领域。PVC 即聚氯乙烯，是一种应用广泛的通用塑料。在本机器鱼中，前后的 PVC 薄片都是被动部分，后部的 PVC 薄片比前部的 PVC 薄片要薄且软。当 IPMC 驱动器摆动时，前后的 PVC 薄片跟随其摆动，这样就更接近于小鲫鱼尾部的摆动，从而提高推进效率。调整图 12.25 中 L_1、L_2、L_3 的比例，可以找到能够达到最优推进性能的尺寸，当机器鱼的柔性部分能够拟合小鱼尾鳍摆动的轨迹时，达到推进最优。柔性部分的结构只能在一定的摆动范围内模拟小鲫鱼的尾部摆动，当摆动幅度加大时，柔性部分的推进效率就会降低。因为小鲫鱼的胸鳍运动比较复杂，微型机器鱼的胸鳍并没有模拟小鲫鱼的胸鳍运动，而是采用了与微型机器鱼柔性部分尾鳍类似的结构，也是由 3 部分组成的。微型机器鱼借助胸鳍实现上下游动。我们也使用胸鳍辅助尾鳍来增加游动的速度和保持鱼体的平衡，在急停时，还可以通过尽量弯曲、增加阻力来帮助微型机器鱼减速。

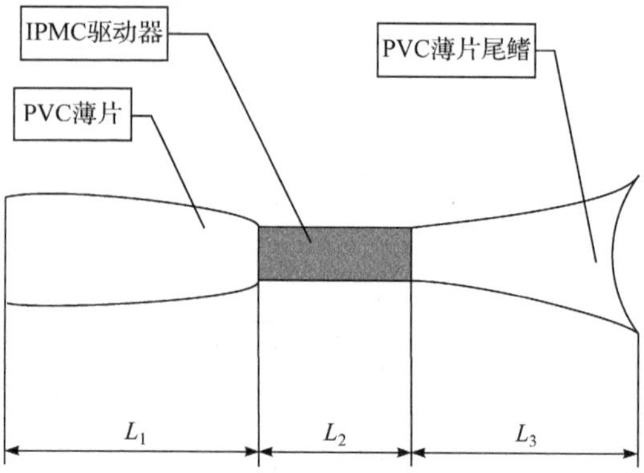

图 12.25　机器鱼的柔性部分结构

该微型机器鱼的具体运动情况如下。

(1) 直线巡游。通过给 IPMC 施加一个固定频率的方波电压，使机器鱼尾部以一个固定的频率做周期摆动，实现直线巡游。这个固定频率是节能模式的频率。

(2) 转弯。实现转弯巡游模式时，驱动电压的频率和占空比与直线巡游模式时不同。机器鱼在转弯的过程中只向一个方向摆动。这是最基本的转弯模式，机器鱼在这种模式下能以各种转弯半径和速度进行转弯。在这种转弯模式下，头部和身体相当于舵，尾鳍相当于船的螺旋桨。我们通过改变占空比和频率能够获得不同的转弯半径。

由于机器鱼的质量主要集中在前 2/3 部分，所以质心大约在鱼体的前 1/3 处。当机器鱼的尾部在左侧和中线之间来回摆动时，一个向右前方的合力作用在鱼体后部，这个力使得鱼体向左转动。同理，当鱼尾在右侧和中线之间来回摆动时，鱼体向右转动。向左摆动和向右摆动产生的合力如图 12.26 所示。

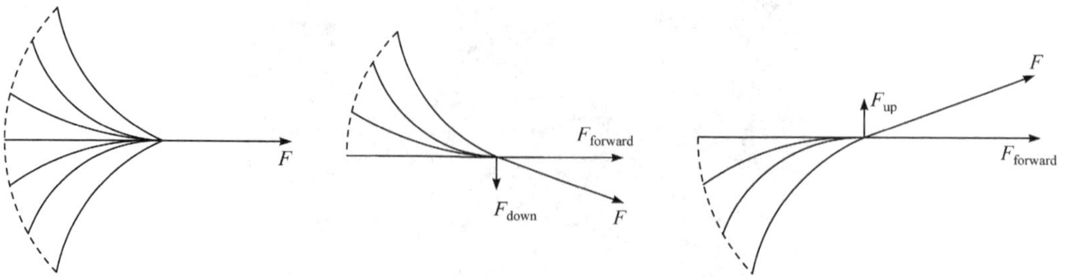

(a) 左右摆动　(b) 只向下或向右摆动　(c) 只向上或向左摆动

图 12.26　摆动鳍产生的推力示意图

(3) 加速。在直线巡游模式下，改变驱动电压的频率到最大推力频率，使尾鳍推力加大，这样机器鱼就会加速前进。驱动电压信号的波形如图 12.27 所示。

(4) 滑行。不对 IPMC 输出电压，使 IPMC 停止摆动，机器鱼依靠惯性滑行。

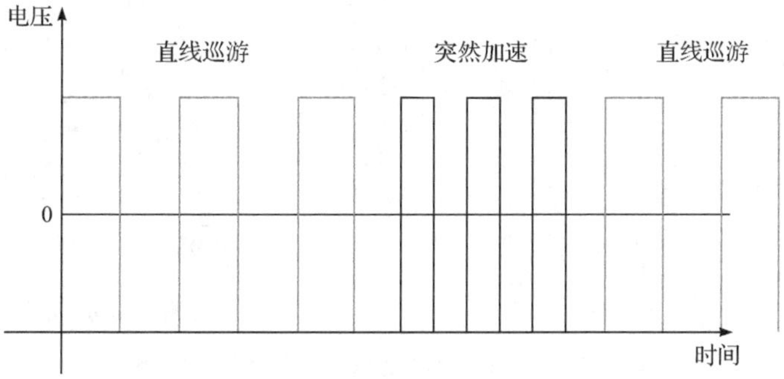

图 12.27　机器鱼的加速控制信号

(5) 上浮下潜。为了实现上浮下潜，最重要的前提条件之一是使微型机器鱼悬浮在水中。在此情况下，一个很微小的力就可以使微型机器鱼向上或者向下移动。首先要使微型机器鱼不可压缩，以保证其在不同的深度保持相同的浮力，然后使重力等于浮力。由于此机器鱼拥有胸鳍，可以通过胸鳍来获得上浮下潜的力。当胸鳍向下摆动时，产生的推力具有一个垂直向上的分力。当胸鳍向上摆动时，产生的推力具有一个垂直向下的分力。在向上或向下的力的作用下，此微型机器鱼就可实现上浮和下潜。这种方法的好处在于不需要初始的速度，微型机器鱼可以随时开始上浮和下潜。

12.4.2　案例——仿生水母

下面介绍一种仿生水母机器人的设计方案，根据水母的运动特点，需要寻找一种合适的柔性驱动器，而越来越多基于智能材料的柔性驱动器应用在机器人领域，如形状记忆合金丝(SMA)驱动器、电活性聚合物(EAP)驱动器、金属离子聚合物复合材料(IPMC)驱动器等，与采用电磁驱动来实现运动精度和负载要求的传统驱动器相比，这些柔性驱动器具有较高的灵活性、兼容性和适应性。其中，基于 SMA 的柔性驱动器具有结构小巧、变形和力输出大、驱动方式简单，以及可控性相对较高的优点。本方案将采用 SMA 完成水母机器人驱动模块的设计制作。

SMA 驱动模块的制作工艺流程如图 12.28(a)所示，主要分为穿丝、装模浇注和粘贴弹簧钢 3 个步骤，其中在装模时对 SMA 施加 0.5%的预紧力，以保证驱动模块获得更大的弯曲角度。SMA 驱动模块的长度、宽度、厚度分别为 100mm、10mm 和 2.5mm，SMA 丝与弹簧钢的距离为 1.5mm，有效长度为 87mm，由驱动层、回复层和填充层组成。驱动层为 2 组固定安装在 PCB 上的 SMA(直径为 0.15mm，相变温度为 90℃，最大变形收缩率为 4.5%)，SMA 加热时晶体组织会发生相变，产生力和位移输出；回复层为厚度为 0.1mm 的弹簧钢板，在驱动模块加热弯曲变形时，弹簧钢存储弹性势能，在驱动模块冷却时使其恢复到初始位置；填充层采用具有良好延展性的聚二甲基硅氧烷(PDMS)嵌合 SMA 和 PCB，以减小驱动模块弯曲变形时反向压应力对该模块性能的影响。该驱动模块在电流作用下具有良好的弯曲变形性能，如图 12.28(b)所示。

为模仿海月水母的结构和动作，利用 SMA 驱动模块设计如图 12.29(a)所示的可模块化组装水母机器人样机。该样机采用 6 组 SMA 驱动模块呈辐射对称分布，电池组采用 6 节动力电池(NITECOREIMR18650，输出电压为 3.6V，最大电流为 30A)环形分布，电池组的有效输出电压

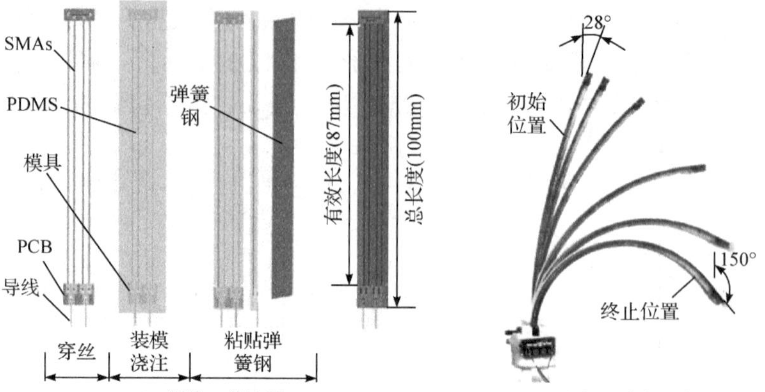

(a) 制作工艺流程　(b) 测试(驱动电源为20V)

图 12.28　SMA 驱动模块的制作流程及测试

为 20.6V，电池组及控制电路内置在中心盒，用于模拟水母外观的钟状体使用厚度为 1mm 的弹性硅胶蒙皮。该样机的质量为 512g，密度为 1.031g/cm^3，在松弛状态(图 12.29(b))下，直径为 210mm，高度为 80mm；当机器人处于收缩状态时，直径为 142mm，高度为 88mm(图 12.29(c))。

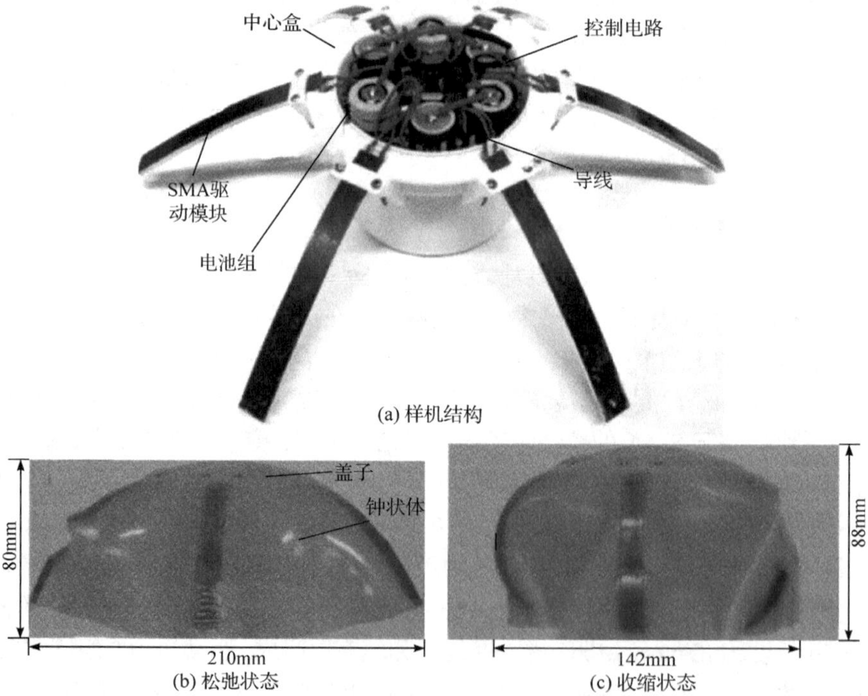

(a) 样机结构

(b) 松弛状态　(c) 收缩状态

图 12.29　水母机器人样机

水母机器人的控制系统采用 PIC16F877A 单片机为控制电路板的主控芯片，每个 SMA 驱动模块中单侧的 SMA 丝均与一个 MOSFET 相连，单片机通过控制 MOSFET 的通断来实现对驱动模块的控制。通过控制 SMA 驱动模块，使六个驱动模块以同样的频率进行动作，就可实现水母机器人的竖向运动，且频率越快，速度越快。当水母机器人各 SMA 驱动模块的动作频率不同时，机器人两侧会产生差速，从而实现水母机器人的转弯。当一侧的三个 SMA 模块固定不动，另一侧三个驱动模块动作时，转弯半径更小。

12.4.3 案例——仿生鳗鱼

下面介绍一种以鳗鱼为仿生对象的机器鱼的设计方案，方案中鱼头及尾部各个关节设计为刚性体，使用 3D 打印机加工而成。驱动舵机依次分布在机器鱼尾部，与舵机配套的控制板放置在鱼头内，由舵机提供动力，采用单片机对舵机进行控制。推进系统在保证具有良好推进性能的同时还要保证尾部摆动姿态接近仿生对象游动时尾部的包络曲线，因此尾部外壳采用链式结构，外壳包覆材料选用液态硅胶，同时进行了浇注用模具设计，采用蒙皮将各个关节封闭来实现推进系统的密封。

(1) 进行整体设计。机器鱼体长 358mm，最大宽度为 30mm，体积为 $3\times10^5\text{mm}^3$，排水量为 0.3kg，为使其能在水中漂浮游动，其质量也应选为 0.3kg。整个机器鱼主要由鱼头、中间连接架、鱼尾、尾鳍等部分组成。

(2) 进行具体设计。机器鱼的头部中间支撑板上固定一隔板，电路板和电池分别固定在隔板的上下方。

由于该机器鱼仿生的是鳗鱼，因此其整个尾部与尾鳍都应与鳗鱼一样参与身体的推进，尾部由七个舵机充当七个主动关节，尾部中间连接架固定在头部的中间支撑板上。

尾部中间连接架的外壳需要有一定的柔性与弹性，采用链式外壳，外壳的长轴尺寸，即机器鱼的高度应保持一致，但短轴尺寸，即机器鱼的宽度，应逐渐减小以贴近鳗鱼的外形。具体尺寸如表 12.1 所示。

表 12.1 机器鱼各关节处外壳尺寸

机器鱼关节数	1	2	3	4	5	6	7
长轴尺寸/mm	40	40	40	40	40	40	40
短轴尺寸/mm	30	30	30	28.2	24.2	20.2	16.2

链式外壳的具体结构是相邻两个环之间由顶端的轴和孔铰接串联，第一个环和最后一个环分别与头部的中间支撑板和联动盘相连，每节环等间距划分，外形设计完全符合整体的流线型。链式外壳的每个环都可以灵活地相对转动，能较好地实现鳗鱼机器人游动过程中较大的摆动幅度，并能使机器鱼体保持相对流畅的曲线。此外，链式结构能有效地减少舵机的负担，还可以独立装拆，一个环损坏时，不会过于影响整个外壳的流畅性。

鳗鱼的尾鳍常与背鳍、鱼尾连为一体，本仿生鱼以鳗鱼为原型，因此将仿生鱼的尾鳍与最后一个舵机基架连为一体，这种更符合机器鱼的整体线型。

机器鱼的外形结构已设计完成，只需用硅胶材料将外壳进行密封。接下来进行控制系统的设计。机器鱼是由置于头部的控制系统来控制置于尾部的 7 个舵机的运动，用于实现对尾部各关节的运动控制，从而控制整个机器鱼的运动。机器鱼的控制系统主要有处理器、存储模块、通信模块以及作为执行模块的舵机，如图 12.30 所示。

仿生机器鱼采用的主控芯片为 IAP15W4K61S4-30I-LQFP48。该系列单片机是 STC 生产的单时钟/机器周期(1T)的单片机，内置存储器，具有速度快、可靠性好、功耗低、抗干扰能力强等优点。由于机器鱼是在水下运动，信号的发射与接收采用无线射频信号遥控。通信模块采用的是成都安可信电子股份有限公司生产的 ESP8266 通信模块，两模块如图 12.31 所示。

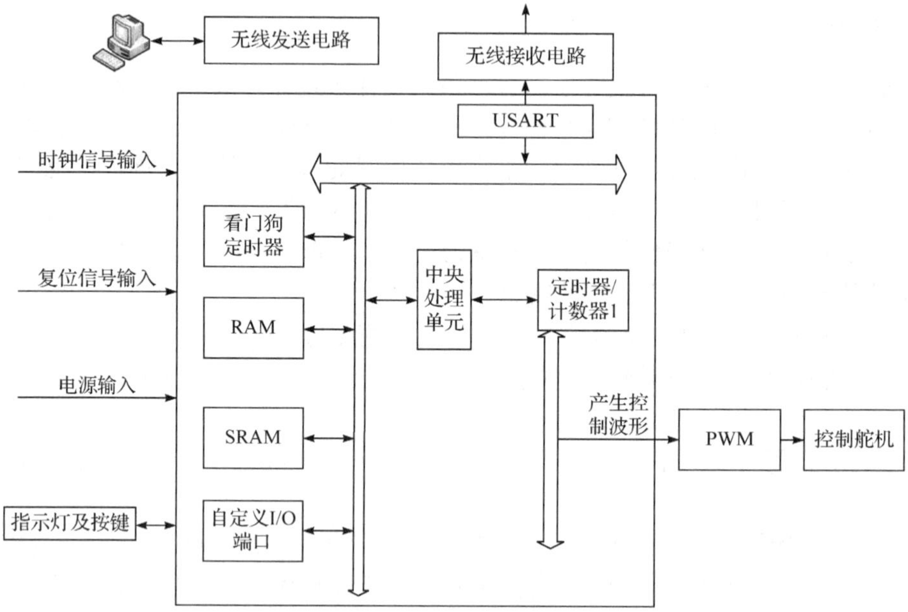

图 12.30　机器鱼控制系统

(a) 主控芯片　　(b) 通信模块

图 12.31　主控芯片与通信模块

机器鱼最大惯性矩为鱼头与尾部连接处的关节处，惯性矩约为 2.8kg · cm，舵机选用平整 2g 微型低压模拟舵机 PZ-15318 无核舵机(工作电压为 3.7V，扭力为 10kg · cm，速度为 0.09s/60°)，如图 12.32(a)所示。舵机的控制信号是 PWM 信号，利用占空比的变化，改变舵机的位置，如图 12.32(b)所示。电池选用 1200mA · h 容量的锂电池，稳定放电电压为 3.7V/DC，用于电路板供电。

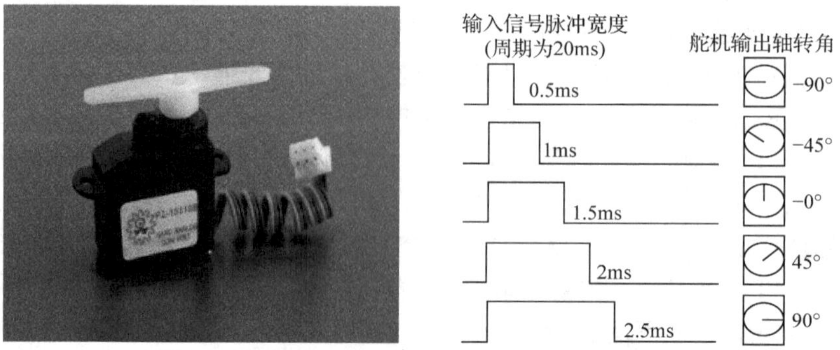

(a) 舵机示意图　　(b) 舵机输出轴转角与输入信号脉冲宽度的关系

图 12.32　舵机示意图及其原理图

参 考 文 献

陈建波, 2019. 仿生鳗鱼推进性能研究及方案设计[D]. 哈尔滨: 哈尔滨工程大学.
陈先, 周媛, 卢伟, 2011. 固体浮力材料[M]. 北京: 化学工业出版社.
陈亚豪, 2020. 多推进器海洋航行体推力分配算法研究[D]. 武汉: 武汉理工大学.
陈育喜, 张竺英, 2010. 深海 ROV 脐带缆绞车设计研究[J]. 机械设计与制造(4): 39-41.
储诚中, 董二宝, 金虎, 等, 2018. 基于 SMA 驱动模块的仿生水母机器人[J]. 机械与电子, 36(6): 66-70.
代化, 张斌, 徐言哲, 2020. UUV 动力电池发展现状与趋势[J]. 舰船科学技术, 42(23): 155-158.
邓鲁克, 2021. 水下机器人动力学分析与推力分配算法研究[D]. 天津: 天津大学.
范国宏, 2003. 电控排缆绞车电液控制系统研究[D]. 杭州: 浙江大学.
高昕, 2015. 水翼推进性能分析及实验研究[D]. 哈尔滨: 哈尔滨工程大学.
辜立忠, 2019. 基于深度学习的水下机器人推进系统故障诊断[D]. 杭州: 浙江大学.
郝芮, 2018. 水下潜航器 SINS/USBL/DVL 组合导航算法研究[D]. 哈尔滨: 哈尔滨工程大学.
郝阳波, 2022. 水下双臂机器人设计与力学特性分析[D]. 西安: 西安工业大学.
胡永攀, 2009. 主动式波浪补偿驱动和执行系统设计关键技术研究[D]. 长沙: 国防科学技术大学.
黄海, 李新飞, 2019. 面向遥自主的遥控水下机器人与水下作业技术[M]. 哈尔滨: 哈尔滨工程大学出版社.
李江浩, 2023. 基于滑模控制的水下机器人运动控制研究[D]. 大庆: 东北石油大学.
黄玉龙, 张勇刚, 赵玉新, 2019. 自主水下航行器导航方法综述[J]. 水下无人系统学报, 27(3): 232-253.
霍冠英, 2012. 基于边缘检测及纹理提取的声呐图像分割方法[D]. 南京: 河海大学.
纪辉, 兰宇, 武子为, 等, 2023. 面向水下作业的水液压机械手研究与展望[J]. 机械工程学报, 59(4): 283-294.
贾云得, 2000. 机器视觉[M]. 北京: 科学出版社.
姜璐, 2018. 天车型主被动联合式升沉补偿装置控制策略研究[D]. 成都: 西南石油大学.
姜言清, 2013. 约束条件下欠驱动 AUV 的路径规划问题研究[D]. 哈尔滨: 哈尔滨工程大学.
蒋新松, 封锡盛, 王棣棠, 2000. 水下机器人[M]. 沈阳: 辽宁科学技术出版社.
康守权, 张奇峰, 2010. 遥控水下机器人脐带缆收放绞车设计及牵引力分析[J]. 海洋工程, 28(1): 117-120.
李博丰, 2022. 多能源水下机器人供电系统控制策略研究[D]. 沈阳: 沈阳工业大学.
李传清, 2023. 水下机器人结构设计及参数优化[D]. 赣州: 江西理工大学.
李家彪, 1999. 多波束勘测原理技术与方法[M]. 北京: 海洋出版社.
李健, 郭艳玲, 王振龙, 2014. 形状记忆合金丝驱动的触手推进式仿生水母[J]. 哈尔滨工业大学学报, 46(1): 104-110.
李介谷, 1991. 计算机视觉的理论和实践[M]. 上海: 上海交通大学出版社.
李启虎, 2002. 数字式声纳设计原理[M]. 合肥: 安徽教育出版社.
李庆武, 霍冠英, 周妍, 2015. 声呐图像处理[M]. 北京: 科学出版社.
李瑞斌, 2008. 液压驱动作业绞车设计及其工作性能研究[D]. 大庆: 大庆石油学院.
李世振, 颜飞, 时文卓, 等, 2021. 一种分布式节能型主被动复合升沉补偿系统及其工作方法: CN111573545B[P]. 2021-02-09.
刘伯胜, 雷家煜, 2010. 水声学原理[M]. 2 版. 哈尔滨: 哈尔滨工程大学出版社.
刘春阳, 2009. 船用起货机波浪补偿研究[D]. 大连: 大连海事大学.
刘贵杰, 谭华, 2020. 水下机器人现代设计技术[M]. 北京: 科学出版社.
刘静, 2020. 水下海管检测机器人组合导航定位技术研究[D]. 哈尔滨: 哈尔滨工程大学.

刘天浪, 2007. 作业绞车液压传动系统设计与分析[D]. 大庆: 大庆石油学院.
刘洋, 孙显鹏, 徐超, 等, 2019. 无人水下航行器控制技术的发展[J]. 舰船电子工程, 39(10): 5-10.
刘旖恒, 2022. 基于光视觉引导的 AUV 姿态估计算法研究与实现[D]. 大连: 大连海事大学.
刘银水, 许福玲, 2017. 液压与气压传动[M]. 4 版. 北京: 机械工业出版社.
刘志新, 2023. 无人水下航行器(UUV)水下自主式高效无线充电系统的研究[D]. 昆明: 昆明理工大学.
鲁德泉, 李德威, 杨磊, 等, 2020. “蛟龙”号载人潜水器的布放回收系统及其关键技术[J]. 海洋开发与管理, 37(8): 69-74.
鹿浪, 2021. 仿龙虱游泳足的水下推进装置设计与分析[D]. 桂林: 桂林电子科技大学.
马可可, 2022. 双推进器矢量推进的海缆巡检 AUV 设计与实现[D]. 杭州: 杭州电子科技大学.
马颂德, 张正友, 1998. 计算机视觉: 计算理论与算法基础[M]. 北京: 科学出版社.
毛建忠, 2008. 救生钟水下绞车牵引及主动放缆系统研究与设计[D]. 无锡: 江南大学.
孟令帅, 李明烁, 林扬, 等, 2024. 自主水下机器人布放回收技术综述[J]. 无人系统技术, 7(1): 1-19.
孟庆鑫, 王茁, 袁鹏, 等, 2002. 水下作业工具系统的关键技术研究[J]. 哈尔滨工程大学学报, 23(1): 76-79.
牟宏伟, 2013. 水下航行器组合导航系统与信息融合技术研究[D]. 哈尔滨: 哈尔滨工程大学.
聂良春, 2003. 多波束相位差法海底 TOA 估计理论分析及实用性研究[D]. 哈尔滨: 哈尔滨工程大学.
庞永杰, 曹建, 杨卓懿, 等, 2020. 自主水下机器人设计理论与优化方法[M]. 北京: 科学出版社.
齐海滨, 杨磊, 程斐, 等, 2019. 锌银电池在载人潜水器中的应用[J]. 电池, 49(6): 515-516.
钱卫国, 孔祥洪, 2018. 新型水下航行器: 仿生机器鱼的设计与制作[M]. 北京: 科学出版社.
青岛澎湃海洋探索技术有限公司, 2023. 自主式潜航器 UUV 系列[EB/OL]. [2024-03-12]. http://www.pengpaix.com/products-106-1. html.
芮延年, 2019. 机器人技术: 设计、应用与实践[M]. 北京: 科学出版社.
桑巍, 李宝钢, 佟寅, 等, 2021. “深海一号” 载人潜水器支持母船布放回收系统设计概述及特点分析[J]. 船舶, 32(3): 8-16.
苏玉东, 叶秀芬, 郭书祥, 2010. 基于 IPMC 驱动的自主微型机器鱼[J]. 机器人, 32(2): 262-270.
天津瀚海蓝帆海洋公司, 2023. UUV 系列[EB/OL]. [2024-3-11]. http://www. obluesail. com/ col. jsp?id =104.
田坦, 2010. 声呐技术[M]. 2 版. 哈尔滨: 哈尔滨工程大学出版社.
田坦, 刘国志, 孙大军, 2000. 声呐技术[M]. 哈尔滨: 哈尔滨工程大学出版社.
涂绍平, 朱迎谷, 项立扬, 等, 2023. 4000m 深海科考重型 ROV 成套系统设计及应用[J]. 控制与信息技术(6): 16-23.
王丰, 2023. 基于单目视觉辅助的 GPS/SINS 组合导航算法研究[D]. 太原: 中北大学.
王建, 2016. 多学科优化设计在水下无人航行器设计中的应用研究[D]. 哈尔滨: 哈尔滨工程大学.
王克义, 路敦民, 王岚, 2017. 机电传动及控制[M]. 3 版. 哈尔滨: 哈尔滨工程大学出版社.
王树新, 王延辉, 张大涛, 等, 2006. 温差能驱动的水下滑翔器设计与实验研究[J]. 海洋技术, 25(1): 1-5.
吴诗昊, 周悦, 敖琪, 等, 2023. 渔业养殖监测用 AUV 及其控制系统[J]. 上海海洋大学学报, 32(5): 953-966.
徐会希, 等, 2019. 自主水下机器人[M]. 北京: 科学出版社.
徐玉如, 李彭超, 2011. 水下机器人发展趋势[J]. 自然杂志, 33(3): 125-132, 2.
杨峻巍, 2012. 水下航行器导航及数据融合技术研究[D]. 哈尔滨: 哈尔滨工程大学.
杨启文, 阮姗娜, 陈俊风, 等, 2016. 群体智能在旅行商问题中的应用综述[J]. 自动化技术与应用, 35(8): 1-6, 17.
衣宝廉, 2000. 燃料电池: 高效、环境友好的发电方式[M]. 北京: 化学工业出版社.
俞建成, 陈质二, 王振宇, 等, 2020. 自主水下滑翔机[M]. 北京: 科学出版社.
翟庆光, 聂杰, 康岳伟, 2008. 深海调查绞车牵引机构和储缆机构分离技术系统分析[J]. 海洋技术, 27(4): 29-32.
张赫, 徐玉如, 万磊, 等, 2010. 水下退化图像处理方法[J]. 天津大学学报, 43(9): 827-833.
张洪彬, 徐会希, 尹远, 等, 2021. 潜龙无缆水下机器人专用收放技术研究进展[J]. 海洋技术学报, 40(6):

71-79.

张志远, 2017. 五自由度水下作业机器人结构设计与水动力学研究[D]. 哈尔滨: 哈尔滨工程大学.

赵慧南, 牟磊, 孙慧, 等, 2019. 关于移动机器人全覆盖路径规划研究[J]. 计算机仿真, 36(3): 298-301.

赵俊海, 张美荣, 王帅, 等, 2014. ROV 中继器的应用研究及发展趋势[J]. 中国造船, 55(3): 222-232.

郑南宁, 1998. 计算机视觉与模式识别[M]. 北京: 国防工业出版社.

郑荣, 宋涛, 孙庆刚, 等, 2018. 自主式水下机器人水下对接技术综述[J]. 中国舰船研究, 13(6): 43-49, 65.

周天, 2005. 超宽覆盖海底地形地貌高分辨探测技术研究[D]. 哈尔滨: 哈尔滨工程大学.

周志强, 王志良, 张雪元, 等, 2006. 仿生机器鱼的设计及其运动控制研究[J]. 微计算机信息, 22(17): 252-254, 180.

朱春磊, 2019. 基于滑模观测器的水下推进系统无位置检测控制方法研究[D]. 镇江: 江苏科技大学.

朱世强, 王宣银, 2019. 机器人技术及其应用[M]. 2 版. 杭州: 浙江大学出版社.

AGIRREBEITIA J, AVILÉS R, DE BUSTOS I F, et al., 2005. A new APF strategy for path planning in environments with obstacles[J]. Mechanism and machine theory, 40(6): 645-658.

BERTINETTO L, VALMADRE J, GOLODETZ S, et al., 2016. Staple: Complementary learners for real-time tracking[C]. Proceedings of the IEEE Conference on Computer Vision and Pattern Recognition, Las Vegas: 1401-1409.

BRADLEY A M, FEEZOR M D, SINGH H, et al., 2001. Power systems for autonomous underwater vehicles[J]. IEEE journal of oceanic engineering, 26(4): 526-538.

CARLSON N A, 1988. Federated filter for fault-tolerant integrated navigation systems[C]. Proceedings of Position Location and Navigation System, Orlando: 110-119.

COLLINS K, STANNARD J H, DUBOIS R, et al., 1993. An aluminum-oxygen fuel cell power system for underwater vehicles[C]. Proceedings of the Underwater Intervention Conference, New Orleans.

CRIMMINS D M, PATTY C T, BELIARD M A, et al., 2006. Long-endurance test results of the solar-powered AUV system[C]. OCEANS 2006, Boston: 1-5.

EBERHART R, KENNEDY J, 1995. A new optimizer using particle swarm theory[C]. Proceedings of the Sixth

FOSSEN T I, 1994. Guidance and control of ocean vehicles[M]. Chichester: John Wiley & Sons Inc.

General Dynamics Mission Systems,2022-01-19. Bluefin-21 Unmanned Underwater Vehicle (UUV)[EB/OL]. [2024-03-12]. https://gdmissionsystems.com/products/underwater-vehicles/bluefin-21-autonomous-underwater-vehicle.

GHILEZAN A, HNATIUC M, 2017. The ROV communication and control[C]. 2017 IEEE 23rd International Symposium for Design and Technology in Electronic Packaging (SIITME), Constanta: 336-339.

HAN K, WANG Y H, TIAN Q, et al., 2020. Ghostnet: More features from cheap operations[C]. Proceedings of the IEEE/CVF Conference on Computer Vision and Pattern Recognition, Seattle: 1580-1589.

HUANG H, GUO T, JIANG T, et al., 2022. Tightly coupled binocular vision-DVL fusion positioning feedback for real-time autonomous sea organism capture[J]. IEEE Transactions on Instrumentation and Measurement, 72: 5000414.

KARMOZDI A, HASHEMI M, SALARIEH H, et al., 2020. INS-DVL navigation improvement using rotational motion dynamic model of AUV[J]. IEEE sensors journal, 20(23): 14329-14336.

LAMB H, 2015. Hydrodynamics[M]. New York: Dover Publications.

LI D J, CHEN Y H, SHI J G, et al., 2015. Autonomous underwater vehicle docking system for cabled ocean observatory network[J]. Ocean engineering, 109: 127-134.

LIN T Y, MAIRE M, BELONGIE S, et al., 2014. Microsoft COCO: Common objects in context[C]. European Conference on Computer Vision, Zurich: 740-755.

LU D, XIONG C K, ZENG Z, et al., 2020. Adaptive dynamic surface control for a hybrid aerial underwater vehicle with parametric dynamics and uncertainties[J]. IEEE journal of oceanic engineering, 45(3): 740-758.

LUO H J, WANG J L, BU F F, et al., 2022. Recent progress of air/water cross-boundary communications for underwater sensor networks: A review[J]. IEEE sensors journal, 22(9): 8360-8382.

MANLEY J, WILCOX S, HINE G, 2009. The wave glider: A wave-powered autonomous marine vehicle[C]. Proceedings of the OCEANS 2009 Conference, Biloxi.

MCPHAIL S, FURLONG M, HUVENNE V, et al., 2009. Autosub6000: Its first deepwater trials and science missions[J]. Underwater technology, 28(3): 91-98.

NAEEM W, SUTTON R, AHMAD S M, et al., 2003. A review of guidance laws applicable to unmanned underwater vehicles[J]. Journal of navigation, 56(1): 15-29.

NATHAN G, 2019. USS Ohio cruise missile submarine completes 2-year refit[EB/OL]. [2023-5-20]. https://www.navalnews.com/naval-news/2019/08/uss-ohio-crui se-missile-submarine-completes-2-year-refit/.

PRESTERO T, 2001. Verification of a six-degree of freedom simulation model for the REMUS autonomous underwater vehicle[J]. Massachusetts institute of technology.

RACHEL P, 2021. SSN capability enhanced by UUV launch and recovery[EB/OL].[2023-5-20]. https://bluezonegroup.com. au/announcements/ssn-capability-enhanced-by-uu v-launch-and-recovery.

SARDA E I, DHANAK M R, 2019. Launch and recovery of an autonomous underwater vehicle from a station-keeping unmanned surface vehicle[J]. IEEE journal of oceanic engineering, 44(2): 290-299.

SHI L W, HU Y, SU S X, et al., 2020. A fuzzy PID algorithm for a novel miniature spherical robots with three-dimensional underwater motion control[J]. Journal of bionic engineering, 17(5): 959-969.

SHOLL N, NELSON K, MOHSENI K, 2022. Autonomous underwater vehicle depth and pitch trajectory tracking using fiber-reinforced elastomer bladders for buoyancy control[J]. IEEE journal of oceanic engineering, 47(3): 690-703.

SiNGH H, BOWEN M, HOVER F, et al., 2002. Intelligent docking for an autonomous ocean sampling network[C]. MTS/IEEE Conference Proceedings, Halifax: 1126-1131.

SONG J L, ZHONG Y, DU R X, et al., 2021. Tail shapes lead to different propulsive mechanisms in the body/caudal fin undulation of fish[J]. Proceedings of the institution of mechanical engineers, Part C: Journal of mechanical engineering science, 235(2): 351-364.

WAHBA G, 1965. A least squares estimate of satellite attitude[J]. SIAM review, 7(3): 409.

WEBB D C, SIMONETTI P J, JONES C P, 2001. SLOCUM: An underwater glider propelled by environmental energy[J]. IEEE journal of oceanic engineering, 26(4): 447-452.

WIBISONO A, PIRAN M J, SONG H K, et al., 2023. A survey on unmanned underwater vehicles: Challenges, enabling technologies, and future research directions[J]. Sensors, 23(17): 7321.

WU N L, WANG X Y, GE T, et al., 2017. Parametric identification and structure searching for underwater vehicle model using symbolic regression[J]. Journal of marine science and technology, 22(1): 51-60.

WU Y X, HU X P, HU D W, et al., 2005. Strapdown inertial navigation system algorithms based on dual quaternions[J]. IEEE transactions on aerospace and electronic systems, 41(1): 110-132.

YAN H W, HONG W Z, WU J G, 2009. Design of a new type underwater glider propelled by temperature difference energy[J]. Ship engineering, 31(3): 51-54.

ZHANG Q Q, HE X S, SUN N, 2009. Convergence analysis and parameter select on PSO[C]. 2009 Second International Symposium on Information Science and Engineering, Shanghai: 144-147.

(SCPC-BZBEZH05-0010)

水下机器人系统技术

科学出版社 工科分社
联系电话：010－64010637
销售电话：010－64031535
E-mail：gk@mail.sciencep.com

www.sciencep.com

ISBN 978-7-03-080819-6

9 787030 808196 >

定 价：69.00元